Silvia Arroyo Camejo gewährt in ihrem Buch einen tiefen Einblick in die Welt des Mikrokosmos, das faszinierende Gebiet der kleinsten Teilchen, deren Verhaltensweisen sich fundamental von dem unterscheiden, was der gesunde Menschenverstand normalerweise erwartet. Sie schließt damit endlich die Lücke zwischen der meist formelfreien populärwissenschaftlichen Literatur über die Quantenphysik und der mit höherer Mathematik gespickten Studienliteratur.

»Physikalisch äußerst präzise erklärt sie mit großer Lust und Leidenschaft die Grundlagen der modernen Quantenphysik.«

Prof. Reinhold A. Bertlmann

Silvia Arroyo Camejo, 1986 in Berlin geboren, legte 2005 am Canisius-Kolleg ihr Abitur ab. Seit Oktober desselben Jahres studiert sie an der Humboldt-Universität Berlin im Studiengang Bachelor of Science Physik. Vor allem interessiert sie sich für die Gebiete der Modernen Physik, insbesondere für die Quantenfeldtheorie und die allgemeine Relativitätstheorie.

Unsere Adresse im Internet: www.fischerverlage.de

Silvia Arroyo Camejo

Skurrile
Quantenwelt

Fischer Taschenbuch Verlag

Veröffentlicht im Fischer Taschenbuch Verlag,
einem Unternehmen der S. Fischer Verlag GmbH,
Frankfurt am Main, Oktober 2007

Lizenzausgabe mit freundlicher Genehmigung
des Springer-Verlags Berlin Heidelberg
© Springer-Verlag Berlin Heidelberg 2006
Alle Rechte vorbehalten
Gesamtherstellung: Clausen & Bosse, Leck
Printed in Germany
ISBN 978-3-596-17489-8

Zur Entstehung dieses Buchs

Oft wurde ich gefragt, welcher Teufel mich denn geritten hätte, im Alter von 17 Jahren eine physikalische Abhandlung über das Thema der Quantenphysik zu verfassen.

Nun, zur Beantwortung dieser Frage möchte ich als Erstes erläutern, welche Gründe es nicht waren, die mich zum Schreiben dieses Quantenphysik-Buchs bewogen haben. So war es z. B. nie mein Anliegen, ein Buch zu schreiben, welches mir durch hohe Verkaufszahlen auf dem Buchmarkt einen finanziellen Segen bringen sollte. Um Geld ging es mir bei der Konzeption dieses Buches nie. Wäre dies der Fall gewesen, hätte ich kein Buch geschrieben, dessen Thema den meisten Menschen nur als eines der wohl unbeliebtesten Schulfächer in schrecklicher, leicht verblasster Erinnerung bleibt. Immer wieder musste ich – anfangs mit Erstaunen – feststellen, dass ich mit meinem gigantischen Interesse und dem schier unstillbaren Wissensdrang bezüglich der erstaunlichen Vorgänge im Mikro- und Makrokosmos ziemlich allein war und an allen Enden stets auf Unverständnis und Kopfschütteln stieß.

So war es auch nicht der Drang nach Anerkennung, der mich dazu trieb, dieses Buch zu konzipieren, denn von den Mitmenschen für völlig verrückt und durchgeknallt gehalten zu werden, ist nicht besonders motivierend.

Auch kann ich nicht behaupten, dass mein hier vorliegendes

Geschriebenes das Resultat von Langeweile oder schulischer Unterforderung wäre. Genau genommen war ich zur Zeit der Anfertigung dieses Buches recht intensiv mit schulischen Lernaktivitäten und Klausuren ausgelastet, da ich um einen guten Abiturdurchschnitt bemüht war. Dabei spielte für mich das Verfassen von quantenphysikalischen Kapiteln vielmehr die Rolle einer willkommenen, wenn auch anspruchsvollen Abwechslung.

Mein Vater meinte einmal, so ein Buch wie meines könne man wirklich nur schreiben, wenn man noch sehr jung sei. Nur in jungen Jahren habe man die Motivation und das Durchhaltevermögen, etwas derartig Zweck- und Sinnloses ohne äußeren Zwang und völlig ohne finanziellen Verdienst zu schaffen. Nun, ich bin mir dessen nicht sicher, aber ich hoffe sehr, dass ich auch in späteren Jahren noch die Kraft und Zeit dazu finden werde, wieder einmal das Vergnügen erleben zu dürfen, etwas derartig Sinn- und Zweckloses zu fabrizieren;-).

Was war es also, das mich dazu bewog, dieses Buch zu schreiben? Ganz einfach: meine Liebe zur Physik und meine Begeisterung für die Vielfalt der faszinierenden, komplexen Vorgänge, für die – im Widerspruch zu unserer gewohnten Alltagserfahrung und unserem so genannten gesunden Menschenverstand – weder das Kausalitätsprinzip noch der Begriff der Objektivität gilt. Eine Welt, in der der absolute, objektive Zufall genauso einen festen Bestandteil der physikalischen Gesetze darstellt wie die Tatsache, dass sich ein Quantenobjekt an mehreren Orten gleichzeitig aufhalten kann. Eine Welt, die so voll von Widersprüchen und Paradoxa scheint, dass man zeitweise keinen Fuß mehr auf den Boden zu bringen vermag. Doch so komplex und wenig anschaulich die Phänomene und Gesetzmäßigkeiten des Mikrokosmos auch anmuten, so wundervoll und faszinierend sind doch die Erkenntnisse, die man durch die Studien an den physikalischen Verhaltensweisen von Quantenobjekten über die Natur des Mikrokosmos erhält.

Ich will die Struktur, nach der die Natur funktioniert, erkennen. Ich will wissen, wie diese wundervolle Welt, in der wir leben, funktioniert. Aus diesem Grund, angetrieben von einem unstillbaren Wissensdurst, gewann ich mit ca. 15 Jahren durch die Lektüre populärwissenschaftlicher Literatur erste Erkenntnisse über die Mechanismen der Quantenphysik. Immer weiter wuchs mein Interesse für dieses schrecklich interessante, mich völlig einnehmende Thema. Immer weitere Fragen drängten sich mir auf, die beantwortet werden wollten, doch gab es niemanden, der sie mir hätte beantworten können.

Nach einiger Zeit stieß ich an eine Grenze, die ich durch das Lesen weiterer populärwissenschaftlicher Quantenphysikbücher nicht zu überschreiten vermochte. Doch der Sprung zur Studienliteratur, die hauptsächlich für Physikstudenten nach dem Grundstudium verfasst wird, und in der die Verwendung der höheren Mathematik zum guten Ton gehört, war durchaus gravierend und scheinbar nur sehr schwer bzw. (aus meiner Position der 10. Klasse am Gymnasium) gar nicht zu schaffen.

Dieser literarische Spagat zwischen der allgemeinverständlichen, populärwissenschaftlichen Literatur, welche stets jede mathematische Formel zu meiden pflegt, und der Studienliteratur, bei der auf nahezu jeder Seite mehrere Integrale und Differenzialgleichungen zu finden sind, war zunächst ein Problem für mich. Schließlich gelang es mir über diverse Bibliotheken, Antiquariate und das Internet, mit meinen quantenmechanischen Studien fortzufahren und mich langsam auch an den quantitativen Kontext der Quantenphysik heranzutasten. Dabei stellte ich fest, dass viele Aspekte und Eigenheiten der Quantenphysik unter Zuhilfenahme des mathematischen Formalismus sehr viel verständlicher und übersichtlicher wurden.

Ich erkannte, dass eine wirklich verständliche, nicht nur oberflächliche Darstellung quantenmechanischer Effekte nur über die Diskussion anschaulicher, gut erläuterter Texte mit dem dazugehörigen mathematischen Formalismus möglich ist.

Nachdem mir dies klar geworden war und ich nach meinen nun schon über zweijährigen quantenphysikalischen Studien einen Drang verspürte, die bis zu diesem Zeitpunkt gesammelten Erkenntnisse zu ordnen, kam mir die Idee, ein paar zentrale Themen bzw. einige der in der Quantenphysik auftretenden Effekte nach meinem eigenen Verständnis schriftlich festzuhalten. Daran hatte ich so viel Freude, dass ich begann, mir Gedanken zu machen über einen konzeptionell ganz neuen, didaktisch wertvollen Aufbau quantenmechanischer Themen – und zwar in Form eines selbstgeschriebenen Buchs, um damit die bestehende literarische Lücke zwischen den populärwissenschaftlichen Veröffentlichungen und der Studienliteratur endlich zu schließen.

Was daraus schließlich entstanden ist, halten Sie, sehr geehrter Leser, in diesem Augenblick in Ihren Händen. Dieses Buch ist, zusammenfassend gesagt, der pure Ausdruck meiner Freude daran, eine didaktisch möglichst wertvolle und verständliche, aber dennoch tiefschürfende und umfassende Darstellung der so wundervollen und faszinierenden Themen zu geben, welche die Quantenphysik behandelt, und meines persönlichen Wunsches, das alles eines schönen Tages vielleicht selbst einmal begreifen zu können. Und dies einfach nur deshalb, weil es mir solchen Spaß macht.

Berlin, Dezember 2005   Silvia Arroyo Camejo

Inhalt

Einleitung

Was ist Quantenphysik?

Wahrscheinlich haben Sie, lieber Leser, sich auch schon einmal zumindest eine der folgenden Fragen gestellt:

Was sind Quanten?
Welchen Zusammenhang hat Quantenphysik mit der wirklichen Welt?
Wie ist die Materie aufgebaut?
Was ist die Heisenberg'sche Unschärferelation?
Was hat es mit Schrödingers Katze auf sich?
Wird das Weltgeschehen durch verborgene Parameter determiniert?
Wo liegt die Grenze zwischen Mikro- und Makrokosmos?
… etc.

Dies sind Fragen, welche von ganz grundlegender, fundamentaler Bedeutung sind, und zwar nicht nur für die moderne Physik allein, sondern auch in erheblichem Maße für unser allgemeines Bild von der Welt und dem Wesen der Natur, für unser beständiges Vertrauen in den gesunden Menschenverstand und die Erkenntnisfähigkeit des Menschen an sich. Epistemologische Paradigma, also erkenntnistheoretische Grundansichten und Weltbilder, wurden in vergangenen Tagen maßgeblich durch rein philosophische Beweggründe und Denkansätze geprägt und bestimmt. Dass dies eine nur allzu verständliche und natürliche Herangehensweise an die grundlegendsten Fragen der Existenz und der Realität der Welt ist, scheint sehr einsichtig. Doch in demselben Maße wie in der Vergangenheit mehr und mehr die Wissenschaften mystische und religiöse Scheinerklärungen durch rationale Erklärungen zu verdrängen vermochten, so muss auch in der heutigen Zeit wieder ein epistemologischer Paradigmenwechsel stattfinden. Auch wenn es uns nicht allzeit bewusst ist, so ist uns – ungeachtet aller modernen und fundamentalen paradigmatischen Erkenntnisse durch die moderne Physik – immer noch ein Weltbild zu eigen, das dem aus Newton'schen Zeiten um 1700 ähnelt. Wir hegen eine mechanistische, deterministische Weltensicht, bestimmt und bestätigt durch uns umgebende Geschehnisse des Alltags.

Ein Billardtisch beispielsweise vereinigt all unsere weltanschaulichen Vorurteile: In einem trivialen Zusammenspiel von Stoßkräften laufen unter der Einhaltung von Energie- und Impulserhaltungssätzen einfach berechenbare schräge Stöße ab, die eventuell noch von Rotationsbewegungen begleitet werden. Die klassische, mechanisch-deterministische Welt, so, wie wir sie kennen. Doch ist dieses mechanistische Naturbild wirklich zutreffend? Verhalten sich alle Naturobjekte so simpel und vorhersagbar wie Billardkugeln?

Mit diesen Grundfragen im Hinterkopf soll es im vorliegenden Buch darum gehen, einen kleinen Einblick in die geheimnisvolle, wunderbare und faszinierende Welt der Quanten zu erhalten, und auf der ewig währenden Suche nach dem Innersten der Dinge dem letztendlichen Grundprinzip der Natur ein klein wenig näher zu kommen.

Was sind Quantenobjekte?

Doch um ganz vorne zu beginnen: Was ist nun eigentlich Quantenphysik? Nun, die *Quantenphysik* ist das Gebiet der Physik, welches sich mit den Verhaltensweisen von Quantenobjekten beschäftigt. So weit, so gut. Doch was ist denn ein Quantenobjekt überhaupt?

Unter dem Begriff *Quantenobjekt* versteht man für gewöhnlich atomare oder subatomare Objekte, also beispielsweise Elementarteilchen, wie die bekannten Atombausteine Elektron, Proton und Neutron. In einer allgemeineren Formulierung lässt sich festhalten, dass sowohl Materie als auch Licht im kleinen Maßstab als Quantenobjekte zu bezeichnen sind. Allerdings können sich auch wesentlich größere Ansammlungen von mehreren Dutzend Atomen noch wie Quantenobjekte verhalten. Genaueres werden wir in den folgenden Kapiteln erfahren.

Wozu betreibt man Forschung im Bereich des Mikrokosmos?

Nachdem jetzt einigermaßen geklärt wäre, worum es sich bei der Quantenphysik handelt, sollte vielleicht interessant sein, aus welchem Grund man sich überhaupt mit den Verhaltensweisen von Mikroobjekten beschäftigt und im Bereich der kleinsten Teilchen Forschung betreibt. Es ist wohl kaum zu leugnen, dass ein Grundlagenforscher auf dem Gebiet der Quanten-, Teilchen- oder Hochenergiephysik nicht primär durch den Hintergedanken der praktischen Anwendbarkeit seiner Forschungsergebnisse vorangetrieben wird, als vielmehr durch die unerschöpfliche Neugierde und das innige Verlangen nach Erkenntnis und Verständnis der spannenden und ergreifenden Welt um ihn herum. So sieht sich ein die physikalischen Grundlagen erforschender Quantenphysiker auch permanent auf dem engen Grad zwischen zweckfreier und sinnfreier Forschung balancieren. Für den wahren, leibhaftigen Naturwissenschaftler sollte dies jedoch kein Hindernis seiner Tätigkeit darstellen. Die begehrten Erkenntnisse nämlich, nach denen geforscht wird, erschließen ihm letztlich nichts weniger als das faszinierende Wesen der Natur selbst. Tatsachen wie jene, dass ein Quantenobjekt »auf zwei Hochzeiten gleichzeitig tanzen« kann, oder dass Objektivität im Mikrokosmos nicht zu existieren scheint, sowie die Einsicht, dass die Existenz der von Einstein vehement abgestrittenen »spukhaften Fernwirkungen« unabwendbar Teil der physikalischen Realität ist, machen die quantenphysikalischen Forschungen um einen unermesslichen Faktor spannender als jeder noch so gute, jedoch komplett fiktive Krimi. Ist es doch gerade das Faszinierende an der Quantenphysik, dass es sich dabei nicht um utopische Science-Fiction, sondern um die Wirklichkeit höchstpersönlich handelt. In der Mikrowelt gehört schließlich so einiges zum »Quanten-Alltag«, was aus unserer Sicht der Dinge sogar für Star-Trek-Abenteuer zu obskur und albern wirkt. Oder um es mit den präzisen und markanten Worten des Quantenphysikers DANIEL GREENBERGER[1] auszudrücken:

> »Einstein sagte, die Welt kann nicht so verrückt sein. Heute wissen wir, die Welt ist so verrückt.«

---

1 A. Zeilinger: *Einsteins Schleier* (C. H. Beck) 2003; S. 7

Ist die Physik ein abgeschlossenes Gedankengebäude?

In der Schule wird, wie Sie vielleicht schon selbst erfahren mussten, nur allzu oft der Eindruck vermittelt, die Physik sei ein vollendetes und abgeschlossenes Gedankengebäude, bestehend aus einer Unzahl von Gleichungen, welche irgendwelche idealisierten Experimente beschreiben mögen. Die Herausforderung an den Physiker, so scheint es, besteht nur darin, für den jeweils vorliegenden physikalischen Fall die passende Formel aus der Formelsammlung herauszukramen, um dann den Computer mit ebenjener Formel und gewissen Versuchsdaten zu füttern, sodass letztendlich der Rechner die korrekt ermittelten Ergebnisse wieder ausspuckt. Dem ist jedoch – um es ausdrücklich zu betonen – wahrlich *nicht* so!

MAX PLANCK (1858–1947), den man wohl vollkommen zu Recht als den Vater der Quantentheorie bezeichnen kann, zweifelte einst als junger Mann daran, ob es denn überhaupt vielversprechend sei, Physik zu studieren, obgleich er ein starkes Interesse für diese fundamentalste aller Naturwissenschaften empfand. Gutmütig riet ihm daraufhin ein bekannter Physikprofessor davon ab, indem er betonte, in der Physik sei schon alles Wesentliche erforscht und entdeckt worden. Es ginge nun noch um ein paar unwesentliche Details, die noch geklärt werden müssten. PLANCK tat jedoch wahrhaftig gut daran, diesen freundlich gemeinten Ratschlag zu ignorieren, denn seine späteren Arbeiten sollten eine grundlegend neue Ära im Kanon der Physik einläuten, ja eine physikalische Revolution auslösen. Im Jahre 1900 schließlich entdeckte PLANCK eine zuvor ungeahnte Facette der Natur: die Quantisierung im Mikrokosmos.

Was geschieht in der Welt des Mikrokosmos?

Es ist genau diese Frage, die Frage nach dem Innersten der Dinge, nach den grundlegenden Naturprinzipien, nach dem Wesen des physikalischen Aufbaus und Verhaltens des Kosmos an sich, um die das Hauptthema dieser Exkursion in die Welt des Mikrokosmos kreist und die sich wie ein roter Faden durch jedes einzelne Kapitel hindurchzieht.

Auf unserer sich nun unmittelbar anschließenden Reise durch die Quantenphysik, die faszinierende Welt des Mikrokosmos, werden wir mit Sicherheit – insofern möchte ich Sie schon an dieser frühen Stelle vorwarnen – an so manche Verständnis- und Erkenntnisgrenze stoßen. Doch liegt dies weder an Ihnen noch an der zur Betrachtung verwendeten physikalischen Theorie als vielmehr an der Natur des Betrachtungsgegenstandes selbst. Die Welt des Mikrokosmos spielt ein subtiles und zumal verwirrendes Spiel. Quantenobjekte sind und bleiben auch nach Jahrzehnten intensiver und erfolgreicher Forschung unabwendbar ein ewiges Rätsel, der Inbegriff des Widersprüchlichen, Undurchschaubaren und Geheimnisvollen. So voller ungeahnter Paradoxa und Überraschungen ist die Quantenphysik, dass man bisweilen die Zuversicht in die eigene Erkenntnisfähigkeit diskreditiert sehen muss.

Doch meiner Meinung nach macht gerade diese (scheinbare) epistemologische Unnahbarkeit und Rätselhaftigkeit der Quantenwelt ihren fesselnden, alles in ihren Bann ziehenden Reiz aus.

1 Licht und Materie

Was ist eigentlich Licht?

Die interessante Frage nach der Natur des Lichts stellten sich schon einst die alten Griechen. Doch so simpel diese kurze Frage auf den ersten Blick auch anmuten mag, so schwierig ist ihre eindeutige Beantwortung. Im Laufe der Jahrhunderte zeigte sich, dass die Antwort auf jene Frage während der historischen Entwicklung der Physik einem stetigen Wechsel unterzogen war. Sie mögen sich nach dem Warum fragen. Dies liegt wohl daran, dass das Licht eine verflixt ambivalente Sache ist. Doch Näheres hierzu werden wir im weiteren Verlaufe des Buches erfahren. Widmen wir uns erst einmal der herkömmlichen, klassischen Definition des Lichts.

Doch bevor wir damit beginnen, sollte noch schnell geklärt sein, was sich in der Physik hinter dem Adjektiv »klassisch« überhaupt verbirgt. Sie werden sehen, dass wir im Folgenden des Öfteren physikalische Sachverhalte aus der *klassischen Sichtweise* betrachten werden, oder dass wir die Voraussagen der *klassischen Theorie* analysieren werden usw. Dabei drückt die Verwendung des Wörtchens »klassisch« immer aus, dass es sich um die Sichtweise des im jeweiligen Fall vorliegenden Sachverhalts im Sinne der *klassischen Physik* handelt, wobei durch den Begriff der klassischen Physik alle Teilgebiete der

Physik (d. h., die klassische Mechanik NEWTONS, die Elektro-dynamik MAXWELLS etc. bis zur Relativitätstheorie EINSTEINS) ausschließlich der Quantenphysik gemeint werden. Exklusive der Quantenphysik deshalb, da Letztere einen zur klassischen Physik gravierend differierenden Charakter trägt. Mehr dazu jedoch ebenfalls später. Dies sollte vorerst nur klären, dass alle nicht quantenmechanischen Theorien, die wir besprechen wer-den, durch das Adjektiv »klassisch« gekennzeichnet werden, sodass wir die älteren, nicht quantenmechanischen (also klassi-schen) von den quantenmechanischen (also nicht klassischen) Theorien auch begrifflich unterscheiden können.

Beginnen wir nun mit der klassischen Theorie des Lichts. Würden wir hierzu ein Physiklexikon befragen, so fänden wir wahrscheinlich eine der folgenden Definition ähnliche Aus-sage:

Als Licht wird der Teil des elektromagnetischen Strahlungs-spektrums bezeichnet, der eine Wellenlänge von $360 \cdot 10^{-9}$ m bis $780 \cdot 10^{-9}$ m aufweist.

Nun ja, was können wir damit anfangen? Ich werde versuchen, es etwas anschaulicher darzustellen. Der Raum (und zwar jeg-licher Raum, sowohl das Vakuum selbst als auch der mit Erd-reich oder Luft angefüllte) ist durchzogen von dem *elektroma-gnetischen Feld*. Dieses Feld könnte man sich etwas verbildlicht so vorstellen wie eine unermessliche Anzahl von Seilen, die in alle Richtungen durch den Raum gespannt sind. Schlägt man nun an einem Raumpunkt die Seile an, so breitet sich die Stö-rung in Form einer dreidimensionalen Kugelwelle an den Sei-len durch den Raum aus. Die Seile sind somit das Trägerme-dium für die Welle, so wie die Luft das Trägermedium der Schallwellen ist.

Mit dem Licht verhält es sich ganz ähnlich: Durch eine periodische Schwingung eines geladenen Teilchens werden die es umgebenden elektrischen und magnetischen Felder ebenfalls in Schwingungen versetzt. Diese Schwingungen des elektromagnetischen Feldes nennen wir *elektromagnetische Wellen*. Dabei ist die elektromagnetische Welle an sich einfach als eine Schwingung des elektromagnetischen Feldes zu verstehen. Die Schwingungsenergie der Welle breitet sich als eine Störung des elektromagnetischen Felds aus.

Die Existenz der elektromagnetischen Wellen wurde erstmalig durch die von JAMES MAXWELL (1831–1879) aufgestellten, für die klassische Elektrodynamik fundamentalen Gleichungen vorausgesagt, welche nach ihrem Entdecker auch als *Maxwell'sche Gleichungen* bezeichnet werden. Sie beschreiben auf mathematischer, theoretischer Ebene die Dynamik elektrischer und magnetischer Felder. Experimentell nachgewiesen werden konnten die elektromagnetischen Wellen erst ca. 27 Jahre nach MAXWELLS theoretischer Entdeckung. HEINRICH HERTZ (1857–1894) war es, der sie 1887 in Versuchen eigenständig erzeugen und nachweisen konnte.

Aber was schwingt da wie?

Man könnte sich dennoch fragen, wie man sich diese schwingenden magnetischen und elektrischen Felder genau vorzustellen hat. Zu diesem Zweck wird in Abb. 1.1 eine anschauliche Darstellung der elektromagnetischen Welle angeführt. Hieran soll der schematische Aufbau einer solchen Welle verdeutlicht werden.

Wie sich gut erkennen lässt, hat die elektromagnetische Welle zwei Schwingungsrichtungen. Der elektrische und der magnetische Feldvektor der elektromagnetischen Strahlung

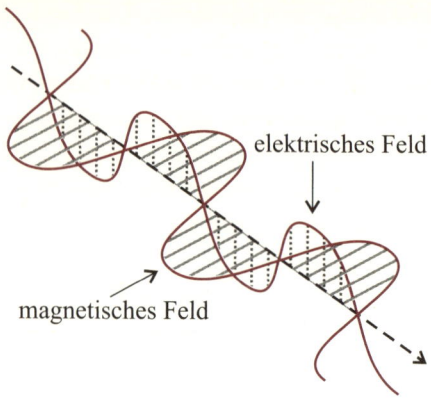

 wird in der Bildunterschrift referenziert

Abb. 1.1 Darstellung der senkrecht aufein-
anderstehenden Schwingungsebenen einer
elektromagnetischen Welle

stehen nämlich immer senkrecht aufeinander. Des Weiteren
schwingen die beiden Felder in Phase, d. h., sie nehmen stets zu
gleichen Zeiten die maximale *Elongation* (= Auslenkung von
der Ruhelage) ein und durchqueren gleichzeitig die Ruhelage.
So schwingen elektrisches und magnetisches Feld der Welle in
einem Winkel von 90° und stehen dabei gleichfalls senkrecht
zur Ausbreitungsrichtung der Welle.

Die elektromagnetischen Wellen gehören deshalb (ebenso
wie Seilwellen oder Wasserwellen) zu den *Transversalwellen*,
deren Schwingungsrichtung senkrecht zur Ausbreitungsrichtung der Welle steht, im Gegensatz zu den *Longitudinalwellen*
(wie z. B. dem Schall), deren Schwingungsrichtung in Ausbreitungsrichtung liegt. Ein besonderes Charakteristikum der
Transversalwellen ist, dass sie eine Eigenschaft besitzen, die
sich *Polarisation* nennt. Schwingt der elektrische Feldvektor
der elektromagnetischen Welle zudem in einer Ebene, so
spricht man von einer *linear polarisierten* Welle. Das Licht der

Sonne beispielsweise ist zwar nicht polarisiert, doch schickt man das Sonnenlicht durch einen Polarisationsfilter, so lässt sich daraus linear polarisiertes Licht einer bestimmten Schwingungsrichtung erhalten.

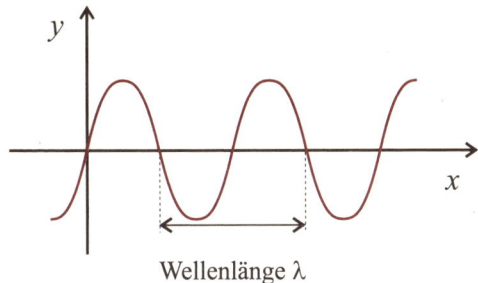

Wellenlänge λ

Abb. 1.2 Die Definition der Wellenlänge

Eine weitere grundlegende Eigenschaft der elektromagnetischen Welle sind ihre *Wellenlänge* λ und ihre *Frequenz* υ. Die Wellenlänge ist einfach der Abstand zweier identischer Punkte der Welle, also z.B. die Strecke von einem Wellenberg zum nächsten (siehe Abb. 1.2). Ferner gibt die Frequenz der Strahlung die Anzahl der Schwingungen pro Sekunde an. Die Wellenlänge und Frequenz einer Welle verhalten sich umgekehrt proportional zueinander. Interessanterweise ergibt sich, wenn man Frequenz υ und Wellenlänge λ einer Welle multipliziert, als Produkt die *Ausbreitungsgeschwindigkeit c* der Welle:

$$c = \upsilon\lambda. \tag{1.1}$$

Bei der elektromagnetischen Strahlung ist dies bekanntlich die Lichtgeschwindigkeit, für die sich gemeinhin das Symbol c eingebürgert hat. Wenn demzufolge im weiteren Verlauf des Buchs in Formeln der Buchstabe c auftauchen sollte, so handelt es sich dabei stets um die konstante *Vakuumlichtgeschwindigkeit,* deren Wert bei etwa $c = 3{,}0 \cdot 10^8 \, \frac{m}{s}$ liegt. Sollte dies einmal nicht der Fall sein, so wird ausdrücklich darauf hingewiesen.

Was sind Frequenz und Wellenlänge des Lichts?

Theoretisch gesehen gibt es unendlich viele mögliche Frequenzen bzw. Wellenlängen der elektromagnetischen Strahlung. Das kontinuierliche *Spektrum der elektromagnetischen Strahlung* enthält alle Frequenzen bzw. Wellenlängen der elektromagnetischen Strahlung. Wie in der logarithmisch aufgetragenen Wellenlängen- und Frequenzskala aus Abb. 1.3 zu erkennen ist, reicht das *Strahlungsspektrum* von der kurzwelligen harten Gammastrahlung bis zum langwelligen Radiowellenbereich. Im Zwischenbereich dieser zwei Grenzwellenlängen befindet sich der Reihenfolge nach die harte und weiche Röntgenstrahlung, die ultraviolette Strahlung, worauf der winzige, für uns Menschen sichtbare Spektralbereich des Lichts folgt, dann die infrarote Strahlung, die Wärmestrahlung und schließlich die Mikrowellenstrahlung. Es ist recht erstaunlich, dass all jene Strahlungsarten gewissermaßen wesentlich dasselbe sind wie das für uns sichtbare Licht, denn sie unterscheiden sich ausschließlich in ihrer Wellenlänge bzw. Frequenz. Schließlich liegt es ja nur an der besonderen Beschaffenheit unserer Augen, nur für diesen bestimmten, sichtbaren Spektralbereich empfindlich zu sein, sodass wir ihn sehen können.

Jetzt könnte man die Frage stellen, wie es zu diesen unterschiedlichen Frequenzen der elektromagnetischen Wellen kommt. Nun, der wesentliche Unterschied liegt in der Art des Entstehungsprozesses der Strahlung. So ist die Quelle der har ten Gammastrahlung ein angeregter, radioaktiver Atomkern, der durch die Emission von Gammaquanten einen energetisch günstigeren Zustand erlangen kann. Radiowellen hingegen entstehen durch einen schwingenden elektrischen Dipol, einen Leiter mit offenem Ende, in den eine elektrische Wechselspannung eingespeist wird. Alles in allem sind – abgesehen von der sich unterscheidenden Wellenlänge – jedoch alle in Tafel 1 abgebildeten Strahlungsarten physikalisch wesensgleich, d. h., sie folgen den identischen optischen Gesetzen, wie es auch unser sichtbares Licht tut.

Was ist eigentlich Materie?

Zunächst könnte man etwas dem Folgenden Ähnliches meinen: »*Ist doch klar, Materie ist halt materiell oder substanziell, etwas, das man anfassen kann. Im Gegensatz dazu stehen Mikrowellen und Wärmestrahlung, oder auch Licht. Ein Stein ist offensichtlich materiell: Er lässt sich hochwerfen und plumpst auf den Boden. Das geht mit Licht nicht ...*«
Aber wie verhält es sich dann z. B. mit einem Elektron? Lässt sich das anfassen? Oder ein Alphastrahl, der aus Heliumkernen besteht. Ist der immateriell, nur weil er sich nicht so gut betasten und direkt ansehen lässt? Wie wir sehen, ist diese Frage ein wenig verzwickter, und um ehrlich zu sein, gibt es auch gar keine präzise physikalische Definition für den Begriff *Materie*. Natürlich könnte man auch sagen, Materie ist alles, was eine Masse besitzt, doch wissen wir seit EINSTEINS Entdeckung *der Energie-Masse-Äquivalenz,* dass

$$E = mc^2,$$ (1.2)

d. h., jeder Energie E eine Masse m äquivalent ist, wobei der Faktor Lichtgeschwindigkeit zum Quadrat nur einen etwas »speziellen Umrechnungsfaktor« darstellt. Jeder Energie kann also eine Masse und jeder Masse eine Energie zugeordnet werden. Wie soll man da noch zwischen massebehaftet und nicht massebehaftet unterscheiden?

Und dennoch gibt es trotz dieser enormen Definitionsschwierigkeiten eine Möglichkeit, diesen Begriff festzulegen: Mit Materie lassen sich all die Elementarteilchen bezeichnen, welche Ruhemasse besitzen. Aber was ist Ruhemasse? Als *Ruhemasse* bezeichnet man die Masse eines Teilchens, wenn dieses sich nicht bewegt, da jedes bewegte Teilchen nach der *speziellen Relativitätstheorie* einen *Massenzuwachs* erfährt, sodass seine so genannte *dynamische Masse* über der Ruhemasse liegt. Licht oder, allgemeiner gesprochen, elektromagnetische Strahlung besitzt hingegen keine Ruhemasse, sondern nur eine dynamische Masse. Somit kann man beispielsweise zwischen ruhemassebehafteter Materie und nicht ruhemassebehafteter Strahlung unterscheiden.

Woraus besteht ruhemassebehaftete Materie?

Wie freilich heutzutage allgemein bekannt ist, besteht jegliche uns umgebende Materie aus winzigen Teilchen: den *Atomen*. Schon im alten Griechenland formulierten die Philosophen LEUKIPP und DEMOKRIT (beide ca. 500 v. Chr.) ihre Atomhypothese, nach der alles letzten Endes aus den unteilbaren Partikeln aufgebaut sein sollte.

Auch wenn diese frühen, philosophischen Vermutungen aus heutiger Sicht noch ziemlich unbegründet scheinen mögen, konnten jene Annahmen wesentlich später u. a. durch den britischen Chemiker JOHN DALTON (1766–1844) bestätigt werden.

Daraufhin schloss sich eine stetige Reihe verschiedener, verbesserter Atommodelle an: Das frühe, vom englischen JOSEPH THOMSON (1856–1940) entwickelte so genannte *Rosinenkuchenmodell* besagt, das Atom bestehe aus einem positiv geladenen *Materieteig*, in den die negativen (übrigens ebenfalls von ihm entdeckten) Elektronen eingebettet seien.

Doch wenig später fand der Neuseeländer ERNEST RUTHERFORD (1871–1937) bei seinen Streuexperimenten an Goldfolien heraus, dass das Atom zum größten Teil leer sein musste und es einen extrem kleinen und kompakten, positiv geladenen Kern besaß. Die negativ geladenen *Elektronen* sollten hingegen in der Atomhülle in unterschiedlichen Abständen um den Kern kreisen, ähnlich einem Miniatur-Sonnensystem, bei dem der Atomkern die Sonne und die Elektronen die Planeten ersetzten. Es wurde demnach offenkundig, dass jenes fälschlicherweise »atomos« benannte Partikelchen sehr wohl teilbar war. Das Atom konnte daher nicht mehr länger als elementar, da schließlich teilbar, angesehen werden.

So formiert sich gezwungenermaßen erneut die Frage, ob diese Atom-»Bruchstücke« denn ihrerseits elementarer Natur seien. Doch, wie sich herausstellte, sind sie dies keineswegs, denn der Atomkern besteht aus zwei weiteren Sorten von Teilchen: den positiv geladenen *Protonen* und den ungeladenen, also neutralen *Neutronen*. Und auch diese Partikel sind noch nicht elementar, denn sie bestehen ihrerseits aus Teilchen namens *Quarks,* eine Bezeichnung, die auf den amerikanischen Teilchenphysiker MURRAY GELL-MANN (geb. 1926) zurückgeht. Nach dem heutigen *Standardmodell der Elementarteilchenphysik* bestehen demgemäß Protonen p (*uud*) aus zwei up-Quarks und einem down-Quark und Neutronen n (*udd*) aus zwei down-Quarks und einem up-Quark. Genauer gesagt bilden die elementaren Quarks besagter Nukleonen zusammen mit den Austauschteilchen (Wechselwirkungsbosonen) der starken Kernkraft vielmehr ein kompliziertes, konfuses Gemenge aus Quarks, Antiquarks und verschiedenen Gluonen, ein so genanntes *Quark-Gluonen-Plasma*, doch dürfte dies nichts Wesentliches an der Kernaussage ändern.

So weit wir bis jetzt Bescheid wissen, sind diese Quarks jedoch wahrhaftig elementar, in dem Sinne, dass sie nicht aus anderen Teilchen aufgebaut sind. Und es gibt auch gute Gründe, warum dies der Fall sein sollte. Aktuell sind daher als Atombausteine nur *up-* und *down-Quarks* und *Elektronen* als wirklich elementare Teilchen zu bezeichnen. Dennoch werden – scheinbar paradoxerweise – sowohl Protonen als auch Neutronen als Elementarteilchen bezeichnet, obwohl sie, wie wir erfahren haben, eigentlich nicht wirklich als elementar gelten können.

Jedoch muss man nachhaltig betonen, dass »aus anderen Teilchen aufgebaut sein« nicht gleich »teilbar sein« bedeutet. Wie soll man das verstehen? Nun, die Tatsache, dass z. B. ein Proton nicht weiter teilbar ist, obwohl es aus den sehr viel kleineren Quarks besteht, basiert auf einer Eigenschaft der Kraft, welche das Proton bzw. das Neutron zusammenhält. Jene Kraft, die *starke Wechselwirkung* (eine der vier *fundamentalen Wechselwirkungen* der Natur) genannt wird, sorgt dafür, dass sich die Quarks niemals isoliert aufhalten können. Demzufolge tauchen sie nur in Zweierverbänden, den *Mesonen*, oder in Dreierverbänden, den *Baryonen*, auf.

Das Phänomen, nach dem beispielsweise ein Zusammenschluss von drei Quarks zu einem Proton nicht trennbar ist, wird als *Quarkeinschluss* oder *quark confinement* bezeichnet. Diese interessante und exotische Eigenschaft der starken

Wechselwirkung stellt, nebenbei gesagt, noch immer ein aktuelles Rätsel in der Grundlagenforschung dar.

Neuere Experimente an den größten Teilchenbeschleunigern der Welt suchen seit zwei Jahren sogar intensiv nach einer weiteren Teilchenklasse, den Pentaquarks, die allerdings überaus instabil sein sollen. Dies sind Teilchen, die aus vier Quarks und einem Antiquark bestehen. Beispiele hierfür sind etwa das Θ^+ ($uudd\bar{s}$), das Θ_c^0 ($uudd\bar{c}$) oder das Ξ^{--} ($ddss\bar{u}$). Ihr stichhaltiger Nachweis gestaltet sich jedoch, wie die aktuellen Experimente zeigen, hinreichend schwierig. Bislang sprechen zehn Experimente für ihre Existenz, aber leider sprechen ebenso viele Versuche dagegen bzw. können nur Nullergebnisse vorweisen. Aus dieser prekären experimentellen Lage resultieren schließlich nachhaltige Zweifel, ob die bisher angestellten Experimente überhaupt stichhaltig waren. Eine fundierte Bestätigung der fragwürdigen Existenz der Pentaquarks wird sich in zukünftigen Experimenten erst noch zeigen müssen.[2] Unstrittig ist hingegen, dass diese Erforschung der Pentaquarks neue, tiefere Erkenntnisse über die Natur der starken Wechselwirkung ermöglichen wird. Auch hinsichtlich des rätselhaften *quark confinements* sind die Polyquarks natürlich von außerordentlichem Interesse.

Sind Elementarteilchen wirklich Teilchen?

Wir haben jetzt verstanden, dass Elementarteilchen nicht unbedingt elementar sein müssen, aber – um sich jetzt dem anderen Teil des Begriffes zu widmen – Teilchen sind sie doch mit Sicherheit, oder?

---

2 Eine schöne Darstellung der aktuellen schwankenden Nachweislage findet sich in K. Hicks: Experimental Search for Pentaquarks. Prog. Part. Nucl. Phys. **55** (2005); http://arxiv.org/abs/hep-ex/0504027 (2005).

Nun ja, dies ist relativ! In der Elementarteilchenphysik versteht man unter dem Wort »Teilchen« gewöhnlich etwas anderes, als wir es aus unserer natürlichen Alltagsumgebung der Größenordnung von 10^{-1} m gewohnt sind. Wenn wir uns ein »Teilchen« vorstellen, haben wir dabei für gewöhnlich etwas Kleines, Kompaktes im Sinn, vergleichbar mit einem winzigen Metallkügelchen. Doch dieses Bild eines *klassischen Teilchens* verliert, während man auf der Größenskala abwärts wandert, an Verwendbarkeit. Stellen wir uns für einen Augenblick vor, wir wären Objekte des Mikrokosmos, die auf atomarer Skala der Größenordnung von 10^{-10} m zu Hause seien. Dann müssten wir zwangsläufig erkennen, dass unsere makroskopische Vorstellung eines Teilchens, im Sinne eines winzigen, kompakten Kügelchens, schlicht und ergreifend nicht haltbar ist und aus quantenmechanischer Sicht offenkundig Unsinn darstellt.

Ein so genanntes »Teilchen«, welches im Mikrokosmos haust, hat einfach eine recht differierende Lebensweise: Es führt sozusagen eine Art Doppelleben. Ja, es ist tatsächlich nur zur Hälfte seines Teilchenlebens wirklich Teilchen, nebenbei verhält es sich nämlich auch manchmal wie eine Welle. Irgendwie wird man partiell dazu gezwungen anzunehmen, dass Quantenobjekte sowohl Teilchen als auch Wellen zugleich sind, aber andererseits kann man sie nicht wirklich einem von beidem zuordnen, denn sie sind weder klassische Wellen noch klassische Teilchen. Sie verhalten sich irgendwie ganz anders als alles, das wir aus unserer »normalen, klassischen Welt« gewohnt sind. Ihre Regeln unterscheiden sich so extrem von den unsrigen, dass wir uns regelmäßig mit chronischen Schwierigkeiten konfrontiert sehen müssen, wenn wir versuchen, ihren abstrakten Wegen zu folgen. Sie sind ganz anders als alles, was wir uns mit unserem beschränkten, klassischen Horizont vorzustellen vermögen. Sie sind weder makroskopische Teilchen noch makroskopische Wellen – sie sind *Quantenobjekte*. Und mit Hilfe dieses Buchs wollen wir versuchen, ihren seltsamen Verhaltensweisen auf die Spur zu kommen und ein klein wenig über ihren wundervollen und geheimnisvoll faszinierenden Charakter zu erfahren.

2 Die Herkunft des Planck'schen Wirkungsquantums

Woher kommt die Quantenhypothese?

Vor 1900 gab es in der klassischen Physik ein kleines, unwichtig scheinendes, aber doch nicht vernachlässigbares Problem in der Thermodynamik: Man stelle sich hierzu einen idealen schwarzen Körper vor, welcher keinerlei elektromagnetische Strahlung reflektiert, sondern eben gerade jegliche Strahlung absorbiert, die auf ihn trifft. Ein solcher Körper wird ein Spektrum elektromagnetischer Strahlung emittieren, welches nur von seiner Temperatur und nicht von dem Material, aus dem er besteht, oder sonstigen anderen Einflüssen abhängt. Diese Strahlung nennt man *Schwarzkörperstrahlung* oder auch *Hohlkörperstrahlung.*

Eine Möglichkeit, einen schwarzen Körper praktisch nachzustellen, ist, einen Hohlkörper zu nehmen (z. B. eine hohle Metallkugel) und durch ein kleines Loch elektromagnetische Strahlung hineinzuführen. Die Strahlung wird nun von den Innenwänden so lange reflektiert, bis sie vom Körper absorbiert wird und zu einer Temperaturerhöhung desselben führt. Nun kann man die Spektralverteilung eines schwarzen Körpers, d. h., die spezifische Leistung der elektromagnetischen Strahlung einer bestimmten Wellenlänge, die pro Fläche abgestrahlt wird, sowohl theoretisch berechnen als auch experimentell

(z. B. über Messungen an einer oben erwähnten Metallkugel) ermitteln.

Das in Abb. 2.1 dargestellte Diagramm stellt beispielhaft einige verschiedene *Spektralverteilungsfunktionen* von schwarzen Körpern unterschiedlicher Temperatur dar. Eingetragen sind hier die Werte der pro Wellenlänge abgestrahlten Leistung P pro Fläche (spezifische Ausstrahlung) der elektromagnetischen Strahlung über deren Wellenlänge λ. Diese Werte können experimentell ermittelt werden.

Als man jedoch Experiment und Theorie dieser Hohlraumstrahlung verglich, fiel auf, dass sie sich widersprachen. Die frühere Theorie besagt nämlich, dass die Leistung P der Strahlung umgekehrt proportional zur vierten Potenz der Wellenlänge λ sei, da die zugrunde liegende Gleichung, das *Rayleigh-Jeans-Gesetz*,

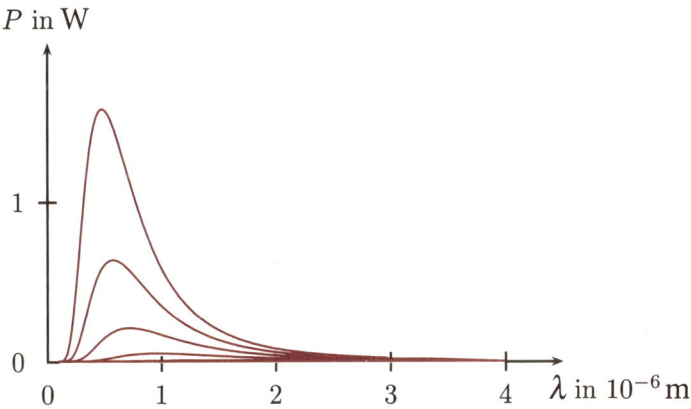

Abb. 2.1 Spektralverteilungsfunktionen schwarzer Körper unterschiedlicher Temperaturen

$$P(\lambda; T) = \frac{8\pi k_B T}{\lambda^4} \qquad (2.1)$$

lautet, wobei k_B die Bolzmannkonstante ist, deren Wert ca. $1{,}38 \cdot 10^{-23} \frac{J}{K}$ beträgt, und T die Temperatur des schwarzen Körpers in Kelvin darstellt. Das bedeutet, die Spektralverteilung müsste derartig aussehen, dass mit sinkender Wellenlänge die Leistung der elektromagnetischen Strahlung stetig ansteigt und mit $\lambda \to 0$ die abgestrahlte Leistung P gegen unendlich gehen müsste.

Im Klartext heißt dies allerdings, jeder Köper, welcher eine Temperatur oberhalb des absoluten Nullpunkts von 0 K ($\approx -273\ °C$) besitzt, müsste unendlich viel Energie in Form von elektromagnetischer Strahlung emittieren. Das war natürlich ein extremer Widerspruch zu der experimentell ermittelten Spektralverteilung, bei der im Bereich $\lambda \to 0$ die Leistung P ebenfalls gegen null geht (siehe Abb. 2.1). Das Phänomen der offensichtlich falschen theoretischen Voraussage wird als *Ultraviolettkatastrophe* bezeichnet.

Wie konnte die Ultraviolettkatastrophe gelöst werden?

Kurz vor Anbruch des neuen Jahrhunderts sollte MAX PLANCK auf der in der Historie der Quantentheorie wohl bedeutendsten Konferenz am 14. Dezember 1900 die Geburtsstunde der Quantenphysik einläuten, um sich damit zum Vater der Quantentheorie zu machen. Er konnte das Problem jener prekären Ultraviolettkatastrophe der Spektralverteilung der Schwarzkörperstrahlung lösen, indem er genialerweise eine völlig neue Strahlungsformel aufstellte.

Nebenbei sei kurz bemerkt, dass PLANCK selbst interessanterweise seine Formel nur als einen *»Kunstgriff«* bezeichnete, als eine künstliche Modifikation der klassischen Strahlungsformel, um die theoretische Spektralverteilungsfunktion der experimentell ermittelten anzupassen. Er betonte diesbezüglich oft, er habe diese Lösung erst gefunden, nachdem er sich zu einem »*Akt der Verzweiflung*« gezwungen sah. Umso famoser, dass PLANCKS Strahlungsformel tatsächlich durch ihre neuartige *Quantenhypothese* die experimentellen Ergebnisse innerhalb der (überaus winzigen) Messungenauigkeiten exakt zu beschreiben vermag.

Dieses revolutionäre Gesetz, welches ihm zu Ehren schließlich *Planck'sches Strahlungsgesetz* genannt wurde, lautet nun

$$P(v;T) = \frac{8\pi v^2}{c^3} \, \frac{hv}{(e^{hv/k_B T} - 1)}. \qquad (2.2)$$

Doch an dieser Stelle wollen wir uns nicht mit der langen und mühseligen Herleitung und dem genaueren Aufbau dieser Strahlungsformel auseinandersetzen, geht es uns doch aktuell vor allem um PLANCKS fundamentale Neuerung – die revolutionäre Quantenhypothese per se.

Das Bahnbrechende an dieser von ihm erdachten Gleichung (2.2) war nämlich, dass sie im Gegensatz zur klassischen Herangehensweise eine *quantenhafte Emission* und *Absorption* der elektromagnetischen Strahlung im Inneren des Schwarzkörpers annahm. Demnach sollte die Wärmeenergie des Hohlraums immer in kleinsten Portionen, den so genannten *Quanten*, die so etwas wie kleine »Energiepakete« darstellen, von den Wänden des Hohlraums aufgenommen und abgegeben werden. Die Energie eines jeden solchen Quants musste PLANCKS Hypothese entsprechend von der Frequenz v und einer Konstanten, dem später als *Planck'schem Wirkungsquantum* bezeichneten Faktor $h = 6{,}626 \cdot 10^{-34}$ Js, abhängig sein. So ergibt sich die Energie eines Quants der elektromagnetischen Strahlung PLANCKS *Quantenhypothese* entsprechend als

$$E = h \cdot v.$$ (2.3)

PLANCK selbst konnte seinerzeit schon einen bemerkenswert genauen Wert für h angeben. Dazu assimilierte er sein neu gefundenes Planck'sches Strahlungsgesetz (2.2) über eine passende Größenwahl der Konstanten h den durch Versuche erhaltenen experimentellen Messdaten. Später konnte dann der Wert des Planck'schen Wirkungsquantums z. B. über den Versuchsaufbau zum photoelektrischen Effekt mit $h = E/v$ noch wesentlich präziser ermittelt werden, wie wir noch in Kap. 3 sehen werden.

Wovon ist der Energiebetrag eines Lichtquants abhängig?

Wenn wir also im Folgenden von *Quanten* oder *Lichtquanten* sprechen, so handelt es sich dabei nach Gleichung (2.2) stets um »Energiepäckchen« der Größe hv, so wie es die exakte Strahlungsformel PLANCKS fordert.

Nun ist uns aus Kap. 1 die für Wellen allgemein gültige Beziehung

$$c = v\lambda$$ (2.4)

bekannt, nach der die Ausbreitungsgeschwindigkeit c einer Welle gleich dem Produkt aus deren Frequenz v und ihrer Wellenlänge λ ist. Da die Ausbreitungsgeschwindigkeit der elektromagnetischen Strahlung c innerhalb eines bestimmten Mediums konstant ist, nämlich im Vakuum den bekannten Wert von ca. 300 000 km/s besitzt, kann man die Planck'sche Quantenhypothese (2.2) über Relation (2.4) in

$$E = \frac{hc}{\lambda} \qquad (2.5)$$

umformen, wobei c die Vakuumlichtgeschwindigkeit ist. An diesen Formeln (2.2) und (2.5) kann man jetzt wunderbar erkennen, dass die Energie eines Lichtquants proportional zu seiner Frequenz und umgekehrt proportional zu seiner Wellenlänge ist.

Es gibt des Weiteren noch eine andere interessante Beziehung für die Energie eines Quants. In der Quantenphysik hat sich für die kleinste Einheit des quantenphysikalischen *Spins*, einer Art *Drehimpuls* von Quantenobjekten, die Abkürzung $\hbar$ (gesprochen: »h quer«) für $\frac{h}{2\pi}$ eingebürgert. Das bedeutet

$$\hbar = \frac{h}{2\pi} \approx 1{,}055 \cdot 10^{-34}\,\mathrm{Js}. \qquad (2.6)$$

Setzen wir dieses $\hbar$ in die Gleichung der Quantenhypothese ein, so erhalten wir die Relation

$$E = \hbar \cdot 2\pi v. \qquad (2.7)$$

Aus der Analyse der gleichförmigen Kreisbewegung (die wir hier nicht weiter ausweiten wollen) kommt die Definition der Winkelgeschwindigkeit ω mit

$$\omega = \frac{2\pi}{T}, \qquad (2.8)$$

was bedeutet, dass die Winkelgeschwindigkeit ω die Anzahl der Umdrehungen (im Bogenmaß sind das Vielfache von 2π) pro Zeit T ist, die für eine Umdrehung benötigt wird. Da die Umlaufzeit T der Kehrwert der Frequenz ist, mit der die Kreisbewegung stattfindet, also

$$v = \frac{1}{T} \qquad (2.9)$$

folgt aus (2.8) und (2.9)

$$\omega = 2\pi v, \qquad (2.10)$$

und somit über die Einsetzung von (2.10) in (2.7)

$$E = \hbar\omega. \qquad (2.11)$$

Für die Energie eines Quants kennen wir demnach bis jetzt schon die Beziehungen

$$\begin{aligned}
E &= hv \\
&= \frac{hc}{\lambda} \\
&= \hbar\omega.
\end{aligned} \qquad (2.12)$$

Diese Gleichungen sollten wir gut im Gedächtnis behalten, denn sie sind in der Quantenphysik, ja der sprichwörtlich quantisierten Physik, schließlich von absolut elementarer, grundlegender Bedeutung und werden uns bei unserer Reise durch den Mikrokosmos an nahezu jeder Ecke wieder über den Weg laufen.

Als interessante Anekdote soll abschließend erwähnt sein, dass PLANCK seinerseits diese Energiequantisierung im Mikrobereich (durch die Einführung des Faktors h) nur als eine mathematische Hilfskonstruktion ansah, um die experimentell gefundene Spektralverteilung der Schwarzkörperstrahlung auch theoretisch berechnen zu können.

Erst 1905 sollte ALBERT EINSTEIN bei seinen Studien des photoelektrischen Effekts erkennen, dass die Energiequantisierung nicht nur die Rolle einer mathematischen Hilfskonstruktion spielt, sondern eine grundlegende Eigenschaft der elektromagnetischen Strahlung an sich darstellt.

3 Der photoelektrische Effekt

Was ist der photoelektrische Effekt?

Schon vor ALBERT EINSTEIN (1879–1955) war bekannt, dass aus einer Metallplatte, die mit Licht bestrahlt wird, unter Umständen Elektronen aus dem Metallgitter »geschlagen« werden können. Dieser Effekt, der 1887 von HEINRICH HERTZ entdeckt wurde, wird *photoelektrischer Effekt* oder auch kurz *Photoeffekt* genannt. Im Jahr 1905 schließlich wandte sich EINSTEIN jenem Phänomen zu, um es wenig später in seiner weltberühmten Arbeit »*Über einen die Erzeugung und Verwandlung des Lichts betreffenden heuristischen Gesichtspunkt*«[3] physikalisch zu erklären, war es doch bislang Realität, dass zwischen den experimentellen Tatsachen und den theoretischen Voraussagen der klassischen Wellentheorie der elektromagnetischen Strahlung extreme Differenzen klafften.

Der Versuchsaufbau zur experimentellen Messung des Photoeffekts, wie er schematisch in Abb. 3.1 dargestellt wird, ist dabei prinzipiell relativ einfach:

Zunächst benötigt man einen Metallring, welcher als *Ringanode* bezeichnet wird, und eine Metallplatte, aus der im Rahmen des Photoeffekts die Elektronen herausgelöst werden sol-

3 publiziert in *Annalen der Physik* 17 (1905), S. 132–148

len, die daher auch den Namen *Photokathode* trägt. Durch die Ringanode wird die elektromagnetische Strahlung auf die Photokathode gerichtet, sodass die Strahlung eventuell Elektronen herauslösen kann. Hierzu muss jedoch die Energie, welche benötigt wird, um ein Elektron aus dem Metallverband zu lösen, von der elektromagnetischen Strahlung aufgewendet werden. Diese Energie wird *Austrittsarbeit* W_{Aus} genannt und ist vom Kathodenmaterial abhängig.

Werden nun Elektronen herausgelöst, fliegen diese in Richtung Ringanode, sodass ein Ladungstransport und folglich ein Stromfluss stattfindet. (Idealerweise sollten sich Photokathode und Ringanode in einem evakuierten Gefäß befinden. Hierfür verwendet man in der Praxis häufig so genannte *Photozellen*, luftleere oder -arme Glaskolben, in welche Photokathode und Anodenring eingearbeitet sind.) Dieser elektrische Strom kann registriert werden, indem Ringanode und Photokathode über ein zwischengeschaltetes Amperemeter verbunden werden (siehe Abb. 3.1). Die am Amperemeter gemessene Stromstärke *I* ist somit ein Maß für die durch die Strahlung herausgelösten Elektronen. Zur Erinnerung sei noch schnell wiederholt, dass die *Stromstärke I* als pro Zeit Δt fließende Ladung ΔQ definiert ist, also

$$I = \frac{\Delta Q}{\Delta t}. \tag{3.1}$$

Die in Abb. 3.1 eingezeichnete Gleichspannungsquelle ist dabei zur Messung des Photoeffekts nicht zwingend erforderlich, jedoch kann durch deren Einsatz ein wesentlich größerer Anteil der durch die elektromagnetische Strahlung herausgelösten Elektronen vom Amperemeter registriert werden, die ansonsten in eine beliebige andere Richtung unbemerkt entkommen würden. Zur rein qualitativen Messung des Photoeffekts ist diese Spannungsquelle jedoch eigentlich nicht erforderlich.

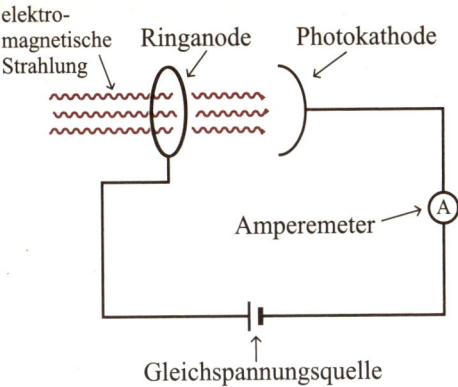

Abb. 3.1 Der Versuchsaufbau des 1. Experiments zum Photoeffekt

Was ist das Nichtklassische am Photoeffekt?

1. Experiment:

Nach der klassischen Wellentheorie der elektromagnetischen Strahlung kann sich die vom Elektron zum Austritt aus dem Metallgitter benötigte Energie ansammeln, bis das Elektron eine ausreichende Energie besitzt, um zu entkommen. Je nachdem wie stark nun die Intensität der Strahlung wäre, würde das Elektron nur (entweder länger oder kürzer) auf diese Energiemenge warten müssen. Jedoch sollte eine Herauslösung von Elektronen aus dem Metallgitter an sich – eine genügend lange Bestrahlungszeitspanne vorausgesetzt – in jedem Falle möglich sein.

Versuch: Die bei diesem Versuch verwendete Quelle elektromagnetischer Strahlung sollte möglichst *monochromatisches* Licht aussenden, was nichts anderes bedeutet, als dass

43

die Strahlung nur aus elektromagnetischen Wellen (nahezu) einer Frequenz bzw. Wellenlänge bestehen sollte. (Warum dies wichtig ist, werden wir an späterer Stelle noch erkennen.)

Nun wird in obigem Versuchsaufbau der Abb. 3.1 die *Intensität* der elektromagnetischen Strahlung variiert und dabei die Änderung der Stromstärke beobachtet. Diesen Versuch führen wir mit mehreren verschiedenen Frequenzen der elektromagnetischen Strahlung nacheinander durch.

Beobachtung: Hierbei müssen wir feststellen, dass überraschenderweise erst unterhalb einer bestimmten *Grenzfrequenz* der elektromagnetischen Strahlung das Amperemeter keinen Stromfluss anzeigt. Dies bedeutet, es werden keine Elektronen aus der Kathode herausgeschlagen. Erst oberhalb jener Grenzfrequenz wird eine Stromstärke I angezeigt, die größer als null ist, das bedeutet, erst jetzt können Elektronen herausgelöst werden.

Ferner steigt mit ansteigender Intensität der Strahlung auch die Stromstärke bzw. die Anzahl der herausgelösten Elektronen. Bei geringer Intensität der Strahlung dauert das Herauslösen der Elektronen jedoch nicht länger, sondern es geschieht sofort und ohne jeglichen Zeitverzug.

Auswertung: Das Experiment zeigt uns also, dass die Elektronen erst oberhalb einer bestimmten Grenzfrequenz aus dem Metallgitter herausgelöst werden können, und dies unabhängig von der Intensität der Strahlung. Ein kontinuierliches Ansammeln von Energie an den Elektronen ist demnach in der Praxis nicht möglich.

Außerdem geschieht das Herausschlagen der Elektronen ohne Zeitverzug, welcher hingegen von der klassischen Theorie vorausgesetzt wird (»Energie ansammeln benötigt Zeit«).

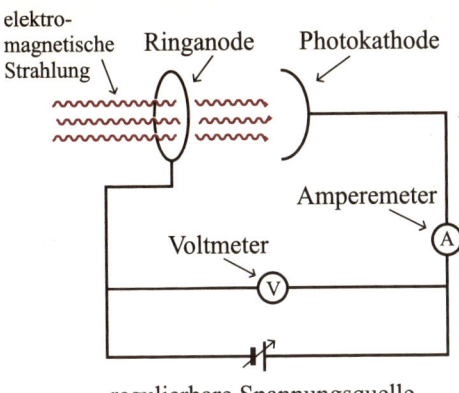

Abb. 3.2 Der Versuchsaufbau des 2. Experiments zum Photoeffekt

2. Experiment:

Des Weiteren besagt die klassische Theorie, die kinetische Energie der Elektronen, welche bekanntlich

$$E_{\text{kin}} = \frac{1}{2}mv^2 \qquad (3.2)$$

ist, sei von der Intensität der elektromagnetischen Strahlung abhängig: Je größer die Intensität der Strahlung, desto größer die kinetische Energie der Elektronen.

Versuch: Um die obige Voraussage der klassischen Wellentheorie des Lichts experimentell überprüfen zu können, werden wir uns eines etwas modifizierten Versuchsaufbaus bedienen (siehe Abb. 3.2). Dazu ersetzen wir die konstante Gleichspannungsquelle aus dem 1. Experiment durch eine regulierbare Gleichspannungsquelle, welche wir jedoch mit umgekehrter Polung wieder in den Versuchsaufbau einsetzen. Als Nächstes schalten wir ein Voltmeter parallel zur

Spannungsquelle ein, um die zwischen Ringanode und Photokathode anliegende Spannungsdifferenz zu ermitteln.

Da die Ringanode nun an den negativen Pol der Spannungsquelle angeschlossen ist, werden die anfliegenden, ebenfalls negativen Elektronen abgebremst. Das durch die angelegte Gegenspannung U verursachte, die Elektronen negativ beschleunigende Potenzial bremst die zur Ringanode fliegenden Elektronen um die Energie

$$E_{\text{Brems}} = e \cdot U \tag{3.3}$$

ab. Das bedeutet, die Bremsenergie E_{Brems} ist gleich dem Produkt aus der Elementarladung e, welche der Ladung des Elektrons entspricht, und der Spannungsdifferenz U, die zwischen der jetzt positiven (!) Photokathode und der negativen (!) Ringanode besteht.

Zur Ermittlung der kinetischen Energie der Elektronen soll nun bei variierender Intensität der Strahlung die Spannung U derart gewählt werden, dass die herausgeschlagenen Elektronen vom elektrischen Feld so stark abgebremst werden, dass sie die Ringanode (knapp) nicht mehr erreichen, dass also das Amperemeter keinen Stromfluss mehr registriert. Es gilt folglich

$$0 = E_{\text{kin}} - E_{\text{Brems}} . \tag{3.4}$$

Die dafür benötigte *Gegenspannung U** ist daher ein Maß für die kinetische Energie der herausgeschlagenen Elektronen. Diesen Versuch führen wir mit mehreren verschiedenen Frequenzen der Strahlung nacheinander durch.

Beobachtung: Die zur vollständigen Abbremsung der Elektronen benötigte Gegenspannung U^* verändert sich wider Erwarten nicht während der Variation der Intensität der

Strahlung, ist also von ihr unabhängig. Jedoch steigt U^* bei einer Erhöhung der Frequenz der Strahlung an.

Auswertung: Es zeigt sich also, dass die kinetische Energie der Elektronen unabhängig von der Intensität der Strahlung sein muss. Sie hängt von der *Frequenz* der Strahlung ab: Je größer die Frequenz der Strahlung, desto größer die benötigte Gegenspannung U^*, und desto größer ist somit auch die kinetische Energie der Elektronen.

Folglich sind die Versuchsergebnisse aus dem 1. und 2. Experiment nicht klassisch erklärbar, da sie den Voraussagen der klassischen Theorie widersprechen.

Wie löste Einstein diese Widersprüche?

EINSTEINS bedeutende Leistung bestand nun darin, zu bemerken, dass sich die Versuchsergebnisse der Experimente um den Photoeffekt durch die Einbeziehung der *Quantenhypothese* PLANCKS erklären ließen. Denn wenn man die elektromagnetische Strahlung als einen Fluss von Lichtquanten, also einzelnen Energieportionen, annahm, konnte man sich die Ergebnisse wie folgt erklären:

Zum 1. Experiment:
Zunächst sei geklärt, dass die *Intensität I* der elektromagnetischen Strahlung im Allgemeinen als die Energiemenge ΔE, welche pro Zeiteinheit Δt die Fläche ΔA passiert, definiert ist. Es gilt demgemäß

$$I = \frac{\Delta E}{\Delta t \cdot \Delta A}, \qquad (3.5)$$

wobei in der klassischen Elektrodynamik für ein und dieselbe Frequenz der Strahlung beliebige, kontinuierlich einteilbare Werte für ΔE denkbar sind.

Ferner geschehen PLANCKS Quantenhypothese (siehe 2. Lektion) entsprechend Emission und Absorption von elektromagnetischer Strahlung stets nur in Quanten der Größe

$$\Delta E = h\upsilon, \qquad (3.6)$$

oder wie wir gesehen haben über Umformung mittels der Relation $c = \upsilon\lambda$, auch

$$\Delta E = \frac{hc}{\lambda}. \qquad (3.7)$$

Indem nun EINSTEIN den revolutionären Gedanken fasste, elektromagnetische Strahlung besäße immer und nicht nur hinsichtlich der Emissions- und Absorptionsvorgänge eine quantenhafte Natur, läge also immer in Lichtquanten ΔE vor, konnte er die seltsamen experimentellen Ergebnisse erklären. Die seiner Theorie nach stets nur in quantisierter Form existierende Energie der elektromagnetischen Strahlung besteht somit aus einem Strom von Lichtquanten, die *Photonen* genannt werden.

Weil jedes dieser jeweils unteilbaren Photonen seine Energie immer nur an ein einziges Elektron in der Photokathode abgeben kann, werden bei einer höheren Intensität der Strahlung, d. h., mehr Photonen pro Fläche und Zeit (siehe Formel (3.5)), auch mehr Elektronen herausgeschlagen. Der Energiebetrag jedes *einzelnen* Photons ist jedoch absolut unabhängig von der Anzahl der Photonen, die pro Fläche und Zeit auf die Photokathode prasseln, steht also in keinerlei Zusammenhang mit der gewählten Intensität der elektromagnetischen Strahlung. Der Energiebetrag eines jeden Photons hängt schließlich einzig und allein von seiner Frequenz (siehe Formel (3.6)) bzw.

seiner Wellenlänge (siehe Formel (3.7)) ab und von nichts anderem sonst.

Reicht nun diese Energie der ankommenden einzelnen Photonen aufgrund ihrer zu geringen Frequenz nicht aus, um die Austrittsarbeit an den Elektronen zu leisten, können keine Elektronen herausgelöst werden, gleichgültig wie viele Photonen es auch sind, die pro Fläche und Zeit auf die Kathode auftreffen, d. h., unabhängig von der Intensität der Strahlung. Es muss folglich eine bestimmte *Grenzfrequenz* v_{min} geben, die durch

$$v_{min} = \frac{W_{Aus}}{h} \qquad (3.8)$$

festgelegt wird, denn damit Elektronen austreten können, muss die Energie der Photonen mindestens gleich der Austrittsarbeit der Elektronen sein. Nur oberhalb dieser Grenzfrequenz ist ein Herauslösen der Elektronen und somit ein Messen einer merklichen Stromstärke durch das Amperemeter überhaupt möglich.

Zum 2. Experiment:

Gehen wir erneut von der Einstein'schen Erweiterung der Planck'schen Quantenhypothese elektromagnetischer Strahlung aus: Trifft ein Photon der Energie E_{Photon} auf ein Elektron, und liegt E_{Photon} betragsmäßig über W_{Aus}, so kann das Elektron aus dem Metallverband herausgeschlagen werden. Was passiert aber mit der Energiedifferenz $E_{Photon} - W_{Aus}$? Ganz einfach! Die überschüssige Energie des ankommenden Photons wird natürlich in die resultierende kinetische Energie des Elektrons umgewandelt.

EINSTEIN drückte dies in folgender Gleichung aus, die nach ihm auch *Einstein'sche Gleichung* genannt wird:

$$E_{kin} = h\upsilon - W_{Aus}.$$ (3.9)

Aus ihr geht nun deutlich hervor, dass die kinetische Energie des Elektrons nur von der Frequenz, nicht aber von der Intensität der elektromagnetischen Strahlung abhängt. Wird folglich die Frequenz der Photonen im Experiment erhöht, steigt auch die kinetische Energie der Elektronen. Eine Erhöhung der Intensität der Strahlung führt hingegen nur zu einer höheren Anzahl an Photonen pro Fläche und Zeit, nicht aber zu einer Erhöhung der kinetischen Energie der herausgelösten Elektronen.

Die theoretische Erklärung des photoelektrischen Effekts über die Quantisierung der elektromagnetischen Strahlung ist somit vollkommen im Einklang mit den obigen Versuchsbeobachtungen.

Wie lässt sich hierdurch ein Wert für h bestimmen?

Ein weiterer vorteilhafter bzw. dienlicher Nebeneffekt der Experimente um den photoelektrischen Effekt ist, dass über sie eine Bestimmung des Planck'schen Wirkungsquantums h möglich ist. Denn schaut man sich die Einstein'sche Gleichung (3.9) noch einmal genau an, entdeckt man ganz offensichtlich den Aufbau einer Geradengleichung:

$$E_{kin} = h\upsilon - W_{Aus}$$ (3.10)

$$y = mx + b.$$ (3.11)

Trägt man dementsprechend in ein Koordinatensystem mit der Frequenz der elektromagnetischen Strahlung auf der x-Achse und mit der kinetischen Energie der herausgeschlagenen Elek-

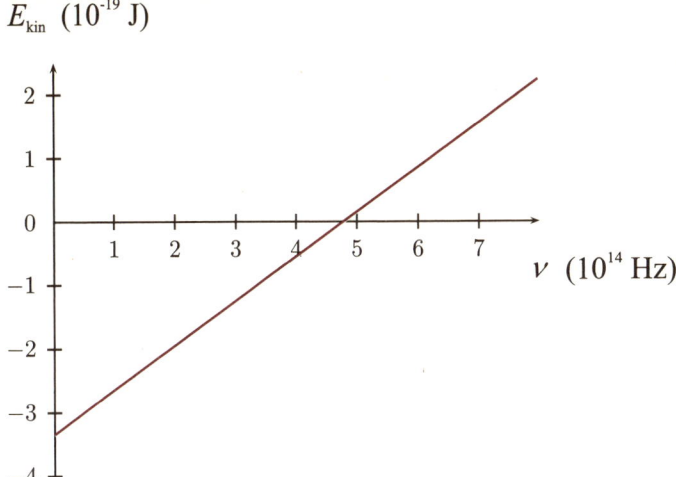

E_{kin} $(10^{-19}\,\text{J})$

ν $(10^{14}\,\text{Hz})$

Abb. 3.3 Auswertendes Diagramm zum 2. Experiment

tronen auf der y-Achse die experimentell gefundenen Werte ein, so erhält man eine Gerade. Diese Gerade besitzt, wie wir durch den Vergleich mit der Geradengleichung (3.11) erkennen können, die Steigung h und den y-Achsenabschnitt $-W_{\text{Aus}}$. Ein solches Diagramm, welches aus experimentell ermittelten Werten erstellt wurde, ist in Abb. 3.3 dargestellt. Da der y-Achsenabschnitt bei ca. $-3{,}36 \cdot 10^{-19}$ J liegt, besitzt demzufolge das bei diesem Versuch verwendete Kathodenmaterial eine charakteristische Austrittsarbeit von ca. $3{,}36 \cdot 10^{-19}$ J. Durch ein Wechseln des Kathodenmaterials im Experiment, woraus in Gleichung (3.10) ein anderes W_{Aus} resultiert, ergibt sich im Diagramm ein anderer y-Achsenschnittpunkt der Geraden, also eine Parallelverschiebung des Graphen.

Da die von EINSTEIN zur Erklärung der beim Photoeffekt auftretenden Phänomene angewandte Planck'sche Quanten-

hypothese sich auf die Energie der an der Photokathode auftreffenden Photonen bezieht, dürfte durch die Umstellung der
Quantenhypothese nach h und die im Experiment gefundenen
Versuchsdaten eine Bestimmung der Planck'schen Konstante
möglich sein:

$$h = \frac{E_{\text{Photon}}}{v_{\text{Photon}}}. \qquad (3.12)$$

Zur Berechnung des h-Wertes ist nun nur noch das Wissen über
die Energie der Photonen nötig. Diese ist nun logischerweise
gleich der kinetischen Energie der herausgeschlagenen Elektronen plus der spezifischen Austrittsarbeit des verwendeten
Kathodenmaterials, also

$$E_{\text{Photon}} = E_{\text{kin}} + W_{\text{Aus}} \qquad (3.13)$$

und über (3.3) somit

$$E_{\text{Photon}} = e \cdot U^* + W_{\text{Aus}}. \qquad (3.14)$$

Der experimentell ermittelte Wert für h lässt sich nach (3.12)
und (3.14) folglich über

$$h = \frac{e \cdot U^* + W_{\text{Aus}}}{v_{\text{Photon}}} \qquad (3.15)$$

berechnen. Der auf diese Weise in großen Forschungsinstitu-
ten mit teurer Technik ermittelte Wert des Planck'schen Wirkungsquantums liegt ungefähr bei $6{,}626 \cdot 10^{-34}$ Js.

Durch diese Einstein'sche Erklärung des Photoeffekts über
die Ausweitung der Quantenhypothese PLANCKS wurde end-
gültig deutlich, dass das Planck'sche Wirkungsquantum und
PLANCKS neue Quantenhypothese, die von ihm selbst ja zuerst
nur als ein »Kunstgriff« bezeichnet wurde, eine fundamenta-
lere, elementarere Bedeutung hatte, als ihr bedauerlicherweise
zuvor zugemessen wurde.

4 Das Doppelspaltexperiment

Was ist das Doppelspaltexperiment?

Die verzwickte Frage, ob das Licht aus *Teilchen* oder *Wellen* besteht, bedeutete seit jeher, sowohl für die antike Philosophie wie auch die frühen Naturwissenschaften, ein unlösbares Rätsel. Tatsächlich konnte sie, wie wir im Detail später noch sehen werden, nicht einmal bis zum heutigen Tag explizit entschieden werden. Sie war schon immer Gegenstand heftiger Diskussionen und Auslöser leidenschaftlicher Theorienschlachten. Ein historischer Rückblick auf die zur jeweiligen Zeit vorherrschenden physikalischen Ansichten der Naturwissenschaftler gleicht dabei beinahe einer Art Tennisspiel der Theorien.

Der 1801 vom englischen Universaltalent THOMAS YOUNG (1773–1829) entworfene *Doppelspaltversuch* jedoch sollte eine eindeutige Entscheidung zugunsten der *Wellentheorie des Lichts* bringen. Einer amüsanten Anekdote nach soll YOUNG beinahe zufällig durch Naturbeobachtungen zu der Idee gekommen sein, sich mit der Interferenzfähigkeit des Lichts zu befassen. Als er schwimmende Enten in einem Teich beobachtete, bemerkte er die sich ungestört überlagernden, durch die sich bewegenden Entenkörper verursachten Wasserwellen. Durch ebendiese Entdeckung inspiriert, konzipierte er schließlich sein *Doppelspaltexperiment mit Licht*.

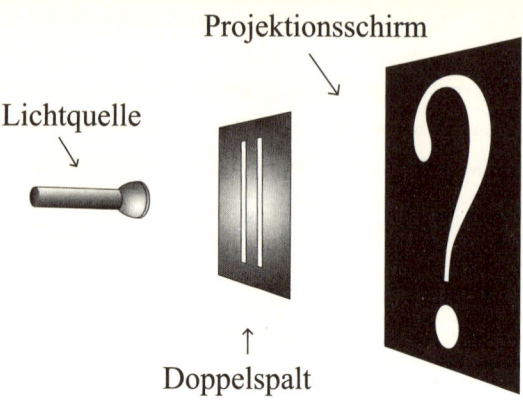

Abb. 4.1 Das Doppelspaltexperiment mit Licht aus der Seitenansicht

Vor diesem bedeutenden Experiment war das physikalische Weltbild maßgeblich durch die erfolgreichen Theorien des Engländers ISAAC NEWTON (1643–1727) bestimmt, welcher seinerseits durch die Formulierung der klassischen Mechanik einen, wenn nicht *den* bedeutendsten Grundstein der klassischen Physik legte und somit in den Kanon der Physik einging. Er war es auch, der in seinen Abhandlungen über die Optik die *Korpuskulartheorie* des Lichts geprägt hatte, mit Hilfe derer er die optischen Gesetze der Brechung und Reflexion erklären konnte. Seiner Theorie nach sollte das weiße Licht aus verschiedenfarbigen Teilchen, genannt *Korpuskeln*, bestehen. Ein weißer Lichtstrahl stellte folglich einen Fluss von Korpuskeln dar, der aus Lichtteilchen verschiedenster Farbe besteht.

Zwar existierte zu jener Zeit auch schon eine Wellentheorie des Lichts, die, wie der niederländische Physiker CHRISTIAN HUYGENS (1629–1695) zeigte, die Brechung und Beugung des

Lichts zu erklären vermochte, doch ließ die außerordentliche Autorität des erfolgreichen (und jähzornigen) NEWTON anderen Theorien als seiner eigenen keine Chance in der Fachwelt, pflegte er sich doch stets bei Fachkollegen gegen andere Meinungen besserwisserisch durchzusetzen oder, im anderen Extremfall, bei übereinstimmender Meinung zänkisch erbost den Anspruch zu erheben, als Erster die Theorie erdacht zu haben. So kam es, dass NEWTONS Korpuskulartheorie ca. 100 Jahre nahezu unangefochten Bestand genoss.

Jedoch sollte nun YOUNGS Doppelspaltexperiment zur neuen Wellentheorie des Lichts führen. Jenes überaus wichtige Experiment ist, wie in Abb. 4.1 dargestellt, folgendermaßen aufgebaut:

Eine Lichtquelle strahlt möglichst monochromatisches, kohärentes Licht auf einen Doppelspalt. Der Doppelspalt besteht aus einer das Licht abschirmenden Platte, die zwei schmale Spalte besitzt. Hinter diesem Doppelspalt befindet sich eine Projektionswand, die zur Versuchsanalyse den Teil des Lichts auffängt, welcher den Doppelspalt passieren konnte.

Was passiert beim Doppelspaltversuch mit Licht?

Stellen wir uns zunächst vor, bei der Quelle handle es sich erst einmal nicht um etwas derart Unanschauliches wie Licht, sondern um uns wesentlich besser vertraute, handfeste Dinge wie beispielsweise einen möglichst schlechten Fußballspieler, der Fußbälle (idealerweise) willkürlich und ziellos auf einen Doppelspalt schießt, welcher wiederum eine Mauer mit zwei länglichen Durchbrechungen bzw. Schlitzen sei.

Unter diesen Bedingungen kann man recht leicht sagen, wie die *Ankunftswahrscheinlichkeitsverteilung* der Fußbälle aussehen wird: Hinter jedem Loch wird sich ein Haufen mit Fußbällen bilden, egal ob nur das jeweils andere Loch existiert oder nicht. Formeller ausgedrückt gilt für den Doppelspaltversuch mit Fußbällen demgemäß:

$$P_{1+2} = P_1 + P_2, \tag{4.1}$$

d. h., die Ankunftswahrscheinlichkeitsverteilung P_{1+2} der Fußbälle bei der Öffnung beider Spalte 1 und 2 ist gleich der Summe der einzelnen Ankunftswahrscheinlichkeitsverteilungen P_1 bzw. P_2 bei der Öffnung jeweils nur einer der Spalte 1 oder 2.

Natürlich erwarten wir intuitiv nach einer in der Physik üblichen Verallgemeinerung die Gültigkeit ebendieser Relation (4.1) auch für Tennisbälle, Pingpong-Bälle, Murmeln etc., denn schließlich handelt es sich physikalisch gesehen bei all diesen unterschiedlichen Objektgruppen um prinzipiell wenig unterschiedliche Dinge.

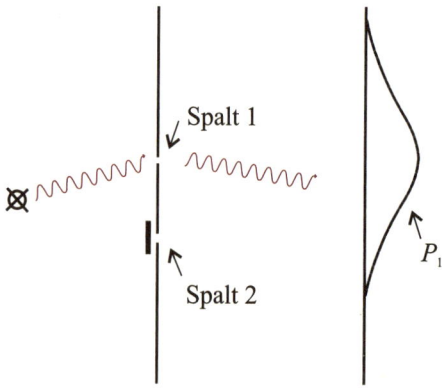

Abb. 4.2 Die Ankunftswahrscheinlichkeitsverteilung der Photonen bei der ausschließlichen Öffnung von Spalt 1

Einzelspalt:

Handelt es sich bei unserer Quelle nun um Licht, und gehen wir von einer Teilchenvorstellung des Lichts aus, so erwarten wir, dass auf der Projektionswand eine ähnliche Ankunftswahrscheinlichkeitsverteilung der Photonen wie bei den Fußbällen besteht.

Der Querschnitt des Doppelspaltexperimentes mit Licht wird hier für die zwei folgenden möglichen Fälle eines Einzelspalts schematisch dargestellt. Die Graphik in Abb. 4.2 zeigt dabei das Doppelspaltexperiment mit der ausschließlichen Öffnung von Spalt 1, die in Abb. 4.3 zeigt jenes mit der exklusiven Öffnung von Spalt 2. In beiden Fällen befinden sich links die Strahlungsquelle, in der Mitte der Doppelspalt und rechts der Projektionsschirm mit einer üblichen Darstellungsweise der Ankunftswahrscheinlichkeitsverteilung der Photonen.

Führen wir also das Doppelspaltexperiment zunächst nur mit geöffnetem Spalt 1 durch, wie in Abb. 4.2 zu sehen, müssten wir auf der Projektionswand hinter dem Spalt theoretisch einen hellen Streifen von etwa der Breite des Spalts beobachten.

Die Durchführung jenes Experiments zeigt uns genau diese erwartete *Ankunftswahrscheinlichkeit* P_1 der Photonen, also eine klassische Lichtintensitätsverteilung auf der Photoplatte. Allerdings ist der Streifen aufgrund eines Beugungseffektes, welcher im Übrigen von HUYGENS' Wellentheorie des Lichts vorausgesagt wird, augenscheinlich ein wenig nach den Seiten hin verwaschen bzw. verbreitert. Diese *Beugung am Spalt* tritt immer dann auf, wenn die Spaltbreite in der Größenordnung der Wellenlänge der elektromagnetischen Strahlung liegt. Es ergibt sich resultierend für die Ankunftswahrscheinlichkeitsverteilung der Photonen eine ideale Gauß'sche Glockenkurve.

Hierbei ist natürlich selbsterklärend, dass die Durchführung des Experiments, wenn nur Spalt 2 geöffnet ist, zu demselben Ergebnis hinter Spalt 2 führt. Bei der alleinigen Öffnung von Spalt 2 folgt ebenfalls eine Intensitätsverteilung des Lichts entsprechend einer Gauß'schen Glockenkurve, so wie sie in Abb. 4.3 abgebildet ist.

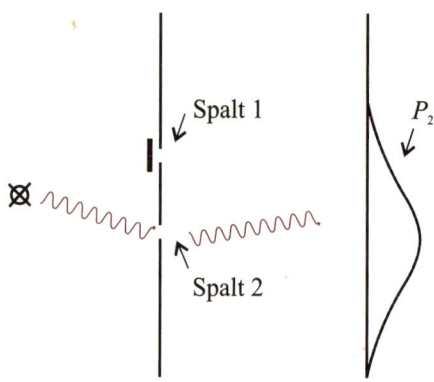

Abb. 4.3 Die Ankunftswahrscheinlichkeitsverteilung der Photonen bei der ausschließlichen Öffnung von Spalt 2

Doppelspalt:

Unseren Überlegungen bezüglich des Doppelspaltexperiments mit Fußbällen und anderen »päckchenhaften« Objekten zufolge dürften wir an dieser Stelle vermuten, dass die Ankunftswahrscheinlichkeitsverteilung der Photonen im Doppelspaltexperiment mit Licht bei der Öffnung beider Spalte 1 und 2 gleich der Summe der einzelnen Ankunftswahrscheinlichkeitsverteilungen bei der Öffnung jeweils nur einer der Spalte 1 oder 2 ist. Würde dies doch unzweifelhaft mit der Alltagserfahrung aus den Experimenten mit Fußbällen und Murmeln etc. übereinstimmen.

Doch die Durchführung des realen Experiments zeigt uns: *Dem ist nicht so!*

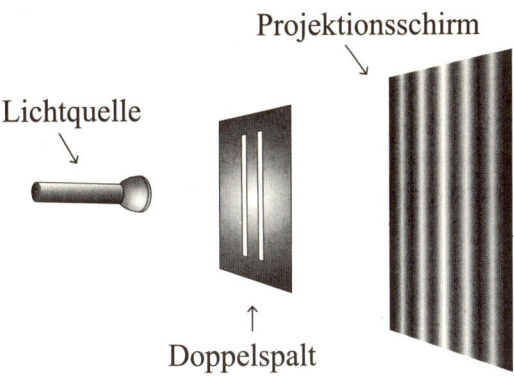

Abb. 4.4 Das beim realen Experiment entstehende Interferenzmuster

Die praktische Durchführung des Doppelspaltexperiments mit Licht zeigt uns eine völlig andere Intensitätsverteilung des Lichts, nämlich eine solche, wie sie in Abb. 4.4 zu sehen ist. Die experimentell ermittelte Intensitätsverteilung, welche sich auf dem Projektionsschirm abzeichnet, ist ein auf den ersten Blick unerklärliches Streifenmuster: Es lässt sich eine regelmäßige Abfolge von hellen und dunklen Streifen ausmachen. Es muss demzufolge für den Doppelspaltversuch mit Licht offenkundig

$$P_{1+2} \neq P_1 + P_2 \qquad (4.2)$$

gelten. Die Photonen, welche durch Spalt 1 gelangen, und jene, welche Spalt 2 passieren, können nicht einfach auf die Weise addiert werden, wie dies mit Fußbällen etc. der Fall ist. Der tatsächliche Mechanismus ist offensichtlich subtiler.

konstruktive Interferenz:	**destruktive Interferenz:**

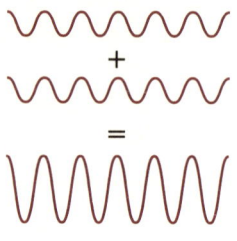 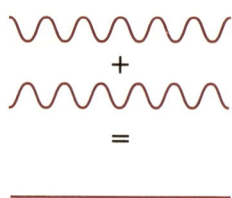

Abb. 4.5 Das Prinzip der Interferenz: Die Addition der Einzelelongationen führt zur resultierenden Elongation der Welle

Wie lässt sich das Streifenmuster erklären?

Genau genommen ist das Phänomen, dass unter Umständen »*Etwas + Etwas = Nichts*« sein kann, keineswegs absolut undenkbar. Lässt man z. B. nebeneinander zwei Steine ins Wasser fallen, bilden sich um jeden Stein konzentrische Oberflächenwellen aus, die sich gegenseitig durchdringen (*interferieren*). An den Stellen, an denen nun Wellental und Wellental bzw. Wellenberg und Wellenberg aufeinandertreffen (siehe Abb. 4.5 links), verstärken sich die Auslenkungen von der Nulllinie des Wasserspiegels in ruhendem Wasser. Dies nennt man *konstruktive Interferenz*. Treffen jedoch Wellenberg und Wellental aufeinander (siehe Abb. 4.5 rechts), so löschen sich die Auslenkungen des Wassers gegenseitig aus, d. h., es wird an jenen Stellen überhaupt keine Welle registriert. Dies nennt man *destruktive Interferenz*.

Das Phänomen der Interferenz lässt sich für Wasserwellen demnach sehr leicht nachvollziehen. Durch weitere Experimente lässt sich nachweisen, dass jede Art von Wellen diese Eigenschaft *der Interferenzfähigkeit* besitzt. So interferieren auch die longitudinalen Schallwellen, Wellen auf einem Seil, Wellen in einem Federwurm usw.

Teilchenobjekte hingegen wie Fußbälle, Pingpong-Bälle, Murmeln und Ähnliches können nicht interferieren, wie wir oben festgestellt haben. Demnach lässt sich schlussfolgern, dass Interferenzfähigkeit eine Eigenschaft ist, die ausschließlich Wellen zuzuschreiben ist.

Stellen wir uns also das Licht als Welle vor, können wir sein Verhalten am Doppelspalt mit Hilfe der Interferenz erklären, die allgemein bei der Überlagerung von Wellen auftritt:

An den Stellen, an denen Wellental und Wellental bzw. Wellenberg und Wellenberg aufeinandertreffen, tritt konstruktive Interferenz auf, sodass sich auf dem Projektionsschirm helle Streifen ergeben. An den Stellen, wo Wellental auf Wellenberg trifft, tritt destruktive Interferenz auf, welche dunkle Streifen auf dem Projektionsschirm zur Folge haben.

Will man nun die resultierende *Elongation* $y_{1+2}(t)$, also die Auslenkung von der Ruhelage zur Zeit t, der interferierenden Wellen an einem konkreten Ort x bestimmen, so werden, wie oben schon erwähnt, die Einzelelongationen $y_1(t)$ bzw. $y_2(t)$ der Wellen am Ort x unter Berücksichtigung des Vorzeichens addiert (siehe dazu Abb. 4.5). Die resultierende Elongation am Ort x zur Zeit t ist somit

$$y_{1+2}(x;t) = y_1(x;t) + y_2(x;t). \qquad (4.3)$$

Für die resultierende *Amplitude* (= maximale Elongation) am Ort x ergibt sich somit

$$\bar{y}_{1+2}(x) = \bar{y}_1(x) + \bar{y}_2(x). \qquad (4.4)$$

Da die *Intensität* einer Welle am Ort x als das Amplitudenquadrat

$$I_1(x) = \bar{y}_1^2(x) \text{ bzw. } I_2(x) = \bar{y}_2^2(x) \qquad (4.5)$$

definiert ist, folgt für die Intensität der resultierenden Welle am Ort x aus den Gleichungen (4.4) und (4.5)

$$I_{1+2}(x) = (\bar{y}_1(x) + \bar{y}_2(x))^2. \qquad (4.6)$$

Hieran erkennen wir nun den definitiven Unterschied zwischen der Wahrscheinlichkeitsverteilung von Teilchenobjekten beim Doppelspaltexperiment entsprechend (4.1) und der Intensitätsverteilung von Wellen beim Doppelspaltexperiment nach (4.6), denn für Letztere gilt ja, wie wir gerade gesehen haben, dass die resultierende Intensitätsverteilung I_{1+2} der Welle eben nicht der Summe der einzelnen Intensitätsverteilungen I_1 und I_2 entspricht, also

$$I_{1+2}(x) \neq I_1 + I_2 = \bar{y}_1^2(x) + \bar{y}_2^2(x). \qquad (4.7)$$

Die Intensitätsverteilung der elektromagnetischen Strahlung ist quantentheoretisch gesehen jedoch nichts anderes als die Ankunftswahrscheinlichkeitsverteilung P der Photonen. Da Photonen aber (Licht-) *Teilchen* sind, müsste für sie eigentlich Gleichung (4.1) gelten. Das Experiment zeigt uns nun, dass wir bei der theoretischen Erklärung dieses Doppelspaltexperimentes ein Wellenmodell des Lichts annehmen müssen, um die gefundene Intensitätsverteilung berechnen zu können.

Ist Licht also doch eine Welle?

Eine solche Aussage ist problematisch, denn was ein derart unanschauliches physikalisches Objekt wie die elektromagnetische Strahlung ist, lässt sich nicht ohne weiteres festlegen. Eindeutig lässt sich jedoch sagen, dass elektromagnetische Strahlung etwas ist, das sich nicht mit unserem klassischen, makroskopischen »Welle-*oder*-Teilchen-Modell«-Verständnis beschreiben lässt.

Es ist nun mal so, dass elektromagnetische Strahlung in bestimmten Experimenten (z. B. im Doppelspaltexperiment) einen Wellencharakter und in gewissen anderen Experimenten (z. B. beim photoelektrischen Effekt) einen Teilchencharakter zeigt. Jedoch sind unsere klassischen Bilder einer Welle oder eines Teilchens hier nur *formale Modelle*, sprich *Arbeitsmodelle*, um etwas zu beschreiben, das sich unserer Alltagserfahrung und Vorstellungskraft derart entzieht, wie es die Objekte der Mikrowelt nun einmal tun. Das Licht war schon immer etwas Faszinierendes und wird es nicht zuletzt wegen seiner »quantenmechanischen Zwiegespaltenheit« auch immer bleiben.

5 Das Doppelspaltexperiment mit Elektronen

Kann das Doppelspaltexperiment auch mit Elektronen durchgeführt werden?

Nachdem wir nun wissen, dass die elektromagnetische Strahlung beim Doppelspaltexperiment einen Wellencharakter aufzeigt, können wir einmal untersuchen, was passiert, wenn man anstatt elektromagnetischer Strahlung einen Elektronenstrahl, also einen Fluss von »echten Teilchen« (was auch immer das sein möge) als Quelle nimmt. Im Grunde muss man hierfür nur den Versuchsaufbau aus YOUNGS Doppelspaltexperiment derart modifizieren, dass er auf Elektronen anwendbar ist.

Es stellt sich jedoch heraus, dass dieses Vorhaben in der Praxis äußerst schwierig zu realisieren ist. Und die physikalische Fachwelt war sich bis Mitte des letzten Jahrhunderts schon fast einig, es werde niemals experimentell möglich sein. Doch überraschenderweise brachte dies 1957 der damalige Doktorand CLAUS JÖNSSON fertig. Für seine Versuche stellte er Metallfolien her, welche eine Spaltbreite von ca. 0.5 μm (= $0{,}5 \cdot 10^{-6}$ m) aufwiesen. Ferner konnte er das Problem lösen, wie sich die sehr schwachen Detektionsmuster der Elektronen auf dem Projektionsschirm vergrößern ließen, sodass sie registrierbar wurden.

Was passiert beim Doppelspaltexperiment mit Elektronen?

Der grundsätzliche Aufbau und die Durchführung des Doppelspaltexperimentes mit Elektronen sind, wie man sich denken kann, in den grundsätzlichen Punkten äquivalent zu dem mit elektromagnetischer Strahlung. Der einzige größere Unterschied beim jetzigen Doppelspaltexperiment mit Elektronen soll sein, dass der Projektionsschirm aus dem Doppelspaltversuch mit Licht durch eine Photoplatte ersetzt wird, die durch das Auftauchen einer eventuellen partiellen Schwärzung das Auftreffen von einzelnen Elektronen nachweist.

Einzelspalt:

Eine Elektronenquelle sendet einen Strahl Elektronen auf den Doppelspalt. Die den Spalt passierenden Elektronen werden auf der Photoplatte detektiert (siehe Abb. 5.1). Die Durchführung des Experiments bei der Öffnung des Spalts 1 zeigt eine Ankunftswahrscheinlichkeitsverteilung, die, wie erwartet, direkt hinter dem Spalt sehr hoch ist und zu den Seiten hin geringer wird. Öffnet man wiederum nur Spalt 2, erhalten wir erneut dieselbe Ankunftswahrscheinlichkeitsverteilung auf der Photoplatte, aber diesmal folgerichtig hinter Spalt 2.

Dabei fällt natürlich sofort auf, dass die Ankunftswahrscheinlichkeitsverteilung der Elektronen auf der Photoplatte der von elektromagnetischer Strahlung qualitativ sehr ähnlich ist. Dies sollte jedoch noch keinen Grund zur Besorgnis darstellen, denn wie wir in Kap. 7 bei unserer Diskussion der Heisenberg'schen Unschärferelation noch sehen werden, lässt sich dieses Phänomen *der Beugung am Spalt* auch quantenmechanisch mit dem Teilchenmodell erklären.

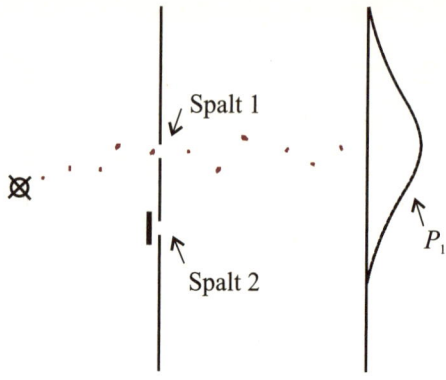

Abb. 5.1 Die Ankunftswahrscheinlichkeit der Elektronen bei der ausschließlichen Öffnung von Spalt 1

Doppelspalt:

Geht man nun einen Schritt weiter und öffnet beide Spalten, erwarten wir eine Ankunftswahrscheinlichkeitsverteilung der Elektronen, die der Summe der einzelnen Ankunftswahrscheinlichkeitsverteilung Pl bzw. P2 entspricht, also

$$P_{1+2} = P_1 + P_2,$$ (5.1)

denn, wie in Kap. 4 schon behandelt, muss man bei Teilchenobjekten, wie Elektronen, davon ausgehen, dass sich hinter dem Spalt zwei »Haufen« aus Teilchen bilden, welche aus der Summe der beiden »Einzelhaufen« bestehen.

Leider zeigt uns das Experiment wieder einmal: *Dem ist nicht so!* Anstatt der erwarteten Ankunftswahrscheinlichkeitsverteilung der Elektronen, wie sie in Abb. 5.2 dargestellt ist, erhalten wir wieder ein Interferenzmuster, so wie es beim Doppelspaltexperiment mit elektromagnetischer Strahlung der Fall war. Daher gilt auch für den Doppelspaltversuch mit Elektronen:

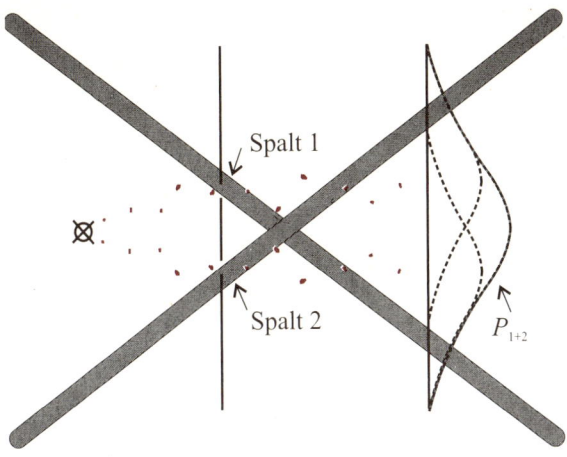

Abb. 5.2 Die erwartete Ankunftswahrscheinlichkeit der Elektronen bei der Öffnung beider Spalte

$$P_{1+2} \neq P_1 + P_2. \tag{5.2}$$

Folglich ist es unmöglich, das beim Doppelspaltexperiment mit Elektronen erhaltene Interferenzmuster mit einem *Teilchenmodell* des Elektrons zu erklären, da das Teilchenmodell eine vollkommen differierende Aussage über die resultierende Ankunftswahrscheinlichkeitsverteilung der Elektronen auf der Photoplatte vorgibt, als es experimentell der Fall ist. So muss man sich wohl oder übel mit dem Gedanken anfreunden, dass das Elektron unter bestimmten Bedingungen auch durch ein *Wellenmodell* beschrieben werden kann bzw. werden muss, denn eine andere Erklärungsmöglichkeit, die das Teilchenmodell des Elektrons aufrechterhalten könnte, gibt es offenkundig nicht. Eine Deutung des Versuchsergebnisses im Rahmen eines Wellenmodells des Elektrons hingegen kann das beobachtete Interferenzmuster wie folgt erklären: Das Streifenmuster, welches auf der Photoplatte zu sehen ist, entsteht durch die konstruktive bzw. destruktive Interferenz der Elektronen-Wellen.

Könnte man sich das Streifenmuster nicht auch anders erklären?

Nun könnte man aber beispielsweise Folgendes einzuwenden haben: Elektronen-Welle hin oder her. Im Grunde genommen könnte man sich doch auch vorstellen, dass die Elektronen (weiterhin aus dem Teilchenmodell betrachtet) untereinander hinter dem Doppelspalt irgendwie wechselwirken, sodass sie nur an bestimmten Orten, nämlich den später dunklen Streifen der Photoplatte, auftreffen, d. h., wenn ein Elektron durch Spalt 1 fliegt und ein anderes Elektron bemerkt, welches aus Spalt 2 kommt, so könnten sie sich doch irgendwie absprechen (z. B. durch Wechselwirkung über irgendwelche Austauschteilchen), nur an besagten Orten detektiert zu werden. Wäre eine solche Deutung nicht auch möglich?

Rein theoretisch gesehen könnte man so wahrhaftig das Interferenzmuster erklären und gleichzeitig das Teilchenmodell des Elektrons aufrechterhalten. Deshalb werden wir im Folgenden überprüfen, ob sich diese Hypothese mit experimentell ermittelten Daten verifizieren lässt. Es ist nämlich experimentell möglich, die Intensität der Elektronenquelle derart zu minimieren, dass sich zu jedem beliebigen Zeitpunkt t jeweils nur ein einziges Elektron innerhalb der gesamten Versuchsanlage befindet, das bedeutet, jedwede Interaktion zwischen Elektronen, die aus Spalt 1 kommen, und denen, die durch Spalt 2 fliegen, ist somit unterbunden. Ein Elektron, welches durch Spalt 1 fliegt, kann also nicht wissen, dass Spalt 2 auch offen ist (oder überhaupt existiert) und muss somit entsprechend der Ankunftswahrscheinlichkeitsverteilung, welche für den Einzelspalt gilt, auf der Photoplatte auftreffen.

Lassen wir also ein solches Experiment eine ganze Weile laufen und betrachten danach den Projektionsschirm, müssten wir eine Ankunftswahrscheinlichkeitsverteilung entdecken, welche nun exakt der Summe der einzelnen Ankunftswahrscheinlichkeitsverteilung aus den ca. 50 % der Elektronen, die durch Spalt 1 flogen, bzw. aus den anderen ca. 50 %, die Spalt 2 passierten, entspricht. Oder anders ausgedrückt:

$$P_{1+2} = P_1 + P_2,$$ (5.3)

denn jedes einzelne Elektronen-Teilchen kann jeweils nur durch einen Spalt fliegen und ist somit außerstande, von der Existenz des anderen Spaltes zu »wissen«. So »denkt« jedes einzelne Elektron, es flöge durch einen Einzelspalt, und muss deshalb auch die für den Einzelspalt charakteristische Ankunftswahrscheinlichkeitsverteilung auf dem Projektionsschirm hinterlassen. Wir gehen demnach davon aus, die Ankunftswahrscheinlichkeitsverteilung P_{1+2} (siehe Formel (5.3)), wie sie durchgestrichen in Abb. 5.2 zu sehen ist, auf dem Projektionsschirm zu erblicken.

Aber wie zu erwarten war, liegen wir mit unserer Hypothese wieder einmal völlig falsch: Die experimentelle Durchführung des Doppelspaltexperiments zeigt uns sogar bei der Anwendung von *einzelnen* Elektronen ein Interferenzmuster.[4] Hieraus ergeben sich diverse Fragen: Wie kann das nur sein? Die einzelnen Elektronen müssen sich doch für einen der beiden Spalte entscheiden. Doch wenn sie nur durch einen Spalt flie-

---

4 Wer jetzt schon der Verzweiflung nahe ist, der gedulde sich noch ein wenig, in Kap. 7 kommt es nämlich noch besser;-)

gen, wie kann dann dabei ein Interferenzmuster entstehen? Sie müssten sich ja irgendwie zweiteilen und durch beide Spalte gleichzeitig gehen, um dahinter mit sich selbst zu interferieren, oder?

Das Problem dabei ist jedoch, dass Elektronen unteilbar sind. Würde man sich in einem weiterführenden Gedankenexperiment eine höhere Anzahl von Doppelspalten vorstellen, die hintereinander angeordnet sind, so müsste man mit der obigen »Elektronenteilungs-Hypothese«, wenn man den Projektionsschirm geschickt platziert, auch Viertel-, Achtel- oder Sechzehntel-Elektronen-Teilchen detektieren können. So etwas hat bis jetzt aber noch kein experimenteller Physiker beobachten können. Elektronen sind einfach unteilbare Quanten.

Muss das Elektron nun doch als Welle angesehen werden?

Bei der theoretischen Erklärung des Doppelspaltexperiments mit Elektronen bleibt uns also keine andere Wahl, als der Tatsache ins Auge zu blicken, dass das Elektron als Welle beschrieben werden muss. In Kap. 4 haben wir bereits überlegt, wie die Intensitätsverteilung beim Doppelspaltversuch mit elektromagnetischer Strahlung zu berechnen ist. Wir wissen also, dass die resultierende Intensität an einem beliebigen Ort x gleich dem Quadrat der Summe der Amplituden der Einzelwellen ist, also

$$I_{1+2}(x) = (\bar{y}_1(x) + \bar{y}_2(x))^2. \qquad (5.4)$$

Um nun die Interferenz der Elektronen am Doppelspalt mathematisch zu beschreiben, müssen wir analog vorgehen. Der einzige sich hierbei ergebende, qualitative Unterschied ist, dass wir keine Intensitäten von *realen* Wellenbewegungen (wie

z. B. bei Wasserwellen) berechnen, sondern die rein theoretische, mathematische Ankunftswahrscheinlichkeit der Elektronen.

Was soll man allerdings unter der *Amplitude* einer Elektronen-Welle verstehen? Nun, die Amplituden $\bar{y}_1(x)$ bzw. $\bar{y}_2(x)$ der realen Wellen aus Gleichung (5.4) werden in der Quantenmechanik einfach als *Wahrscheinlichkeitsamplitude* bezeichnet, eine Bezeichnung, die auf den Quantenmechaniker MAX BORN (1882–1970) zurückgeht. Wir werden dafür einfach das Symbol a (für Amplitude) verwenden. So erhalten wir für die *Wahrscheinlichkeitsverteilung* der Elektronen auf dem Projektionsschirm in Analogie zu Gleichung (5.4)

$$P_{1+2}(x) = (a_1(x) + a_2(x))^2. \qquad (5.5)$$

Mit Hilfe dieses Wellenmodells des Elektrons wird es sogar möglich, das genaue Aussehen des Interferenzmusters, d. h., die Breite und Position der Streifen auf der Photoplatte, zu berechnen.

Interessanterweise entdeckte schon 1923 der französische Physiker LOUIS DE BROGLIE: Die bei seinen Beugungsexperimenten mit Elektronen an Kristallgittern beobachteten Beugungsmuster ließen sich mit einem Wellenmodell des Elektrons erklären. Über die Auswertung der Beugungsexperimente und seiner Formel, der so genannten *de-Broglie-Wellenlänge*

$$\lambda = \frac{h}{p} = \frac{h}{mv}, \qquad (5.6)$$

nach der die Wellenlänge eines Teilchens gleich dem Planck'schen Wirkungsquantum geteilt durch dessen Impuls ist, konnte er einen ersten Wert für die Wellenlänge des Elektrons errechnen.

Und nicht gerade zufällig stimmt die über die wellentheoretische Auswertung des Doppelspaltexperiments mit Elektronen gefundene Wellenlänge des Elektrons mit derjenigen aus DE BROGLIES Berechnungen überein. Wohlgemerkt werden diese den Elektronen zugeordneten Wahrscheinlichkeitsamplituden und Wellenlängen jedoch nach der Wahrscheinlichkeitsinterpretation der Quantenmechanik durch MAX BORN nicht als *reale* Eigenschaften von Elektronen angesehen, so wie dies bei der Beschreibung der klassischen Wasserwellen der Fall ist. Sie sind eben nur Teil der formalen Modelle, welche wir verwenden müssen, um die Ergebnisse der Experimente theoretisch vorausberechnen zu können.

Welche Schlüsse muss man aus dem Ausgang des Experiments ziehen?

Aufgrund dieser Tatsachen müssen wir unseren vorläufigen Begriff des *Welle-Teilchen-Dualismus* der elektromagnetischen Strahlung zumindest auch auf das Elektron erweitern. Denn ebenso wie das Photon muss das Elektron, wie wir nun wissen, in bestimmten Experimenten (z. B. den Versuchen JOSEPH THOMSONS) mit dem Teilchenmodell und in gewissen anderen Experimenten (z. B. dem Doppelspaltversuch oder in gewissen Beugungsversuchen) mit dem Wellenmodell beschrieben werden.

Genau genommen ist der Begriff des Welle-Teilchen-Dualismus jedoch noch etwas prekärer. Das eigentliche Problem ist nämlich, dass die Elektronen beim Doppelspaltexperiment, also innerhalb ein und desselben Versuchs, *sowohl* Teilchen- *als auch* Wellencharakter aufzeigen. So muss die Interferenzfähigkeit der Elektronen am Doppelspalt mit dem Wellenmodell beschrieben werden, die Tatsache aber, dass immer nur einzelne, ganze Elektronen detektiert werden, lässt auf einen Teilchencharakter schließen. Mit diesem Problem, das übrigens einen ergiebigen Gesprächsstoff für zahlreiche Diskussionen zwischen BOHR und EINSTEIN lieferte, werden wir uns in Kap. 8 und 9 eingehender beschäftigen.

6 Der Compton-Effekt

Was versteht man unter dem Compton-Effekt?

Nachdem EINSTEIN 1905 das *Teilchenmodell des Lichts* wieder zum Leben erweckt hatte, fand die Theorie, dass die elektromagnetische Strahlung aus Photonen besteht, durch die Entdeckung des *Compton-Effekts* eine erneute experimentelle Bestätigung.

Im Jahre 1923 führte der Amerikaner ARTHUR COMPTON (1892–1962) Streuversuche mit Röntgenstrahlung an Graphit durch (siehe Abb. 6.1). Dabei richtete er kohärente Röntgenstrahlung auf einen Graphitblock und untersuchte die Wellenlänge der daran gestreuten Röntgenstrahlung. Bei seinen Versuchsbeobachtungen stellte COMPTON jedoch überraschenderweise fest, dass sich die Wellenlänge der gestreuten Röntgenstrahlung in Abhängigkeit vom Streuwinkel φ änderte:

Der Anteil der Strahlung, der hinter dem Streuobjekt ohne Ablenkung geradlinig, exakt in Richtung des eingehenden Röntgenstrahls weiterverlief, änderte seine Wellenlänge nicht.

Bei den Strahlungsanteilen allerdings, die in einem wesentlichen Winkel am Graphitblock gestreut wurden, änderte sich die Wellenlänge in der Hinsicht, dass die gemessene Wellenlänge λ' der gestreuten Strahlung *wesentlich größer* als die Wellenlänge λ der eingehenden Röntgenstrahlung war.

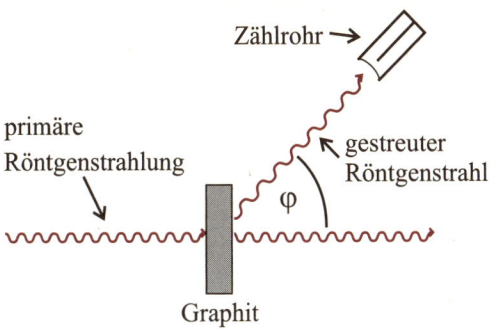

Abb. 6.1 Schematischer Aufbau der Streuversuche Comptons

Es stellte sich nun die Frage, wie diese Verringerung der Frequenz des Röntgenlichts zustande kam. COMPTON erkannte, dass sich dieses Phänomen mit einem Teilchenmodell der elektromagnetischen Strahlung leicht als einen *elastischen Stoß* von Röntgenphotonen mit locker gebundenen Elektronen aus dem Graphitblock erklären ließ. Da die Photonen hierbei nach den Gesetzen für den elastischen Stoß einen Teil ihrer Energie auf die Elektronen übertragen und folglich nach dem Stoß eine geringere Energie aufweisen, müssen die Photonen nach dem Stoß, im Einklang mit der Quantenhypothese PLANCKS und der Photonen-Theorie EINSTEINS, eine verminderte Frequenz bzw. eine vergrößerte Wellenlänge aufweisen.

Da die Bindungsenergie von Elektronen an Atome in der Regel nur einige eV beträgt, kann diese zum Herauslösen der Elektronen benötigte Ionisationsenergie beim Beschuss mit den sehr energiereichen Röntgenphotonen vernachlässigt werden (bei einer Wellenlänge von $\lambda = 7{,}11 \cdot 10^{-11}$ m besitzen Röntgenphotonen eine Energie von $E = 17{,}4 \cdot 10^{3}$ eV). Die Elektronen im Graphitblock können also als nahezu frei angesehen werden. Das bedeutet, praktisch der gesamte Energieübertrag des Photons auf das Elektron wird in dessen resultierende kinetische Energie umgewandelt. Hierbei gelten natürlich der *Impuls-* und *der Energieerhaltungssatz:*

$$\vec{p}_{\text{Photon}} + \vec{p}_{\text{Elektron}} = \vec{p}\,'_{\text{Photon}} + \vec{p}\,'_{\text{Elektron}} \qquad (6.1)$$

bzw.

$$E_{\text{Photon}} + E_{\text{Elektron}} = E'_{\text{Photon}} + E'_{\text{Elektron}}. \qquad (6.2)$$

Die Geschwindigkeit der leicht gebundenen Elektronen vor dem Stoß ist im Vergleich mit der extrem hohen Lichtgeschwindigkeit der Photonen vernachlässigbar gering. Deshalb können im Folgenden die Elektronen vor dem Streuprozess als nahezu ruhend angenommen werden.

Wie lässt sich die Wellenlängenänderung berechnen?

Es wäre nun interessant zu wissen, wie sich die Wellenlänge der eingehenden Röntgenstrahlung nach der Streuung an den quasifreien Elektronen des Streukörpers in Abhängigkeit vom Streuwinkel φ ändert.

Gesucht ist zunächst einmal der Impuls eines jeden Photons. Die Gleichsetzung der uns aus Kap. 2 bekannten *Quantenhypothese* PLANCKS

$$E = h\upsilon, \qquad (6.3)$$

welche die Energie eines Photons in Abhängigkeit von seiner Frequenz angibt, mit der Relation der *Energie-Masse-Äquivalenz* EINSTEINS

$$E = mc^2 \qquad (6.4)$$

aus seiner speziellen Relativitätstheorie, liefert durch die Auflösung nach m die dynamische Masse des Photons:

$$m_{\text{Photon}} = \frac{h\upsilon}{c^2} \qquad (6.5)$$

Um den Impuls ($p = m\upsilon$) eines Photons zu erhalten, multiplizieren wir nun diese Photonenmasse mit dessen Ausbreitungsgeschwindigkeit c:

$$p_{\text{Photon}} = m_{\text{Photon}} \cdot c = \frac{h\upsilon}{c}, \qquad (6.6)$$

und über die Relation $c = \upsilon\lambda$ folgt somit aus (6.6)

$$p_{\text{Photon}} = \frac{h\upsilon}{c} = \frac{h}{\lambda}. \qquad (6.7)$$

Schauen wir uns Abb. 6.2 noch einmal genau an, so sehen wir, dass die vektorielle Addition des Photonenimpulses nach dem Stoß mit dem resultierenden Elektronenimpuls gleich dem Impuls des ankommenden primären Photons ist. Dies ist eine einleuchtende Folge des Impulserhaltungssatzes. Um nun den Impuls des Elektrons nach dem Stoß zu erhalten, wenden wir den Kosinussatz ($a^2 = b^2 + c^2 - 2bc \cdot \cos \alpha$) auf das obere Dreieck des Impulsparallelogramms in Abb. 6.2 an. Demnach folgt für den resultierenden Impuls des Elektrons nach dem Stoß

$$p_{\text{Elektron}}^{\prime 2} = p_{\text{Photon}}^2 + p_{\text{Photon}}^{\prime 2} - 2\, p_{\text{Photon}}\, p_{\text{Photon}}^{\prime} \cdot \cos\varphi. \qquad (6.8)$$

Durch das Einsetzen der Photonenimpulse aus Gleichung (6.7), wobei die Wellenlänge der gestreuten Photonen nur noch λ' ist, erhalten wir

$$p_{\text{Elektron}}^{\prime 2} = \frac{h^2}{\lambda^2} + \frac{h^2}{\lambda'^2} - 2\frac{h}{\lambda}\frac{h}{\lambda'} \cdot \cos\varphi. \qquad (6.9)$$

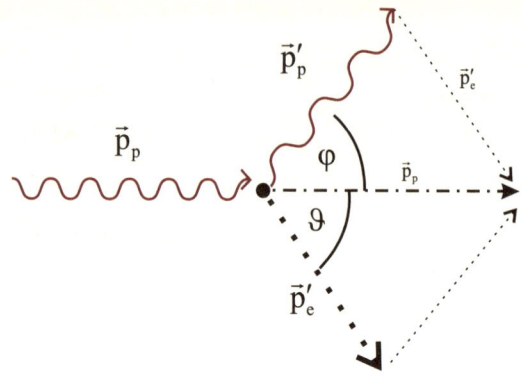

Abb. 6.2 Impulsbetrachtung bei der Compton-Streuung eines Röntgenphotons an einem freien Elektron

Kommen wir nun auf die Diskussion des Energieerhaltungssatzes (6.2) zurück. Durch Auflösen der Gleichung (6.2) nach E'_e bekommen wir

$$E'_e = E_p + E_e - E'_p \, . \tag{6.10}$$

Die Energie des Photons ist bekanntermaßen durch die Planck'sche Quantenhypothese (6.3) gegeben, wobei die Frequenz nach dem Stoß nur noch v' ist. Die Energie des *ruhenden* Elektrons wird durch die Gleichung der Energie-Masse-Äquivalenz (6.4) beschrieben. Die Energie E_e des Elektrons nach dem Stoß ist uns jedoch unbekannt. Folglich erhalten wir für die Energie des Elektrons nach dem Stoß die Formel

$$E'_e = hv + m_e c^2 - hv' \, . \tag{6.11}$$

Eine Beziehung zwischen dem Impuls und der Energie eines beliebigen Teilchens ist nach der speziellen Relativitätstheorie durch die *Energie-Impuls-Beziehung*

$$E = \sqrt{p^2c^2 + m^2c^4} \qquad (6.12)$$

gegeben.

Für die Energie-Impuls-Beziehung des Elektrons gilt nach der Auflösung der Gleichung (6.12) nach m^2c^4 demnach

$$E_e'^2 - p_e'^2c^2 = m_e^2c^4. \qquad (6.13)$$

Setzen wir nun in Relation (6.13) unsere Gleichungen (6.10) für E_e' und (6.8) für p_e' ein, so folgt

$$(E_p + E_e - E_p')^2 - p_{\text{Photon}}^2 + p_{\text{Photon}}'^2 -$$

$$2\,p_{\text{Photon}}\,p_{\text{Photon}}' \cdot \cos\varphi)c^2 = m_e^2c^4, \qquad (6.14)$$

und über (6.11) und (6.9) somit

$$(hv + m_ec^2 - hv')^2 -$$

$$\left(\frac{h^2}{\lambda^2} + \frac{h^2}{\lambda'^2} - 2\frac{h}{\lambda}\frac{h}{\lambda'} \cdot \cos\varphi \right) c^2 = m_e^2c^4 \qquad (6.15)$$

Nach dem Ausmultiplizieren der linken Gleichungsseite von (6.15) folgt

---

N.R.: Es folgt eine Nebenrechnung für den quadratischen Term in (6.15):

$$(hv + m_ec^2 - hv')^2$$

$$= h^2v^2 + hvm_ec^2 - h^2vv' + hvm_ec^2 + m_e^2c^4 - m_ec^2hv'$$

$$\quad - h^2vv' - m_ec^2hv' + h^2v'^2$$

$$= h^2v^2 + 2hvm_ec^2 - 2h^2vv' + m_e^2c^4 - 2m_ec^2hv' + h^2v'^2$$

$$m_e^2 c^4 = h^2 v^2 + 2hv m_e c^2 - 2h^2 vv' + m_e^2 c^4 - 2m_e c^2 hv' + h^2 v'^2$$

$$- \left(\frac{h^2 c^2}{\lambda^2} + \frac{h^2 c^2}{\lambda'^2} - 2\frac{h^2 c^2}{\lambda \lambda'} \cdot \cos\varphi \right) \tag{6.16}$$

und nach der Subtraktion von $m_e^2 c^4$ auf beiden Gleichungssei-ten und dem Auflösen der Klammer

$$0 = h^2 v^2 + 2hv m_e c^2 - 2h^2 vv' - 2m_e c^2 hv' + h^2 v'^2 \tag{6.17}$$

$$- \frac{h^2 c^2}{\lambda^2} + \frac{h^2 c^2}{\lambda'^2} + 2\frac{h^2 c^2}{\lambda \lambda'} \cdot \cos\varphi.$$

Aus der Relation für die Ausbreitungsgeschwindigkeit von Wellen

$$c = \lambda v \quad \Leftrightarrow \quad v = \frac{c}{\lambda} \tag{6.18}$$

ergeben sich

$$\frac{h^2 c^2}{\lambda^2} = h^2 v^2 \tag{6.19}$$

und

$$\frac{h^2 c^2}{\lambda \lambda'} = h^2 vv'. \tag{6.20}$$

Durch das Einsetzen von (6.19) und (6.20) in (6.17) erhalten wir

$$0 = h^2 v^2 + 2hv m_e c^2 - 2h^2 vv' - 2m_e c^2 hv' + h^2 v'^2 \tag{6.21}$$
$$- h^2 v^2 - h^2 v'^2 + 2h^2 vv' \cdot \cos\varphi$$

und schließlich

$$0 = 2hv m_e c^2 - 2h^2 vv' - 2m_e c^2 hv'$$
$$+ 2h^2 vv' \cdot \cos\varphi. \tag{6.22}$$

Die Division der Gleichung (6.22) durch $2h$ ergibt

$$0 = v m_e c^2 - hvv' - m_e c^2 v' + hvv' \cdot \cos\varphi, \tag{6.23}$$

durch Ausklammern von $m_e c^2$ bzw. $-hvv'$ erhalten wir

$$0 = m_e c^2 (v - v') - hvv'(1 - \cos\varphi) \qquad (6.24)$$

und über Äquivalenzumformung folgt

$$m_e c^2 (v - v') = hvv'(1 - \cos\varphi). \qquad (6.25)$$

Die Division von (6.25) durch $m_e c^2$ und vv' liefert

$$\frac{(v - v')}{v v'} = \frac{h (1 - \cos\varphi)}{m_e c^2} \qquad (6.26)$$

Schreiben wir nun einmal die linke Gleichungsseite in zwei Brüchen, so erhalten wir

$$\frac{v}{v v'} - \frac{v'}{v v'} = \frac{h}{m_e c^2}(1 - \cos\varphi) \qquad (6.27)$$

und nach dem Kürzen auf der linken Gleichungsseite von (6.27) folglich

$$\frac{1}{v'} - \frac{1}{v} = \frac{h}{m_e c^2}(1 - \cos\varphi). \qquad (6.28)$$

Die nachfolgende Multiplikation von (6.28) mit c liefert

$$\frac{c}{v'} - \frac{c}{v} = \frac{h}{m_e c}(1 - \cos\varphi). \qquad (6.29)$$

Da nun bekanntlich $\frac{c}{v} = \lambda$ ist (siehe Formel (6.18)), können wir (6.29) auch als

$$\lambda' - \lambda = \frac{h}{m_e c}(1 - \cos\varphi) \qquad (6.30)$$

schreiben. Diese Differenz der Wellenlängen $\Delta\lambda = \lambda' - \lambda$ aus Gleichung (6.30) ist nun nichts anderes als die Wellenlängen-änderung, welche durch die Streuung der Röntgenphotonen an den Elektronen stattfindet. Sie wird *Compton-Verschiebung* genannt. Wie man leicht sieht, ist die Änderung der Wellenlänge der elektromagnetischen Strahlung allein von deren Streuwinkel φ abhängig, da alle anderen Werte in der Gleichung Konstanten sind.

An Gleichung (6.30) lässt sich außerdem gut erkennen, dass bei einem kleinen Streuwinkel φ, bei dem $1 - \cos\varphi \approx 0$ ist, die Änderung der Wellenlänge der Röntgenphotonen nur gering sein kann, bei einem großen φ jedoch, wobei $1 - \cos\varphi \gg 0$ ist, wird auch die Wellenlängenänderung groß. Ein maximales $\Delta\lambda$ würde sich für einen Streuwinkel von φ = 180° ergeben:

$$\lambda' - \lambda = 2\,\frac{h}{m_e c}\,. \tag{6.31}$$

Diese theoretischen Voraussagen decken sich vollkommen mit den experimentellen Beobachtungen COMPTONS.

Die sich speziell bei einem Streuwinkel von φ = 90° ergebende Wellenlängenänderung für die Compton-Streuung an Elektronen bezeichnet man als die *Compton-Wellenlänge* λ_c:

$$\lambda_c = \frac{h}{m_e c} = \frac{6{,}626 \cdot 10^{-34}\,\text{Js}}{9{,}11 \cdot 10^{-31}\,\text{kg} \cdot 3{,}0 \cdot 10^{8}\,\text{m/s}}$$

$$= 2{,}424 \cdot 10^{-12}\,\text{m}\,. \tag{6.32}$$

Warum tritt der Compton-Effekt nicht bei sichtbarem Licht auf?

Man könnte sich an dieser Stelle fragen, warum denn diese Frequenzänderung der elektromagnetischen Strahlung bei der Streuung an (quasi-) freien Elektronen nicht auch im sichtbaren Spektralbereich zu beobachten ist. Schließlich könnte man sich ja auch vorstellen, dass grünes Licht, welches man auf gewisse Objekte richtet, nach der Streuung z. B. eine rötlichere Farbe aufweist, also eine größere Wellenlänge hat. Jedoch können wir diesen Effekt bei sichtbarem Licht nicht beobachten. Das ist zugegebenermaßen zunächst ein wenig verwunderlich.

Nun, dass bei sichtbarem Licht keine merkliche Compton-Verschiebung auftritt, liegt daran, dass das Massenverhältnis von Elektron zu Photon in diesem Fall überaus ungünstig ist. Schließlich wissen wir aus der Betrachtung des idealen elastischen Stoßes, dass der dabei stattfindende Impulsübertrag auf den Stoßpartner genau dann am größten ist, wenn das Massenverhältnis exakt 1:1 ist.

So bedarf es der Berücksichtigung, dass die Energie eines Photons des sichtbaren Lichts ungefähr 2,5 eV (bei $\lambda = 5 \cdot 10^{-7}$ m) entspricht. Diejenige eines Elektrons hingegen, welche es nach der Energie-Masse-Äquivalenz (Gleichung (6.4)) besitzt, beträgt den um ganze drei Zehnerpotenzen höheren Wert von ca. $511 \cdot 10^3$ eV. Daraus ergibt sich ein Massenverhältnis Photon/Elektron von

$$\frac{m_{\text{Photon}}}{m_{\text{Elektron}}} = \frac{1}{200\,000} . \qquad (6.33)$$

Als makroskopischen Vergleich dazu könnte man sich ein kleines Stahlkügelchen vorstellen, welches gegen eine massive Stahlwand stößt: Es würde mit nahezu unverändertem Impulsbetrag in die entgegengesetzte Richtung zurückfliegen, wobei der Impulsübertrag auf die sehr viel schwerere Stahlwand $(-2\,\vec{p}_{\text{Kugel}})$ angesichts der enormen Masse der Wand wohl unbedeutend winzig und somit vernachlässigbar klein sein dürfte. Die Energie des Kügelchens hätte sich dabei so gut wie gar nicht verändert.

Das heißt, um einen nachweisbaren Energieübertrag und somit eine veränderte Wellenlänge der gestreuten Photonen beobachten zu können, darf das Massenverhältnis Photon/Elektron nicht allzu viele Größenordnungen von 1 entfernt liegen.

Und da die von COMPTON verwendeten Röntgenphotonen eine ähnliche Energie wie ruhende Elektronen besitzen, kann hier ein messbarer Energieübertrag von Photon zu Elektron stattfinden, was im Falle des Streuversuchs mit Licht jedoch nicht gegeben ist.

Ist der Compton-Effekt nur mit einem Teilchenmodell beschreibbar?

Wir haben soeben gesehen, dass sich der Compton-Effekt brillant über ein *Teilchenmodell* des Lichts erklären lässt und auf diese Weise eine Berechnung der Wellenlängenverschiebung möglich wird. Dass diese Beschreibung des Compton-Effekts über ein Teilchenmodell jedoch die *einzige* Möglichkeit sei, jenen Effekt zu erklären, ist ein weit verbreiteter Irrtum, der sich von der populärwissenschaftlichen Literatur über zahlreiche Schulbücher bis hin zur Studienliteratur zieht.

Dabei erkannte schon COMPTON selbst, dass sich neben der Deutung des Effekts über das Teilchenmodell des Lichts die auftretende Wellenlängenverschiebung ebenso gut mit einem reinen *Wellenmodell* erklären lässt. In dieser Betrachtungsweise kommt die beobachtete Wellenlängenverschiebung über den *Doppler-Effekt* zustande, einem für Wellen charakteristischen Phänomen, bei dem durch Relativbewegung von Sender und Empfänger ein und dieselbe Welle je nach Wahl des Bezugssystems unterschiedliche Frequenzen zu haben scheint. Jener Theorie nach resultiert die beim Compton-Effekt auftretende Wellenlängenänderung $\Delta\lambda$ wie folgt:

Das ruhende Elektron wird von einer auf es auftreffenden elektromagnetischen Welle der Wellenlänge λ auf die Geschwindigkeit v beschleunigt. Da die Geschwindigkeit des

Elektrons gegenüber dem anfänglichen Ruhesystem nun v ist, es also ein neues Bezugssystem angenommen hat, wird es, wenn es die elektromagnetische Welle, welche auf es traf, wieder mit der Wellenlänge λ emittiert, vom Bezugssystem des anfänglich ruhenden Elektrons aus gesehen entsprechend dem Doppler-Effekt eine Welle der Wellenlänge λ' aussenden, wobei $\lambda' > \lambda$ gilt. Die Wellenlänge der gestreuten Welle ist folglich um einen gewissen Wert $\Delta\lambda$ größer als die der primär ankommenden Welle.

Mittels dieser wellentheoretischen Beschreibung des Effekts lassen sich ebenfalls quantitative Aussagen über die Compton-Verschiebung treffen, die mit den Aussagen der Beschreibungsweise durch das Teilchenmodell übereinstimmen. Jene wellentheoretische Beschreibung steht daher vollkommen gleichberechtigt neben der oben ausführlich dargestellten Beschreibung mit Hilfe des Teilchenmodells. Es sei also nochmals ausdrücklich darauf hingewiesen, dass sich der Compton-Effekt, entgegen der fälschlichen Darstellung vieler Physikbücher, nicht nur ausschließlich über ein Teilchenmodell des Lichts verstehen und berechnen lässt, sondern auch über das vortreffliche, völlig äquivalent verwendbare Wellenmodell.

7 Die Heisenberg'sche Unschärferelation

Was besagt die Heisenber'gsche Unschärferelation

Das Prinzip der *Heisenberg'schen Unschärferelation* stellt wohl eines der zentralsten und vor allem fundamentalsten Elemente der Quantenmechanik dar. Sie ist für den Quantenphysiker so elementar wie fundierte Anatomiekenntnisse für den Mediziner. Deshalb wollen wir uns in diesem Kapitel mit jener überaus wichtigen Ungleichung befassen.

Man stelle sich hierzu ein beliebiges Quantenobjekt, wie beispielsweise unser bereits lieb gewonnenes Elektron, vor. Wüsste man nun den exakten Aufenthaltsort x und den genauen Impuls p (also das Produkt aus der Masse m und Geschwindigkeit v) dieses Teilchens, könnte man aus den klassischen Gesetzen der Newton'schen Mechanik die exakte Position dieses Teilchens zu jedem beliebigen Zeitpunkt ermitteln.

Auf dieser Tatsache basiert eine grundlegende Überlegung des französischen Mathematikers und Physikers PIERRE SIMON DE LAPLACE (1749–1827), dessen Konzept unter dem Namen *Laplacescher Dämon* bekannt wurde: Eine fiktive übermenschliche Intelligenz – nämlich besagter Dämon –, welche zu nur einem einzigen, beliebigen Zeitpunkt das Wissen über den genauen Aufenthaltsort und Impuls jedes Teilchens im

Universum hätte, könnte mittels der Newton'schen Gesetze das gesamte Weltgeschehen in Vergangenheit, Gegenwart und Zukunft berechnen. Nach diesem *deterministischen Weltbild* wäre also der Kosmos seit dem Punkt seiner Entstehung vollständig festgelegt. Eigentlich eine an sich simple und logisch leicht nachvollziehbare Offensichtlichkeit, möchte man meinen.

Da scheint es umso amüsanter, dass der geniale Quantenphysiker WERNER HEISENBERG (1901–1976) diesem klassischen Determinismus einen Strich durch die Rechnung machte, indem er im Alter von nur 26 Jahren (!) seine überaus revolutionäre *Heisenberg'sche Unschärferelation* aufstellte, die einen einschränkenden Bezug zwischen der Ortsunschärfe Δx und der Impulsunschärfe Δp herstellt. Diese revolutionäre, ja beinahe ketzerische Gleichung lautet dabei ganz einfach

$$\Delta x \cdot \Delta p \geq \frac{\hbar}{2} . \tag{7.1}$$

Das Symbol $\hbar$ ist dabei wieder nichts anderes als die schon in Kap. 2 angesprochene Abkürzung für den in quantenmechanischen Formeln häufig auftretenden Faktor $h/(2\pi)$ der Größe

$$\hbar = \frac{h}{2\pi} \approx 1{,}055 \cdot 10^{-34}\,\text{Js}. \tag{7.2}$$

Doch im Moment wollen wir uns nicht weiter mit diesem Faktor an sich auseinandersetzen, sondern uns mehr auf die ungemein bedeutende Kernaussage dieser Ungleichung konzentrieren: Auf der rechten Seite der Ungleichung (7.1) finden wir einen konstanten Wert vor, der sich nicht ändern und vor allem *niemals null* sein kann. Weiterhin gilt, dass das Produkt auf der linken Seite der Relation entweder größer oder gleich diesem bestimmten konstanten Wert sein muss. Dabei bezeichnet Δx die Ungenauigkeit (= Unschärfe) des Ortes eines beliebigen

Teilchens und Δp die Ungenauigkeit seines Impulses, womit gemeint ist, dass sich das Teilchen irgendwo innerhalb von Δx aufhält und einen Impuls besitzt, der innerhalb des Bereichs Δp liegt.

Wollten wir nun im Sinne des Laplaceschen Dämons die Bahn eines Teilchens genau berechnen, müssten wir natürlich versuchen, die Werte Δx und Δx möglichst klein werden oder am besten gleich gegen null gehen zu lassen. Dies ist jedoch laut der Heisenberg'schen Unschärferelation (7.1) unmöglich, denn ein kleineres Δx führt automatisch zu einem größeren Δp, weil das Produkt aus beiden ja unausweichlich mindestens den konstanten Wert $\hbar/2$ haben muss. Bei der Minimierung von Δp ergibt sich dasselbe Problem wegen des steigenden Wertes für Δx. Es liegt also zwischen Δx und Δp eine *komplementäre Beziehung* vor. Die Heisenberg'sche Unschärferelation schränkt somit unser Wissen über die Bahnen von Quantenobjekten grundlegend ein.

Dabei ist von besonderer Wichtigkeit, dass diese Wissensgrenze, laut HEISENBERG et al., *nicht* aufgrund von technisch begründeten Messungenauigkeiten oder unpräzisen Messinstrumenten entsteht, sondern eine definitive *Eigenschaft der Materie im Mikrokosmos selbst* darstellt. Ein Quantenobjekt hat an sich nun einmal keinen bestimmten Aufenthaltsort bzw. keinen bestimmten Impuls.

Ich bin mir sicher, dass Sie – falls Sie lobenswerterweise eine etwas kritischere Natur sind – diese Aussage nicht einfach so hinnehmen werden können. Doch für den Augenblick sehe ich mich leider dazu gezwungen, Ihnen dies mitzuteilen. Erstmal müssen Sie es schlucken. Warum sich moderne Quantenphysiker so sicher sind, dass die Heisenberg'sche Unschärferelation eben keine auf Messungenauigkeiten basierende Fehlerabschätzung ist, sondern eine Eigenschaft der Materie an sich aufzeigt, und weshalb dies in der Tat eine sehr berechtigte, wohlreflektierte und experimentell verifizierte Aussage ist, damit werden wir uns, so verspreche ich, an späterer Stelle, in Kap. 15, noch einmal äußerst intensiv auseinandersetzen.

Wie kann man sich die Unschärferelation praktisch vorstellen?

In Kap. 5 konnten wir das beim Doppelspaltversuch mit Elektronen auftretende Interferenzmuster und das Beugungsverhalten am Spalt mit dem Wellencharakter des Elektrons, welcher durch die de-Broglie-Wellenlänge beschrieben wird, erklären. Doch wie dort schon angedeutet, ist für das Beugungsverhalten am Spalt die Beschreibung durch das Wellenmodell gar nicht zwingend notwendig. Es zeigt sich nämlich, dass die Heisenberg'sche Unschärferelation ebenfalls dazu in der Lage ist, *Beugungseffekte am Spalt* zu erklären, und dies ohne die Verwendung des Wellenmodells!

Stellt man sich ein Elektron vor, das irgendwo im Raum frei herumfliegen kann, so wird es mit seinem (mehr oder weniger) bestimmten Impuls einen Geschwindigkeitsvektor besitzen, der recht konstant ist. Engen wir die Bahn des Elektrons jedoch ein, indem wir es z. B. durch einen schmalen Spalt fliegen lassen, wird sein Aufenthaltsort bestimmter, da es sich jetzt nämlich nur noch innerhalb des Spaltes aufhalten kann. Somit wird aber sein Impuls unbestimmter, und es wird hinter dem Spalt in eine nicht vorhersagbare Richtung davonfliegen. Je enger wir den Spalt wählen, d. h., je kleiner Δx wird, desto ungewisser sind die Richtung und Geschwindigkeit, mit der das Elektron hinter dem Spalt davoneilt, d. h., desto ungenauer ist

Δp. Wir sehen also, für die Beschreibung der Beugung am Spalt muss das Teilchenmodell des Elektrons gar nicht aufgegeben werden, es bedarf nur einer Erweiterung durch die Unschärferelation.

Ließe sich das Interferenzmuster ebenfalls durch die Unschärferelation erklären?

Da wir gerade gesehen haben, dass es möglich ist, die Beugungsphänomene von Elektronen am Spalt über die Unschärferelation auch weiterhin mit einem Teilchenmodell zu erklären, könnte man sich fragen, ob die beim Doppelspaltexperiment auftretenden Interferenzstreifen ebenfalls in einem durch die Unschärferelation erweiterten Teilchenmodell ihre Erklärung finden. Dazu müsste man erst einmal feststellen, welchen Weg die einzelnen Elektronen zwischen Elektronenquelle und Projektionsschirm nehmen, sprich welchen Spalt sie passieren.

Doch wie lässt sich die Bahn eines Elektrons überhaupt bestimmen? Nun, ganz einfach: Man schaut hin, oder, um es etwas professioneller zu formulieren, man richtet elektromagnetische Strahlung auf die möglichen Aufenthaltsorte (hier also die beiden Spalte) und stellt Detektoren auf, die registrieren, in welchem Winkel sie eventuell von den Elektronen abgelenkt bzw. reflektiert wurde.

Nun ist es aber so, dass man, um ein aussagekräftiges Ergebnis zu erhalten, hierfür elektromagnetische Strahlung mit einer recht geringen Wellenlänge verwenden muss, denn die *Auflösung* der »Bilder«, welche wir durch den Beschuss der durch die Spalte tretenden Elektronen mit elektromagnetischer Strahlung erhalten, wird desto deutlicher, je kleinere Wellenlängen, und somit je höhere Frequenzen die verwendete elektromagnetische Strahlung besitzt. Da die Doppelspalte in unserem Experiment sehr nah beieinanderliegen, sind wir, wenn wir repräsentative Daten erhalten möchten, dazu gezwungen, kurzwellige Röntgenstrahlung zu verwenden.

1. Experiment:

Führen wir jetzt das uns aus Kap. 5 bekannte *Doppelspaltexperiment mit Elektronen* bei einer geringen Intensität der Elektronenquelle durch und führen eine Liste über den Weg bzw. den Spalt, den das einzelne Elektron jeweils genommen hat. Man spricht hierbei von einer *Welcher-Weg-Information*, die wir über die einzelnen Elektronen erhalten. Da wir an der Versuchsanordnung im Vergleich zu unserem Experiment in Kapitel 5 sonst nichts geändert haben, müssen wir natürlich wieder davon ausgehen, auf dem Projektionsschirm ein Interferenzmuster zu sehen, so wie es bis jetzt bei unseren Doppelspaltexperimenten mit Elektronen immer der Fall war.

Die experimentelle Durchführung zeigt uns aber leider: *Dem ist nicht so!* Versuchen wir, beim Doppelspaltexperiment mit Elektronen durch Röntgenstrahlung Informationen über den von den Elektronen gewählten Spalt zu bekommen, verschwindet das Interferenzmuster auf dem Projektionsschirm, und als resultierende Ankunftswahrscheinlichkeitsverteilung ergibt sich die Summe der Einzelwahrscheinlichkeitsverteilungen der Einzelspalte, gleich dem, wie es bei makroskopischen Objekten der Fall ist.

Na, wenn das nicht verwirrend ist! Da drängen sich doch sofort folgende Fragen auf: Wie konnte das Interferenzmuster auf einmal verschwinden, wo doch nichts anderes gemacht wurde als es mit Licht zu bescheinen? Und allein durch Angucken kann man doch nicht so viel kaputt machen, oder?

Zur Erklärung dieser überraschenden Beobachtung sollten wir uns noch einmal an den Compton-Effekt aus Kap. 6 erinnern. Hier haben wir erfahren, dass Photonen aufgrund ihrer dynamischen Masse ebenfalls einen, bei der Wechselwirkung mit anderen massearmen Quantenobjekten nicht vernachlässigbaren, Impuls besitzen. Dabei sollte uns nun klar sein, dass die energiereichen Röntgenphotonen, welche wir zur Ortsbestimmung der Elektronen verwandten, bei der Wechselwirkung mit den Elektronen den von Compton beschriebenen »elastischen Stoß« durchführen werden, was eine erhebliche Impulsänderung der Elektronen zur Folge hat.

Besonders ungünstig an unserem Versuchsaufbau war es also, eine derart hochfrequente elektromagnetische Strahlung wie die Röntgenstrahlung zur Ortsbestimmung der Elektronen verwendet zu haben, denn bei einer hohen Frequenz der elektromagnetischen Strahlung haben die Photonen nach

$$p_{\text{Photon}} = \frac{h\nu}{c} \, , \qquad (7.3)$$

wie man leicht sieht, einen besonders hohen Impuls. Das bedeutet allerdings auch, dass der Impulsübertrag Δp auf das Elektron und somit dessen Störung groß wird. Nach dieser Erkenntnis müssten wir deshalb versuchen, die Störung durch die Photonen, d. h., deren Impuls, so weit wie nur möglich zu minimieren, die Frequenz der elektromagnetischen Strahlung also möglichst gering zu wählen.

2. Experiment:

Führen wir nun das Experiment mit niedrigerer Strahlungsfrequenz noch einmal durch und beobachten, welche Versuchsergebnisse sich dieses Mal abzeichnen.

Jetzt müssen wir leider – obwohl das Interferenzmuster nun glücklicherweise nicht mehr verschwindet – feststellen, dass

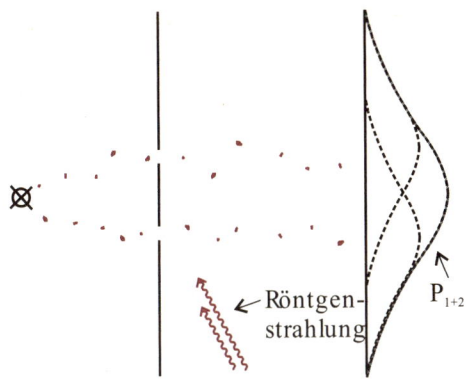

Abb. 7.1 Bei der Bestrahlung mit Röntgenstrahlung verschwindet das Interferenzmuster

eine Zuordnung der Elektronen nur noch unzureichend bis gar nicht gewährleistet ist. Die Bahn eines jeden Elektrons ist in dieser Versuchsvariante einfach nicht mehr nachweisbar. Jedoch können wir auf dem Projektionsschirm wieder ein Interferenzmuster registrieren. Ist das nicht zum Verrücktwerden?

Noch einmal zusammengefasst, zeigt uns die experimentelle Durchführung also: Beim Doppelspaltexperiment mit Elektronen bleibt durch den zur Ortsbestimmung der Elektronen verwendeten Einsatz niederfrequenter elektromagnetischer Strahlung das Interferenzmuster erhalten, eine eindeutige Zuordnung der Elektronen zu einem Spalt ist aber nicht mehr möglich.

Eine Erklärung hierfür lautet, dass durch die Wahl von niederfrequenter elektromagnetischer Strahlung der störende Impulsübertrag auf die Elektronen zwar so weit gemildert werden konnte, dass sie ihr normales Interferenzmuster wieder bilden konnten, jedoch ist aufgrund der größeren Wellenlänge die

Auflösung des Bildes von den Elektronen in Spalt 1 bzw. 2 so stark gesunken, dass eine *Welcher-Weg-Information* nicht mehr gewonnen werden kann und somit die Bahnbestimmung der Elektronen letztendlich unmöglich wird.

Auf die Unschärferelation bezogen bedeutet das: Dank des niedrigen Δp wissen wir nun zwar, wohin die Elektronen auf dem Projektionsschirm fliegen, nämlich nur auf die hellen Streifen, deren Positionen sich ja vorausberechnen lassen, dafür wissen wir aber nicht mehr, durch welchen Spalt sie gingen, Δx ist demgemäß sehr groß. *Die Komplementarität* zwischen der Ungenauigkeit des Aufenthaltsortes und der Ungenauigkeit des Impulses kommt bei diesem Experiment erneut klar zum Vorschein. Es ist somit eine weitere experimentelle Bestätigung der Heisenberg'schen Unschärferelation.

Was lässt sich aus dem Ausgang der Experimente schließen?

Sehr wichtig ist, dass wir, wie man deutlich erkennen konnte, die Entstehung des Interferenzmusters eben doch nicht allein mit dem Teilchenmodell erklären können. Wir benötigen auf jeden Fall weiterhin das Wellenmodell zur Beschreibung der auftretenden Interferenz der Elektronen. Interessant ist jedoch, dass die Elektronen-Welle an sich nicht direkt nachweisbar ist. Wir können im 2. Experiment nur indirekt auf den Wellencharakter der Elektronen schließen, da sich das Interferenzmuster nun mal anders nicht erklären lässt. Versuchen wir jedoch, wie wir es im 1. Experiment taten, mit hochfrequenter elektromagnetischer Strahlung den von den Elektronen gewählten Spalt zu bestimmen, so messen wir keine Wellen, sondern nur Teilchen, die sich, wie man an der Ankunftswahrscheinlichkeitsverteilung der Elektronen auf dem

Projektionsschirm in Abb. 7.1 deutlich erkennen kann, nach dem Messprozess auch weiterhin wie Teilchenobjekte verhalten.

Man könnte dies salopp und überspitzt folgendermaßen formulieren: Es wirkt scheinbar so, als würden sich Elektronen für ihren Wellencharakter schämen. Schaut man gerade nicht hin, verhalten sie sich wie Wellen, aber wenn man sie direkt beobachten will, zeigen sie sich nur als Teilchen. Das ist natürlich überzogen ausgedrückt, aber es spiegelt, wenn auch in leicht ironisierter Form, den experimentellen Befund wider.

In einer etwas seriöseren Formulierung müssen wir jedoch festhalten: Ist der Weg, den ein jedes Elektron nimmt, ungewiss, so erhalten wir ein Interferenzmuster; erhalten wir eine Welcher-Weg-Information, so wird das Interferenzmuster zerstört. Zwischen der Welcher-Weg-Information und dem Auftreten des Interferenzmusters besteht eine fundamentale *Komplementarität*.

Der Vollständigkeit halber soll hier jedoch nicht vorenthalten bleiben, dass der fundamentale Charakter der Heisenberg'schen Unschärferelation in neuerer Zeit stark in Frage gestellt wurde. Das beim Doppelspaltexperiment mit dem Gewinnen einer Welcher-Weg-Information stets einhergehende Verschwinden des Interferenzmusters durch die Heisenberg'sche Unschärferelation zu begründen, begann nämlich kurz vor Anbruch des 21. Jahrhunderts sehr zweifelhaft zu erscheinen.

Stichhaltige Experimente, vor allem durch die Arbeitsgruppe um GERHARD REMPE, haben schließlich gezeigt, dass der Verlust der Interferenzfähigkeit am Doppelspalt viel mehr Rückschlüsse auf eine quantenmechanische *Korrelation* zwischen Welcher-Weg-Detektor und Quantenobjekt erlaubt.[5] Daraus lässt sich letztendlich schließen, dass der quantenmechanische Welle-Teilchen-Dualismus tatsächlich von fundamentalerer Natur sein muss als die noch vor kurzem standardmäßig zur Erklärung herangezogene Heisenberg'sche Unschärferelation. Dies ist eine ganz außerordentlich bedeutende, junge Entdeckung!

Ist das Doppelspaltexperiment auch mit anderen Teilchen durchführbar?

Wie man sich denken kann, wurde natürlich auch versucht, das Doppelspaltexperiment mit anderen Elementarteilchen als dem Elektron durchzuführen, obwohl sich die Versuchsaufbauten bei massereicheren Teilchen immer mehr erschweren. Doch konnte man mit größerem experimentellem Aufwand bei vielen anderen Elementarteilchen wie z. B. den Neutronen ebenfalls Interferenzmuster nachweisen. Das bedeutet für uns, auch sie unterliegen dem *Welle-Teilchen-Dualismus*, und ihnen kann somit ebenfalls eine de-Broglie-Wellenlänge zugeordnet werden.

Aus neueren Experimenten weiß man, dass sogar bei Doppelspaltversuchen mit großen Molekülen namens *Fullerenen* (legerer auch Fußballmoleküle genannt, weil sie kugelförmig, ähnlich einem Fußball, angeordnet sind (siehe Abb. 7.2)), die immerhin aus 60, 70 oder mehr Kohlenstoffatomen bestehen können, Interferenzmuster entstehen können. Das ist natürlich sehr interessant, denn die Grenze zwischen Mikro- und Ma-

5 Näheres in S. Dürr, T. Nonn, G. Rempe: Origin of quantum-mechanical complementarity probed by a ›which-way‹ experiment in an atom interferometer. Nature **395** (1998), sowie S. Dürr, G. Rempe: Can wave-particle duality be based on the uncertainty relation? Am. J. Phys. **68**, 11 (2000)

krokosmos schiebt sich somit immer mehr in Richtung unserer Größenordnung, ja sie »delokalisiert« im wahrsten Sinne des Wortes.

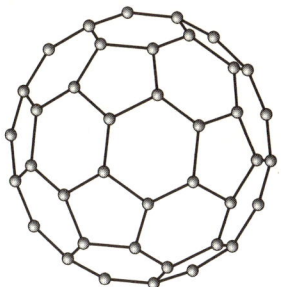

Abb. 7.2 Modellartige Darstellung eines Fullerenmoleküls, das aus 60 C-Atomen besteht

Natürlich stellt sich dabei die Frage, wo denn die Interferenzfähigkeit der Teilchen auf der Größenskala nach oben auf einmal verloren geht und wo genau sich diese Mikro-/Makrokosmos-Grenze überhaupt befinden mag. An dieser Stelle wollen wir uns jedoch noch nicht eingehender mit diesem Thema befassen. Bei der späteren Diskussion um Schrödingers Katze in Kap. 12 werden wir auf diese Probleme zurückkommen und feststellen, dass diese auch heute noch zentrale Fragen in der Quantenphysik darstellen.

Was ist das Elektron jetzt eigentlich wirklich: Welle oder Teilchen?

Angesichts all dieser Verwirrungen durch die vorangegangenen, sich ständig widersprechenden Versuchsergebnisse muss man sich aus klassischer Sicht einfach die alles entscheidende Frage stellen, was zum Himmel das Elektron jetzt eigentlich *wirklich* ist: Ist es eine Welle oder ein Teilchen? Oder ist es beides zugleich? Aber das ginge doch gar nicht, oder?

Antworten möchte ich auf diese außerordentlich schwierige und verzwickte Frage über die Wiedergabe eines Zitats des genialen und überaus populären amerikanischen Quantenphysikers RICHARD FEYNMAN (1918–1988), der für jeden noch so ungewöhnlichen Charakterzug der Quantenmechanik stets den passenden Spruch wusste. In seiner üblichen, schlagfertigen Art drückte er sich bezüglich des skurrilen, zwiespältigen Verhaltens des Elektrons präzise und zugleich geistvoll folgendermaßen aus:

»Es ist keins von beiden.« [6]

Treffender kann man es nicht formulieren. Denn wie man immer wieder betonen muss, sind die Teilchen- bzw. Wellenmodelle, welche wir im Mikrokosmos zur Beschreibung der Verhaltensweisen von Quantenobjekten verwenden, eben nur *klassische* Arbeitsmodelle aus dem Makrokosmos, Beschreibungsmethoden, die aus Hilflosigkeit der *klassischen Physik* entliehen werden, die aber niemals einzeln dazu in der Lage sein werden, Quantenobjekte angemessen zu beschreiben.

Elektromagnetische Strahlung, Elektronen, Protonen, die über 200 Elementarteilchen und sogar ganze Moleküle wie die Fullerene sind nun einmal nicht einfach nur Teilchen oder nur Wellen. *Sie sind keines von beidem!* Sie sind irgendetwas Seltsames dazwischen, wofür es im Makrokosmos, unserer gewohnten Umgebung in der Größenordnung von 10^{-1} m, nun mal keinen Vergleich gibt.

Wären wir hingegen Objekte des *Mikrokosmos*, die in einer

---

6 R. Feynman, R. Leighton, M. Sands: *Feynman Vorlesungen über Physik III* (Oldenbourg, 1999); S. 17

Größenordnung von 10^{-10} m, also ungefähr dem Durchmesser eines Atoms, hausten, so würden uns diese verwunderlichen, fremdartigen Quantenphänomene durchaus nicht seltsam erscheinen, sondern wären purer Alltag. Kommen uns doch die Skurrilität und Paradoxie der Quantenobjekte nur deshalb als solche vor, da wir sie aus unserer makroskopischen Welt einfach nicht gewohnt sind. (Tja, ein Proton müsste man sein: Dann würde man die Quantenphysik verstehen, wäre immer positiv drauf und hätte eine nahezu unendliche Lebenszeit:-))

Das Elektron ist also weder eine Welle noch ist es ein Teilchen, es ist schlicht und ergreifend – ein *Quantenobjekt*!

8 Der Kollaps der Wellenfunktion

**Wo liegt überhaupt der Widerspruch zwischen dem Wellen-
und dem Teilchenmodell?**

Wir haben in den letzten Kapiteln erkannt, dass es sowohl in
der klassischen Physik als auch im Speziellen in der Quantenphysik bestimmte Effekte und Phänomene gibt, die entweder
nur über das *Wellen-* oder nur über das *Teilchenmodell* erklärt
und beschrieben werden können. Welches Modell in einem jeweilig vorliegenden Fall zur Beschreibung angewandt werden
muss, wird dabei zum einen durch den Versuchsgegenstand
(d. h., ob es sich beispielsweise um elektromagnetische Strahlung, Elektronen, Fußbälle oder andere Gegenstände handelt)
und zum anderen durch den genauen Versuchsaufbau (d. h.,
auf welche Art und Weise man dem Versuchsgegenstand welche Informationen entlocken möchte) bestimmt.

Spezifisch für die Quantenphysik ist nun allerdings, dass
durchaus – und zwar nicht gerade selten – für ein und dasselbe
(Versuchs-)Objekt je nach Art des Versuchsaufbaus *sowohl* das
eine *als auch* das andere Erklärungsmodell Verwendung findet
bzw. angewandt werden muss. In der klassischen Physik ist eine
so diskrepante Beschreibungsweise schlechthin undenkbar,
denn eine klassische Welle ist und bleibt eine Welle, und ein
klassisches Teilchen bleibt ein Teilchen, zweifelsfrei und ausnahmslos.

Doch was genau, so könnte man sich an dieser Stelle fragen, macht den großen Unterschied, ja die Unvereinbarkeit von klassischer Welle und klassischem Teilchen aus? Warum müssen sich Wellen- und Teilchenmodell überhaupt widersprechen? Schließlich könnte man sich z. B. 1) das Elektron auch als ein Teilchen vorstellen, welches sich auf einer wellenförmigen Bahn ausbreitet, und außerdem sind 2) z. B. Wasserwellen ja auch Wellen, die gleichzeitig aus Teilchen (nämlich hauptsächlich aus Wassermolekülen) bestehen. So lauten jedenfalls die zwei diesbezüglich am häufigsten genannten Vereinbarungsvorschläge.

Dass der Sachverhalt allerdings nicht ganz so simpel ist, werden wir sehen, wenn wir die beiden eben genannten Möglichkeiten exemplarisch detailliert durchdenken:

1. Wenn man davon ausgeht, Elektronen würden sich auf einer wellenförmigen Bahn ausbreiten, so stellt sich als Erstes die Frage, wie sie die ständige Impulsumkehrung entgegen dem Impulserhaltungssatz aus sich selbst heraus bewerkstelligen, denn sie müssten laufend ihre Ausbreitungsrichtung, also ihren Impulsvektor ändern. Wie sollte man sich dies erklären?

   Des Weiteren haben beschleunigte Ladungen (das Elektron besitzt bekanntlich eine Ladung von $-e = -1{,}602 \cdot 10^{-19}$ C) die Eigenschaft, Energie in Form von elektromagnetischer Strahlung auszusenden. So müssten bewegte Elektronen ständig elektromagnetische Strahlung emittieren, was sie jedoch, wie wir wissen, nicht tun. Eine derartige Vorstellung einer Vereinbarung des Teilchen- und Wellenbildes ist also recht problematisch.

2. Die Betrachtung der Wasserwelle (als Vorzeigebeispiel einer Welle) hat uns zwar beim Doppelspaltexperiment bei der Erklärung der Interferenzerscheinungen hervorragend

geholfen, doch gibt es einen definitiven Unterschied zum Photon bzw. Elektron:

Die Wassermoleküle sind bei der Wasserwelle nur das *Ausbreitungsmedium* der Welle. Sie werden nicht transportiert, sondern über sie breitet sich die Schwingungsenergie der Welle aus. Die Wassermoleküle sind nur die *Oszillatoren*, also die schwingungsfähigen Körper, welche die Ausbreitung der Welle, oder präziser die Ausbreitung der Schwingungsenergie der Welle ermöglichen. Die übertragene Welle stellt hierbei jedoch einen *kontinuierlichen* Energiefluss dar. Die Wasserwelle an sich, ihre Intensität, ist demnach keineswegs gequantelt.

Wir sehen also, dass sich Wellen- und Teilchenmodell tatsächlich nicht so leicht vereinbaren lassen. Es besteht nun einmal ein fundamentaler Unterschied zwischen einer sich kontinuierlich im Raum ausbreitenden, nicht exakt lokalisierten Welle und einem kompakten Teilchen, welches sich auf einer bestimmten Flugbahn bewegt.

Umso seltsamer ist es daher, dass wir zur Beschreibung von Quantenobjekten wie Photonen, Elementarteilchen usw. jeweils für ein und dasselbe Objekt, je nach Versuchsanordnung, stets Wellen- und Teilchenmodell parallel verwenden müssen, und das, obwohl sich diese Modelle klassisch, makroskopisch gesehen eigentlich gegenseitig ausschließen. In diesem Zusammenhang spricht man deshalb oft von einer gewissen Dualität des Wellen- und des Teilchen-Bildes, dem so genannten *Welle-Teilchen-Dualismus*. Zwar widersprechen sich das Wellen- und Teilchenmodell makroskopisch gesehen, doch zur Beschreibung eines Quantenobjekts ergänzen sich die beiden Modelle gegenseitig. Sie verhalten sich *komplementär* zueinander.

Freilich ist diese Einsicht nicht gerade befriedigend, aber es scheint uns zunächst keine andere Wahl übrig zu bleiben, als diese Zwiespältigkeit der Quantenobjekte hinzunehmen. Denn wie wir schon zum Ende des vorigen Kapitels einsehen mussten, verhalten sich Quantenobjekte nun einmal ganz anders, als wir es aus unserer alltäglichen Umgebung der makroskopischen klassischen Physik gewohnt sind. Sie gehorchen den Gesetzen der *Quantenphysik!*

Was genau bedeutet der Begriff Welle-Teilchen-Dualismus?

Im Allgemeinen versteht man unter dem Begriff *Welle-Teilchen-Dualismus* die Tatsache, dass je nach Art des Versuchs ein Quantenobjekt in einem bestimmten Experiment nur mit dem Teilchenmodell und in einem gewissen anderen Experiment nur mit dem Wellenmodell effizient und korrekt beschrieben werden kann. Wie ich weiter oben jedoch schon erwähnte, ist der tatsächliche Sachverhalt noch etwas prekärer.

Gehen wir noch einmal zurück zum Doppelspaltversuch mit Elektronen (ohne Spaltbestimmung durch Röntgenstrahlung), und nehmen wir das Interferenzmuster auf dem Projektionsschirm genauer unter die Lupe:

Der Projektionsschirm besteht bei unserem Versuch aus einer *Photoplatte*, welche sich schwärzt, wenn Elektronen auf sie treffen. Betrachten wir nach der Versuchsdurchführung den Projektionsschirm von vorne, so sehen wir das typische Streifenmuster, wobei die schwarzen Streifen Orte mit hoher Ankunftswahrscheinlichkeit der Elektronen darstellen und die hellen Streifen dementsprechend Orte mit geringer Ankunftswahrscheinlichkeit sind. Wie wir aus den Überlegungen des vorangegangenen Kapitels wissen, lässt sich dieses auf der Photoplatte befindliche Interferenzmuster ausschließlich durch das

Wellenmodell des Elektrons erklären und keinesfalls durch das Teilchenmodell. Behalten wir dies bitte stets im Hinterkopf.

Sehen wir uns diese mit Elektronen beschossene Photoplatte jetzt jedoch einmal etwas genauer an, so müssen wir verblüffenderweise feststellen, dass die Interferenzstreifen der Photoplatte, welche wir beobachten, nicht kontinuierlich und gleichmäßig sind, wie man dies von einer kontinuierlichen Elektronen-Welle erwarten würde, sondern dass sie eine körnige Struktur aufweisen. Auf der Photoplatte lassen sich ganz genau *einzelne* Punkte identifizieren, die durch das Auftreffen von *einzelnen* Elektronen-Teilchen verursacht wurden. Die Elektronen treffen also nicht kontinuierlich wie eine anschwappende Wasserwelle auf dem Projektionsschirm auf, sondern werden immer als Teilchen, und zwar nur als *ganze, einzelne Teilchen* auf dem Projektionsschirm detektiert.

Das bedeutet jedoch, dass unsere vorläufige Definition des Begriffs *Welle-Teilchen-Dualismus* vom Anfang des Abschnitts, wie er oft nur in jener Hinsicht in der populärwissenschaftlichen Literatur aufgegriffen wird, einer wesentlichen Erweiterung bedarf. Es ist nämlich nicht nur so, dass wir für die Beschreibung eines Experiments das Wellenmodell und für die Beschreibung eines anderen Experiments das Teilchenmodell anwenden müssen, sondern wir sind bisweilen selbst in *ein und demselben* Experiment darauf angewiesen, beide Modelle gleichzeitig zu benutzen. Denn wie wir gesehen haben, lässt sich beim Doppelspaltexperiment mit Elektronen die hinter dem Spalt auftretende Interferenz nur über das Wellenmodell erklären. Die Tatsache jedoch, dass immer nur einzelne, ganze Elektronen auf dem Projektionsschirm detektiert werden, lässt auf einen Teilchencharakter des Elektrons schließen.

Wir müssen sogar innerhalb ein und desselben Experiments sowohl Wellen- als auch Teilchenmodell parallel verwenden, um die auftretenden Beobachtungen erklären zu können, obwohl sich diese Modelle im Sinne der klassischen, makroskopischen Physik widersprechen.

Wie wird aus der Elektronen-Welle ein Teilchen auf dem Projektionsschirm?

Nachdem wir erfahren mussten, dass der Welle-Teilchen-Dualismus eines Quantenobjekts selbst innerhalb eines einzigen Experiments auftreten kann, stellt sich natürlich die folgende Frage, wie ein Quantenobjekt (z. B. ein Elektron), welches im Doppelspalt von einer Wahrscheinlichkeitswelle beschrieben werden muss, auf dem Projektionsschirm dahinter als ein kleiner Fleck registriert werden kann. Oder anders gefragt: Wie kann von der Wahrscheinlichkeitswelle des Quantenobjektes, die ja bekanntlich hinter dem Spalt keine bevorzugte Ausbreitungsrichtung hat, ein und nur ein Teilchen auf einem konkreten Punkt des Projektionsschirms registriert werden? Das Problem ist also der Übergang der Beschreibung des Quantenobjekts durch ein Wellenmodell zu der durch ein Teilchenmodell.

Für die weitere Diskussion des Sachverhaltes werden wir der Einfachheit halber die einzelnen Spalten als jeweils kreisrunde Löcher annehmen und als Quantenobjekt unser allseits beliebtes Elektron verwenden.

Die Beschreibung des Elektrons durch das Wellenmodell besagt nun, dass jenes sich nach dem Passieren eines Spalts in Form einer dreidimensionalen Kugelwelle in alle Richtungen gleichförmig ausbreitet. Da diese Elektronen-Kugelwelle keine bevorzugte Ausbreitungsrichtung im Raum einnimmt, sagt man auch, sie breite sich *isotrop* aus. Das bei der Durchführung des Experiments auftretende Interferenzmuster ergibt

sich dabei wunderbar aus der Überlagerung der zwei Kugelwellen, die sich hinter jedem der beiden Spalte ausbreiten.
(Dazu sei gesagt, dass jenes Interferenzmuster, das bei kreis-
förmigen »Spalten« entsteht, zwar zugegebenermaßen etwas
komplizierter aussieht als unser gewohntes Streifenmuster,
doch berechenbar ist es ebenfalls. Und momentan kommt es
uns ja auch nur darauf an, dass es ausschließlich mit einem Wellenmodell der Elektronen erklär- und berechenbar ist.)

Tatsache ist nun brenzligerweise, dass diese Elektronen-Wellen, wie wir oben erkennen mussten, nicht als kontinuierliche
Welle detektiert, sondern vom Projektionsschirm in quantisierter Form registriert werden, sodass wir wohl oder übel dazu
gezwungen werden, ein Teilchenmodell des Elektrons anzunehmen.

Aber wie wird aus der Kugelwelle ein Teilchen? Das Problem ist ja, dass das Elektron, wird es durch eine Welle beschrieben, nicht exakt lokalisiert ist. Es befindet sich mit einer
bestimmten mehr oder weniger großen Wahrscheinlichkeit
hier und mit einer anderen dort. Aber wo es jetzt nun eigentlich ist, darüber wird keine Aussage gemacht, und darüber
kann auch gar keine Aussage gemacht werden, denn wäre es
eindeutig lokalisiert, dann hätten wir es wieder mit einem Teilchen zu tun, das nicht die Fähigkeit zur Interferenz besitzen
und daher auch kein Interferenzmuster bilden könnte, womit
auch die oben formulierte Frage nicht auftauchen würde.

Da wir aber eben doch ein Interferenzmuster beobachten,
kann das Elektron nicht lokalisiert sein, sondern muss durch
eine Wellenfunktion delokalisiert beschrieben werden.

Stellen wir uns also diese zwei kugelförmigen, interferierenden Elektronen-Wellen vor, wie sie hinter dem Doppelspalt
entstehen und sich auf den Projektionsschirm zubewegen, so
müssen wir wiederum zugestehen, dass jene Welle in dem Mo-

ment, in dem sie auf den Schirm auftrifft, räumlich delokalisiert ist. Das Elektron ist zu diesem Zeitpunkt schließlich immer noch auf die gesamte, räumlich ausgedehnte Elektronen-Welle verteilt, ja es selbst macht diese Welle aus. Was geschieht also in dem Augenblick, in dem das Elektron an einem Ort x des Projektionsschirms detektiert wird, mit der restlichen, räumlich ausgedehnten Welle?

Was geschieht mit dem Rest der Elektronen-Welle

Wir erinnern uns, dass wir diesen Versuch mit einzelnen Elektronen durchgeführt haben, in dem Sinne, dass zu jedem Zeitpunkt nachweislich nur ein einziges Elektron in der gesamten Versuchsapparatur zwischen Elektronenquelle und Photoplatte unterwegs war. Es ist daher eine logische Konsequenz, dass die gesamte, hier betrachtete Elektronen-Welle nur ein einziges Elektron darstellt, und da wir wissen, dass auf dem Projektionsschirm immer nur ganze Elektronen detektiert werden, müssen wir schlussfolgern, dass diese räumlich ausgedehnte Elektronen-Welle im Moment der Detektion auf den Detektionsort x des Projektionsschirms zusammenstürzt. Dieses urplötzliche Zusammenstürzen der Elektronen-Welle wird auch *Kollaps der Wellenfunktion* genannt. Dieser Kollaps der Wellenfunktion stellt somit den Übergang der Beschreibung des Quantenobjekts durch ein Wellenbild zu der durch ein Teilchenbild dar. Der Rest der Elektronen-Welle, welcher sich aufgrund der räumlichen Ausdehnung der Welle zum Detektionszeitpunkt nicht am Ort x befindet, verschwindet demzufolge einfach im Augenblick der Detektion, und im selben Moment taucht ein schwarzer Detektionspunkt am Ort x des Schirms auf, der das Auftreffen des Elektrons indiziert.

Wie steht es um Gleichzeitigkeit und instantane Informationsübertragung?

Nun könnte man denken, schön und gut, dass die Welle am einen Ende einfach verschwindet und am Ort x das Elektron auftaucht, aber wie genau verschwindet die restliche Elektronen-Welle denn nun eigentlich, schließlich handelt es sich hierbei ja um Materie? In Anbetracht dessen, dass es sich bei der Elektronen-Welle im Doppelspaltexperiment um sich einer mathematischen Wellenfunktion entsprechend ausbreitende Materie handelt, stellt sich natürlich die Frage, wie diese Materiewelle auf einmal zu einem Punkt zusammenstürzen kann. Denn schließlich kann schon im Moment der Detektion die Wellenfunktion nicht mehr existieren, der Übergang müsste also *instantan*, d.h., ohne Zeitverzug, vor sich gehen. Angesichts dieses Quantengehopses fühlt man sich schon fast zu dem Gedanken an eine Art »subtile Quantenzauberei« des Mikrokosmos genötigt. Was soll der Unfug?

Besonders ALBERT EINSTEIN sah in dieser Theorie eine prinzipielle Schwierigkeit. Aus früheren theoretischen Überlegungen, die ihn unter anderem dazu veranlassten, seine spezielle Relativitätstheorie zu formulieren, erkannte er, dass eine Informationsübertragung, welche mit einer Geschwindigkeit oberhalb der Vakuumlichtgeschwindigkeit vor sich geht, zu Paradoxien und Akausalität führen würde. Daraus schloss er, dass sich Information höchstens mit Lichtgeschwindigkeit ausbreiten könne.

Das bedeutet aber auf unser Problem bezogen, wenn ein Ereignis (hier: die Detektion des Elektrons) an einem Ort x eintritt, kann sich die Information über das Geschehen des Ereignisses nur höchstens mit Lichtgeschwindigkeit zu einem beliebigen anderen Ort (hier: den anderen Orten ungleich x,

an denen sich die Elektronen-Welle ebenfalls zum Detektions-
zeitpunkt befindet) ausbreiten. Wir stellen also fest, da die
Wellenfunktion im Augenblick der Detektion instantan an
allen anderen Orten ungleich x sofort zusammenbrechen muss,
wäre eine instantane und somit zwingend überlichtschnelle
Informationsübertragung der Information »Elektron ist am
Ort x detektiert worden« vom Detektionsort zu allen anderen
Orten der Elektronen-Welle notwendig.

Diese überlichtschnelle Informationsübertragung steht aber
im Widerspruch zum oben aufgeführten Fundament der Relativitätstheorie, weshalb EINSTEIN die Vorstellung des instantanen Zusammenbrechens der Elektronen-Welle erhebliches
Kopfzerbrechen bereitete. Abwertend bezeichnete er daher jenen delokalen Charakter quantenmechanischer Objekte auch
als »*spukhafte Fernwirkung*«. Diese Abneigung gegenüber der
seiner Meinung nach offenkundig falschen Beschreibung der
Quantenmechanik veranlasste ihn später zur Formulierung
eines berühmten Gedankenexperiments, welches er zusammen mit zwei Kollegen erdachte. (Diesem EPR-Paradoxon
genannten Gedankenexperiment werden wir uns in Kap. 13
widmen.)

Um die Problematik jenes Sachverhalts noch ein wenig
exakter erfassen zu können, werden wir uns diesen Kollaps der
Wellenfunktion jetzt noch einmal in einem anderen, wesentlich
einfacheren Experiment isolierter anschauen:

Stellen wir uns dazu eine möglichst kleine, nahezu punktför-
mige Quelle vor, die in alle Richtungen gleichmäßig, also isotrop, Licht aussendet. Die elektromagnetische Strahlung wird
sich dabei – natürlich mit Lichtgeschwindigkeit – gleichmäßig
in radialer Richtung von der Quelle entfernen. Kurbeln wir
nun die Intensität der Lichtquelle so weit herunter, dass sie in
größeren zeitlichen Abständen nur noch einzelne Photonen

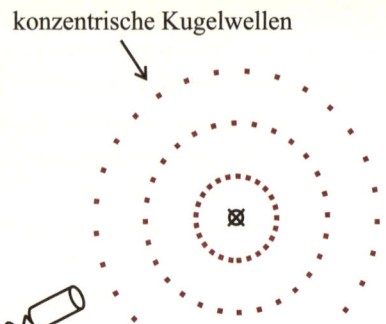

konzentrische Kugelwellen

Photomultiplier

Abb. 8.1 Eine kleine Lichtquelle emittiert einzelne Photonen, die sich in der Form konzentrischer Kugelwellen ausbreiten

emittiert, so wird der Zustand eines jeden einzelnen Photons von einer zur Quelle konzentrischen Wellenfunktion beschrieben (siehe gepunktete Kreise in Abb. 8.1), denn die Photonen besitzen keine bevorzugte Ausbreitungsrichtung. Diese konzentrischen Photonen-Kugelwellen breiten sich, wie es sich für Wellen gehört, isotrop im Raum aus.

Stellen wir nun einen Detektor (z. B. einen Photomultiplier) auf, der eventuell auftreffende Photonen registriert, so erhalten wir dasselbe Problem, wie es beim obigen Doppelspaltexperiment auftauchte. Wenn ein Photon vom Photomultiplier detektiert wird, kommt erneut die Frage auf, wie die das Photon beschreibende Kugelwelle auf den Detektor kollabiert. Solange wir nämlich den Abstrahlwinkel eines jeweiligen, einzelnen Photons nicht messen, liegt dieses den Aussagen der Quantenmechanik entsprechend fortwährend in einem Zustand der Superposition aus allen Aufenthaltsorten vor, die sich im radialen Abstand r von

$$r = c \cdot t \tag{8.1}$$

konzentrisch um die Photonenquelle befinden, wobei natürlich c die Lichtgeschwindigkeit und t die seit der Emission desjenigen Photons aus der Quelle verstrichene Zeit ist. Bevor wir das Photon messen, befindet es sich demgemäß an all jenen Orten r simultan, aber auch gleichfalls nirgendwo. Wie kann es dementsprechend vom einen zum anderen Augenblick urplötzlich aus der sprichwörtlichen »Allgegenwärtigkeit« auf einen Punkt lokalisieren?

Überraschenderweise scheint die Standardlösung dieses prekären Problems jedoch verblüffend einfach zu sein. Besinnen wir uns dazu noch einmal auf die Born'sche Deutung der *Wellenfunktion:* Nach MAX BORN war die Wellenfunktion eines Quantenobjekts ja nichts anderes als ein Maß für die *Aufenthaltswahrscheinlichkeit* des durch die Wellenfunktion beschriebenen Quantenobjekts an einem bestimmten Ort. Wie wir uns aus unserer Betrachtung der Auftreffwahrscheinlichkeit von Elektronen auf dem Projektionsschirm aus Kap. 5 über den Doppelspaltversuch mit Elektronen noch erinnern können, wird die Wellenfunktion eines Quantenobjekts nach der *Born'schen Deutung* jedoch nicht als eine reale Welle angesehen, die sich durch Raum und Zeit ausbreitet, so wie es z. B. Wasser- und Schallwellen tun, sondern sie stellt lediglich eine mathematische Konstruktion dar, mit Hilfe derer eine Berechnung der Aufenthaltswahrscheinlichkeit des Quantenobjekts möglich ist.

Wenn wir uns bei der Betrachtung der Elektronen-/Photonenwelle nun klarmachen, dass es sich dabei eben nur um eine Wahrscheinlichkeitswelle handelt und nicht um eine *wirkliche*, sich durch Raum und Zeit ausbreitende, materielle Welle, so löst sich unser Problem von selbst: Es ist ja einleuchtend, wenn die Wellenfunktion des jeweiligen Quantenobjekts nur dessen Aufenthaltswahrscheinlichkeit angibt und wir durch die Detektion des Objekts am Ort x nun wissen, wo es sich tatsächlich aufhält, dass wir dann gleichzeitig auch wissen, dass sich jenes Quantenobjekt an keinem der anderen Orte aufhalten kann. Mathematisch gesehen heißt das, da die Wahrscheinlichkeitsfunktion an dem bestimmten Ort x den Wert 1 annimmt (also eine 100%ige Aufenthaltswahrscheinlichkeit widerspiegelt), müssen folglich die Werte der Wahrscheinlichkeitsfunktion an allen anderen Orten ungleich x zwingend 0 sein.

Daher ist gar keine instantane Informationsübertragung vom Detektionsort zu den andern Orten der Welle notwendig. Die Wellenfunktion ist nämlich, laut BORN, BOHR, HEISENBERG usw., keine reale, sich durch Raum und Zeit ausbreitende Welle, sondern nur eine *mathematische Konstruktion*, eine sich im abstrakten, mathematischen, so genannten *Konfigurationsraum* ausbreitende Wellenfunktion, die zur Berechnung der Detektionswahrscheinlichkeit eines Quantenobjekts an einem bestimmten Ort dient. Sie gilt als reine Mathematik und hat keinen tieferen physikalischen Hintergrund im Sinne der theoretischen Beschreibung eines physikalischen Vorgangs der Newton'schen Mechanik.

Wodurch wird der Kollaps der Wellenfunktion ausgelöst?

Nun wissen wir, dass die Wellenfunktion kollabieren muss, um den Einschlag einzelner Elektronen zu erklären. Was aber eigentlich genau zum Kollaps der Wellenfunktion führt, sprich die Ursache für diesen Kollaps ist, haben wir jedoch zugegebenermaßen immer noch nicht klären können. Wie kommt diese Reduktion des Elektrons eigentlich zustande? Und warum messen wir keine Superposition verschiedener Zustände?

Dies ist eine sehr interessante Frage, doch eine eindeutige

Antwort gibt es leider auch heute noch nicht. In der physikalischen Fachwelt bestand speziell zur Zeit BOHRS und EINSTEINS und besteht auch in unserer heutigen, modernen Zeit unter den Quantenphysikern keinesfalls Einigkeit in dieser vertrackten Frage. So konnten sich im Laufe der Zeit vielmehr einige verschiedene Lösungsansätze herauskristallisieren, aus denen sich schließlich eine gewisse Palette möglicher Theorien entwickelte. Bemerkenswerterweise liegen jedoch die Meinungen der modernen Quantenphysiker (immer) noch – speziell in den wesentlichen und auch fundamentalen Grundfragen – erstaunlich weit auseinander.

Aufgrund der mehr oder minder großen Anzahl und Vielfalt dieser existierenden Theorien sollten wir zum jetzigen Zeitpunkt der besseren Übersicht halber nur eine, und zwar die erste und somit älteste Theorie erwähnen. (Die wichtigsten diesbezüglichen Theorien werden wir nach der Diskussion der Schrödinger'schen Katze, einem überaus populären Gedankenexperiment, noch schwerpunktmäßig in Kap. 13 sehr viel ausführlicher diskutieren.)

Die erste und älteste Theorie zur gegenwärtigen Problematik basiert auf den Ideen des dänischen Physikers NIELS BOHR (1885–1962), der nicht zuletzt durch seine Entwicklung des nach ihm benannten semiklassischen Bohr'schen Atommodells (siehe Kap. 10) zu einem der Väter der Quantentheorie wurde. Um 1927 entwickelte BOHR zusammen mit seinem Schüler WERNER HEISENBERG eine erste, physikalische Interpretation des der Quantenmechanik eigenen abstrakten mathematischen Formalismus. Diese Interpretation bezeichnet man nach dem Ort ihrer Entstehung im dänischen Kopenhagen als *Kopenhagener Deutung* oder *Kopenhagener Interpretation*.

Nach jener physikalischen Deutung kommt der beim Doppelspaltexperiment auftretende Kollaps der Wellenfunktion durch den *Messproz*ess zustande. Durch die Wechselwirkung von Quantenobjekt (z. B. einem Elektron) und makroskopischem Objekt (z. B. dem Projektionsschirm) geht folglich die Überlagerung/Superposition der verschiedenen Zustände des Quantenobjekts (in diesem Beispiel der Aufenthalt des Elektrons an den unendlich vielen Orten der Elektronen-Welle) verloren. Die Wechselwirkung des Quantenobjekts mit dem makroskopischen Objekt bringt die Welle zum Einstürzen. Der Kollaps der Wellenfunktion ist also ein Resultat des Messprozesses.

HEISENBERG erläuterte in einem seiner Bücher den Zusammenhang des Kollapses der mathematischen Wahrscheinlichkeitsfunktion mit dem physikalischen Prozess an sich folgendermaßen:

>> *Die Wahrscheinlichkeitsfunktion beschreibt, anders als das mathematische Schema der Newton'schen Mechanik, nicht einen bestimmten Vorgang, sondern, wenigstens hinsichtlich des Beobachtungsprozesses, eine Gesamtheit von möglichen Vorgängen. Die Beobachtung selbst ändert die Wahrscheinlichkeitsfunktion unstetig. Sie wählt von allen möglichen Vorgängen den aus, der tatsächlich stattgefunden hat. […] Der Übergang ist nicht verknüpft mit der Registrierung des Beobachtungsergebnisses im Geiste des Beobachters. Die unstetige Änderung der Wahrscheinlichkeit findet allerdings statt durch den Akt der Registrierung; denn hier handelt es sich um die unstetige Änderung unserer Kenntnis im Moment der Registrierung, die durch die unstetige Änderung der Wahrscheinlichkeitsfunktion abgebildet wird.*<< [7]

7 W. Heisenberg: *Physik und Philosophie* (Hirzel, 2000); S. 80/81

Besonders im ersten Teil des zitierten Abschnitts und im letzten Satz erkennen wir den Inhalt der Born'schen Wahrscheinlichkeitsdeutung der Wellenfunktion wieder. Wichtig ist dabei, dass laut der Kopenhagener Deutung der *Messprozess* »von allen möglichen Vorgängen«, d. h., allen Einzelzuständen der Superposition des Quantenobjekts, den einen auswählt, der letztendlich beobachtet wird. So wie schon bei der Erläuterung der Born'schen Deutung betont wurde, beschreibt die Wahrscheinlichkeitswelle *nicht* den Zustand des Quantenobjekts *an sich*, sondern gibt nur eine Wahrscheinlichkeit an, mit der man *im Falle einer Messung* das besagte Quantenobjekt in einem bestimmten Zustand antrifft.

Um an dieser Stelle auf ein bereits bekanntes, veranschaulichendes Beispiel zurückzugreifen, sollten wir uns noch einmal an die Diskussion des Doppelspaltversuchs mit Elektronen inklusive Spaltbestimmung mittels Röntgenstrahlung erinnern. Dort bemerkten wir, dass durch eine Ortsbestimmung der Elektronen bezüglich des tatsächlich von ihnen durchquerten Spalts, also durch den Erhalt einer *Welcher-Weg-Information*, zwangsläufig die *Interferenzfähigkeit* der Elektronen verschwand. Über eine Deutung im Sinne der Kopenhagener Interpretation würde dieser Verlust der Interferenzfähigkeit der Elektronen – und das ist gleichbedeutend mit dem Verlust der Welleneigenschaft – durch die *Ortsmessung* eine Zustandsreduktion des Elektrons stattfinden. Der Akt der Messung des Spaltes bzw. des Aufenthaltsorts des Elektrons bringt die Superposition der verschiedenen Zustände des Elektrons zum Einsturz. Ab dem Moment der Messung besitzt das Elektron fortan nur noch einen bestimmten, lokalisierten, also teilchenartigen Zustand, den es im Folgenden auch beibehält, und somit ebenfalls bei der anschließenden Detektion auf dem Projektionsschirm als klassisches Teilchen interagiert. Es kann

115

sich demzufolge kein für Wellen charakteristisches Interferenzmuster ausbilden.

Zusammenfassend könnte man demnach in Übereinstimmung mit der Kopenhagener Deutung sagen, durch die Messung des Ortes findet eine Zustandsreduktion des Elektrons statt. Die Reduktion des Wellenpaketes ist eine Folge des Messprozesses.

9 Die Bohr-Einstein-Debatte

Wie kam es zur Bohr-Einstein-Debatte?

NIELS BOHR (1885–1962), der Urheber des nach ihm benannten Bohr'schen Atommodells, hielt 1927 auf der berühmten fünften *Solvay-Konferenz* (siehe Abb. 9.1), auf denen sich stets nur die hervorragendsten Physiker der damaligen Zeit auszutauschen pflegten, einen Vortrag zum Thema des diesmaligen Kongresses: »Photonen und Elektronen«. Hier ergriff er die Gelegenheit, die neue, maßgeblich von ihm und seinem Schüler WERNER HEISENBERG entwickelte *Quantenmechanik* als eine allgemeine und vollständige Theorie zur Beschreibung der Objekte des Mikrokosmos vorzustellen und allen anderen weit voraus eine erste physikalische Interpretation des mathematischen Formalismus zu geben, die man ihrem Hauptentstehungsort entsprechend als *Kopenhagener Deutung* bezeichnet.

Zu diesem günstigen Anlass fühlte sich der ebenfalls an der Konferenz teilnehmende ALBERT EINSTEIN sogleich dazu gereizt, seine Kritik an der neuen, von BOHR und HEISENBERG formulierten Quantenmechanik öffentlich kundzutun. Die bei diesem Kongress beginnenden, überaus intensiven Diskussionen zwischen BOHR und EINSTEIN setzten sich auch im privaten Rahmen weiter fort und sind unter dem Namen *Bohr-Einstein-Debatte* bekannt.

Die aus der Quantenmechanik zwangsläufig folgende Vorstellung, dass ein Quantenobjekt, wie z. B. ein Elektron, entweder keinen bestimmten Ort oder keinen bestimmten Impuls haben kann, missfiel EINSTEIN sehr. Der unvermeidliche Zufall, welcher aus der Heisenberg'schen Unschärferelation resultieren muss und der in der Quantenmechanik eine zentrale Rolle bei der Beschreibung der Verhaltensweisen von Quantenobjekten einnimmt, war mit EINSTEINS deterministisch geprägtem Weltbild absolut nicht vereinbar.

Diese eklatante Ablehnung des quantenmechanischen Indeterminismus äußerte er nur allzu häufig in seiner nicht ganz unironisch gemeinten Bemerkung, er könne nicht glauben, dass Gott mit dem Universum Würfel spiele. (Einer vielzitierten Anekdote zufolge soll BOHR daraufhin einmal verschmitzt erwidert haben, EINSTEIN solle doch Gott nicht vorschreiben, was er zu tun habe.) EINSTEIN zweifelte nachhaltig an dem allgemeinen Anspruch der Quantenmechaniker auf Vollständigkeit ihrer Theorie. Hierzu sei kurz erwähnt, dass man in diesem Zusammenhang dann von der *Vollständigkeit* einer physikalischen Theorie spricht, wenn jedem Element der physikalischen Realität genau ein Gegenstück in ebenjener Theorie zugeordnet werden kann.

EINSTEIN machte es sich demnach zur Aufgabe, offenkundig darzulegen, eine Beschreibung der Vorgänge im Mikrokosmos könne mit Hilfe der Quantenmechanik entgegen der Meinung BOHRS nicht als vollständig angesehen werden. Seiner Überzeugung nach stellte die »Unschärfe« nur eine *scheinbare* Barriere dar, die es durch einen möglichst geschickt gewählten experimentellen Versuchsaufbau zu umgehen galt. Später wurden diese von der Quantenmechanik möglicherweise nicht erfassten physikalischen Größen als *verborgene Variable* oder auch *verborgene Parameter* bezeichnet.

Abb. 9.1 Die Teilnehmer der Solvay-Konferenz in Brüssel 1927 (*obere Reihe:* PICCARD, HENRIOT, EHRENFEST, HERZEN, DE DONDER, SCHRÖDINGER, VERSCHAFFELT, PAULI, HEISENBERG, FOWLER, BRILLOUIN; *mittlere Reihe:* DEBYE, KNUDSEN, BRAGG, KRAMERS, DIRAC, COMPTON, DE BROGLIE, BORN, BOHR; *untere Reihe:* LANGMUIR, PLANCK, CURIE, LORENTZ, EINSTEIN, LANGEVIN, GUYE, WILSON, RICHARDSON)

Würden diese verborgenen Parameter in der Realität wahrhaftig existieren, so wäre EINSTEINS Einspruch durchaus berechtigt, denn die Quantenmechanik böte keine vollständige Beschreibung der Vorgänge im Mikrokosmos. Ihre Aussagekraft würde sich auf statistische Vorhersagen beschränken, weil die Quantenmechanik die tatsächlichen, untergeordneten Vorgänge nicht zu erfassen vermöge. Um also diese, EINSTEINS Meinung nach offenbar falsche, Vollständigkeitsannahme BOHRS zu widerlegen, ersann er im Verlauf der Bohr-Einstein-Debatte immer neue, subtile Gedankenexperimente, mit Hilfe derer er die Inkonsistenz der Heisenberg'schen Unschärferelation nachzuweisen versuchte.

Was ist denn »Zufall« physikalisch gesehen überhaupt?

Um jedoch EINSTEINS durchaus spitzfindige und grundlegende Einwände richtig erfassen zu können, müssen wir zuerst klären, was es mit dem Begriff des Zufalls in der Physik eigentlich auf sich hat. Nun, nach der Definition HEISENBERGS unterscheidet man zwei Arten von Zufällen, den *subjektiven* und den *objektiven* Zufall.

Unter dem *subjektiven Zufall* versteht man die scheinbare Zufälligkeit, welche aufgrund von Informationsmangel über die exakten Anfangsbedingungen, unter denen ein physikalischer Prozess stattfindet, entsteht. Da die Kenntnis dieser Daten für die korrekte Vorausberechnung des Ausgangs eines Vorgangs aber unbedingt notwendig ist (wir erinnern uns an den *Laplace'schen Dämon* aus Kap. 7), scheinen Prozesse, bei denen eine winzige Änderung in den Ausgangsbedingungen extreme Differenzen in den Endzuständen verursachen, zufällig.

Als bekanntes Beispiel sei hier der klassische subjektive Zufall beim Würfel- oder Lottospiel genannt. Auf diesen subjektiven Zufall sich beziehende Wahrscheinlichkeitsberechnungen (die Chance, mit einem Würfel eine 6 zu würfeln, beträgt beispielsweise bekanntlich ein Sechstel) sind daher nur nötig, weil die genauen Ausgangswerte jenes wohlgemerkt vollkommen deterministischen Vorgangs nicht bekannt sind. Es wird hierbei jedoch immer von der uneingeschränkten Gültigkeit der *Kausalität*, des zwingenden Zusammenhangs von Wirkung und Ursache, ausgegangen.

So gibt es beispielsweise nur Statistiken über die Häufigkeit von Flugzeugunfällen an bestimmten Orten, zu gewissen Zeiten, unter bestimmten Wetterbedingungen usw., aber der genaue Ort und Zeitpunkt eines solchen Unfalls kann eben nur aufgrund des bestehenden *Datenmangels* nicht vorausberechnet werden, und nicht deshalb, weil es keine tiefer liegenden Ursachen für einen jeden solchen Vorfall geben würde. Folglich wird beim Auftreten eines Absturzes (um bei diesem Bild zu bleiben) sich auf die Gültigkeit des Prinzips der Kausalität berufend – in jedem Fall so lange Nachforschung betrieben, bis die Ursache, welche ein Flugzeugunglück ausgelöst hat, gefunden ist. Und dies deshalb, weil man sich stets uneingeschränkt sicher ist, dass es (mindestens) eine Ursache gegeben haben *muss* (seien es nun technische Probleme, menschliches Versagen des Piloten oder fehlerhafte Angaben des Fluglotsen oder irgendetwas anderes gewesen), welche die Wirkung (das Abstürzen des Flugzeugs) hervorriefen.

Der subjektive Zufall basiert also nur auf der Unkenntnis der genaueren Bedingungen, unter denen ein komplexer Prozess geschieht, aber trotzdem wird dabei sehr wohl davon ausgegangen, dass die physikalischen Vorgänge *an sich determiniert*, also dem Gesetz der Kausalität unterworfen sind.

Als *objektiver Zufall* wird – im extremen Gegensatz zum gerade Dargelegten – ein wirklich *absolut zufälliges* Geschehen bezeichnet, das keinen, nicht einmal einen durch unser Unwissen verborgenen Grund hat. Diese Zufälligkeit ist daher, ungleich dem subjektiven Zufall, nicht ein Resultat eines Mangels an Informationen über die genauen Umgebungsbedingungen des Prozesses, sondern er ist real zufällig, das bedeutet, hier gibt es wahrhaftig keinen zwingenden Zusammenhang zwischen Ursache und Wirkung mehr. Der objektive Zufall steht daher im direkten Widerspruch zum Prinzip der Kausalität, denn Ursache und Wirkung sind nicht mehr zwingend kausal verknüpft. Dieser Punkt ist es, der den *qualitativen* Unterschied zwischen dem objektiven und dem subjektiven Zufall ausmacht.

Wie wir wissen, kann es aus der Sicht der klassischen Physik keinen objektiven Zufall geben, denn jegliches Geschehen gehorcht den Gesetzen der Newton'schen Mechanik, sodass das Universum im Grunde genommen den gleichen deterministischen Gesetzen unterliegt wie das präzise Getriebe einer Schweizer Taschenuhr.

Wie lautete Einsteins Kritik?

Da EINSTEIN verständlicherweise der Meinung war, das Prinzip der Kausalität werde vom gesunden Menschenverstand als gültig vorausgesetzt, konnte er sich ersichtlicherweise nicht mit der Vorstellung der Existenz eines wahrhaftig objektiven Zufalls anfreunden. Zumal doch die Gültigkeit der Kausalität bislang als Grundvoraussetzung für jede Naturwissenschaft galt.

Tatsächlich ist jedoch in der Quantenmechanik eben dieser objektive Zufall ein elementarer Bestandteil der Theorie. Denn die Heisenberg'sche Unschärferelation schränkt nicht nur – wie man fälschlicherweise zunächst behaupten könnte – das Wissen, welches man über die Eigenschaften eines Quantenobjekts (wie z. B. Aufenthaltsort oder Impuls) erlangen kann, fundamental ein, sondern sie besagt sogar, dass jenes Quantenobjekt *an sich* eben teilweise gar keine bestimmten Eigenschaften besitzt. Ist der Impuls eines Quantenobjekts sehr genau festgelegt, so kann sein Aufenthaltsort nicht nur nicht genau festgestellt werden, sondern es besitzt an sich gar keinen bestimmten Aufenthaltsort. Man könnte dies auch provokant ausdrücken: Wenn ein Elektron dazu gezwungen wird, in eine bestimmte Richtung zu fliegen, weiß es nicht einmal selbst, wo es sich aufhält.

Ein weiterer Aspekt, der EINSTEINS Zweifel an dem Vollständigkeitsanspruch der Quantenmechanik begründete, war die Tatsache, dass die Beschreibung eines Elektrons durch die Quantenmechanik beispielsweise keine Information über den tatsächlichen Auftreffort des Elektrons auf dem Projektionsschirm geben kann. Die Schrödinger-Gleichung, welche die den Zustand eines Quantenobjekts beschreibende Wellenfunktion enthält, ist eine der Matrizenmechanik HEISENBERGS äquivalente mathematische Schreibweise. Sie kann keine definitive, eindeutige Auskunft über den Auftreffort eines Elektrons auf dem Projektionsschirm geben, sondern macht nur eine Aussage über die Wahrscheinlichkeit, mit der ein Elektron an einem bestimmten Ort des Projektionsschirms auftrifft.

Nach der Quantenmechanik BOHRS und HEISENBERGS muss daher der Auftreffort eines Elektrons absolut zufällig sein, da die Information über den Auftreffort nicht in der das Elektron beschreibenden Wellenfunktion enthalten ist. Diese objektive Ungewissheit hat aber zur Folge, dass die Bahn eines Quantenobjekts nicht mehr genau festgelegt ist. Der mathematische Formalismus der Quantenmechanik ermöglicht uns zwar eine Voraussage über die *Wahrscheinlichkeit*, ein Quantenobjekt im Falle einer Messung an einem bestimmten Ort anzutreffen. Doch die Frage nach dem wirklichen Aufenthaltsort des Quantenobjekts, während wir es nicht beobachten, d. h., messen, ist an sich schon sinnlos bzw. absurd, denn das Quantenobjekt befindet sich nun einmal in einer *Superposition* des Aufenthalts an unendlich vielen Orten. Solange wir es nicht durch eine Messung dazu zwingen, besitzt es gar keine festgelegten (klassischen) Eigenschaften.

Daraus folgt jedoch zwangsläufig, dass der finale Detektionsort ebenfalls *objektiv zufällig* sein muss. Denn stellen wir uns einen räumlichen Bereich vor, innerhalb dessen sich das

Quantenobjekt an jedem Ort mit einer exakt gleichen Wahrscheinlichkeit aufhält, so kann es, angesichts der Tatsache, dass es keine festgelegten Eigenschaften besitzt, keine andere Möglichkeit geben, als dass der Ort der Detektion objektiv zufällig ist. Die Schrödinger-Gleichung vermag uns keine Information darüber zu geben, wo die Wellenfunktion letztlich im Moment der Messung kollabieren wird.

Sehen wir also die Beschreibung durch den quantenmechanischen Formalismus als vollständig an, so kann der Ort des Kollapses nur zufällig gewählt sein. Für die finale Wirkung gibt es laut der Quantenmechanik tatsächlich keine Ursache.

Diesen fundamentalen *Indeterminismus*, der den Charakter der Quantenmechanik maßgeblich bestimmt, konnte EINSTEIN aber keinesfalls hinnehmen. Er war der festen Überzeugung, es müsse eine Ursache für jegliche Wirkungen geben – gleichgültig, ob es sich nun um Prozesse des Makrokosmos (wie z. B. beim Billardspiel oder bei Planetenbewegungen etc.) oder um Vorgänge im Mikrokosmos (wie z. B. bei Prozessen in der Atomhülle etc.) handle. Auch für die Geschehnisse auf der Quantenebene müsse es übergeordnete Ursachen geben, meinte er. Und dies nicht deshalb, weil er an dem Prinzip der strengen Kausalität festhielt, oder weil die klassische Physik dieses »Quantengehopse« nicht erlaubte, sondern schlicht und ergreifend aus dem Grunde, dass er sich keine indeterministische Welt vorstellen konnte. Die Annahme eines den Indeterminismus implizierenden Kosmos widersprach einfach grundlegend seinem Naturverständnis.

Auch die der Kopenhagener Deutung unumgänglich inhärente *Nicht-Objektivierbarkeit* der Quantenmechanik erfüllte EINSTEIN mit tiefstem Unbehagen. Er konnte sich nicht vorstellen, ein Elektron habe, solange wir es nicht messen, keinen bestimmten Aufenthaltsort, so wie es die Kopenhagener Deutung schließlich behauptete. Wie es sich eigentlich für jeden überzeugten, um Objektivität bemühten Physiker gehören musste, erschien auch ihm als essenzielle Bedingung für das Betreiben von Naturwissenschaft, dass das zu beschreibende Objekt von dem Beobachtungsprozess bzw. -system unabhängig gedacht werden kann. In seinen späteren Jahren fragte er aus dieser Überzeugung heraus einmal in dem für ihn typisch ironischen Ton seinen guten Freund und Kollegen ABRAHAM PAIS:

»*Glaubst du denn wirklich, der Mond existierte nur, wenn du auf ihn blickst?*«[8]

Einem anderen EINSTEIN'schen Zitat aus einem Brief an MAX BORN aus dem Jahre 1926, in dem er sich kritisch über die noch sehr junge Quantentheorie äußert, kann man die folgenden Worte entnehmen:

»*Die Theorie leistet viel, aber dem Geheimnis des Alten bringt sie uns kaum näher. Jedenfalls bin ich überzeugt, dass der nicht würfelt.*[9]

In diesen abfälligen Äußerungen EINSTEINS wird dessen geringschätzige Haltung gegenüber der von BOHR vertretenen Kopenhagener Deutung überdeutlich. Dass EINSTEIN durch und durch davon überzeugt war, die Quantenmechanik sei offensichtlich nicht in der Lage, die Natur vollständig zu beschreiben, kommt hierin zweifelsfrei zum Ausdruck. Er honorierte zwar ihre (seiner Meinung nach rein statistisch zu interpretierende) Vorhersagekraft, doch ihren Anspruch, eine *vollständige* Theorie zur Beschreibung der Geschehnisse im Mikrokosmos zu liefern, wies er vollständig zurück.

8 Biographie: *Einstein* (Spektrum, 2002); S. 91
9 C. Held: *Die Bohr-Einstein-Debatte* (Schöningh, 1998); S. 73

Bei der ersten oberflächlichen Betrachtung mögen die hier wiedergegebenen Ansichten EINSTEINS zwar recht willkürlich und subjektiv gefärbt erscheinen, doch sollten sie seine wissenschaftlichen Leistungen weder abwerten noch verteidigen. Seine Ablehnung gegenüber der Quantenmechanik ist aus menschlich-logischen Gründen relativ leicht nachvollziehbar. Eine akausale Welt steht notwendigerweise im Konflikt mit jeder rationalitätsbehafteten, menschlichen Denkweise. Naturgemäß können wir gar nicht anders, als nach Kausalitäten zu suchen und ihnen entsprechend zu handeln. Dies nicht zu tun, wäre sowohl offensichtlich töricht als auch wenig alltagsdienlich.

Umso beeindruckender ist es demzufolge, dass EINSTEIN schon zu so früher Zeit, noch mitten in der frühen Entwicklungsphase der Quantenmechanik, mit seinen spitzfindigen Äußerungen genau das tatsächliche Kernproblem der Quantenmechanik traf.

Welche Experimente diskutierten Bohr und Einstein?

Im Folgenden wollen wir versuchen, eines der bekanntesten, von EINSTEIN zum Zweck einer augenfälligen Verdeutlichung seiner Kritik formulierten Gedankenexperimente zu diskutieren. Der Versuchsaufbau dieses Experiments gleicht im Grunde genommen dem uns mittlerweile sehr gut bekannten Doppelspaltexperiment. Der einzige, wenn auch wesentliche, Unterschied ist, dass der Doppelspalt in diesem Fall *beweglich* ist, es sich also um ein *Doppelspaltexperiment mit beweglichem Doppelspalt* handelt.

Aus unseren früheren Betrachtungen des Doppelspaltexperiments wissen wir, dass die Elektronen zum größten Teil am

Spalt gebeugt werden, also ihre vorherige Bewegungsrichtung ändern, sodass sie auf dem Projektionsschirm nicht nur direkt hinter dem Spalt auftreffen, sondern ein seitlich verbreitertes Detektionsmuster hinterlassen. Was wir bisher jedoch nicht beachteten, ist, dass aufgrund der Impulserhaltung die Impulsänderung des Elektrons am Spalt eine dazu entgegengesetzt gerichtete Impulsänderung auf den Doppelspalt verursacht. Der Doppelspalt erfährt durch den Aufprall des Elektrons sozusagen eine Art Rückstoß. Mit anderen Worten, wenn das Elektron durch den Spalt geht und an ihm gebeugt wird, überträgt es auf den Doppelspalt einen Impuls, der genauso groß wie die Impulsänderung des Elektrons und der Richtung der Ablenkung entgegengesetzt ist. Diese Impulsänderung des Doppelspaltes konnten wir bislang wegen der enormen Größe und Masse des Doppelspaltes im Vergleich zu dem winzigen Quantenobjekt guten Gewissens vernachlässigen.

Nach der Theorie der Quantenmechanik kann jedoch, wenn auf dem Projektionsschirm ein Interferenzmuster auftreten soll, das Elektron nach Passieren des Doppelspaltes keine bevorzugte Ausbreitungsrichtung annehmen, denn um Interferenzfähigkeit zu besitzen, muss es als dreidimensionale (Elektronen-)Welle beschrieben werden, und Wellen besitzen hinter dem Spalt keine bevorzugte Ausbreitungsrichtung.

Oder um es aus Sicht der *Komplementarität* von Impuls- und Aufenthaltsungenauigkeit zu betrachten: Wollen wir den finalen Auftreffort der Elektronen auf dem Projektionsschirm sehr genau vorausbestimmen können, indem wir die dunklen Streifen des Interferenzmusters berechnen, müssen wir uns leider damit abfinden, dass zwangsläufig als Folge der Unschärferelation die Impulskomponente des Elektrons, und das heißt die Beugungsrichtung hinter dem Spalt, nicht genau bestimmt sein kann.

Es ist also laut Quantenmechanik unmöglich, die Impulsänderung des Elektrons (und somit die des Doppelspaltes) zu messen und gleichzeitig das Interferenzmuster zu erhalten, denn das Auftreten des Interferenzmusters und die Festlegung der Impulsänderung sind quantenmechanisch gesehen komplementäre Angelegenheiten. Und wenn wir uns noch einmal an unsere Versuche aus Kap. 5 erinnern, in denen wir versuchten, mit Hilfe von Röntgenstrahlung den Weg der Elektronen durch den Doppelspalt festzustellen, so wissen wir, dass jeder Versuch einer Konkretisierung des Weges eines Elektrons durch den Doppelspalt zum Verlust seiner Interferenzfähigkeit führt.

Die Quantenmechanik besagt dementsprechend für den Fall der konkreteren Festlegung der Impulsablenkung des Elektrons, dass das Interferenzmuster verschwinden muss, sodass der Auftreffort auf dem Projektionsschirm ungenau wird. Wir müssten also festhalten, dass die Quantenmechanik es nicht erlaubt, *gleichzeitig* sowohl eine differenzierte Information über die Beugungsrichtung des Elektrons zu erlangen als auch das Auftreten des Interferenzmusters aufrechtzuerhalten.

Aus diesen Unschärfeprinzipien folgt aber der quantenmechanische, von EINSTEIN so überaus verhasste, *objektive Zufall* des nicht deterministisch festgelegten wirklichen Auftrefforts der Elektronen auf den Projektionsschirm, denn die Quantenmechanik macht prinzipiell keine Aussage über die Bewegungsbahn eines Elektrons, sondern gibt nur die *Wahrscheinlichkeiten* an, mit denen ein Elektron am Ort x auf dem Projektionsschirm auftrifft.

Daher musste EINSTEIN es sich zur Aufgabe machen, die »Subebene« hinter den Quantenprozessen zu finden. So heckte er entgegen der obigen, quantenmechanischen Argumentation unter anderem folgende Idee aus:

EINSTEIN argumentierte, man könne sich vorstellen, dass durch eine geeignete, sehr empfindliche Messanordnung an einem beweglich gelagerten Doppelspalt dessen durch die Beugung eines Elektrons auftretende Impulsänderung gemessen werden könnte. Er selbst stellte sich dazu einen theoretischen Aufbau vor, dessen Doppelspalt (z. B. durch feine Metallfedern) beweglich gelagert ist und eine an einer äußeren Halterung fixierte Bewegungsanzeige besitzt (in Abb. 9.2 unten an der Aufhängung angedeutet), welche die Auslenkung des Doppelspaltes nach oben bzw. unten indiziert.

Dabei wäre noch nicht einmal die Kenntnis des genauen Betrages der Impulsänderung notwendig. Schon allein die Information, ob das Elektron nach rechts oder nach links gebeugt wurde, gäbe mehr Information über den Zustand des Elektrons preis, als die Quantenmechanik in der Lage ist anzugeben.

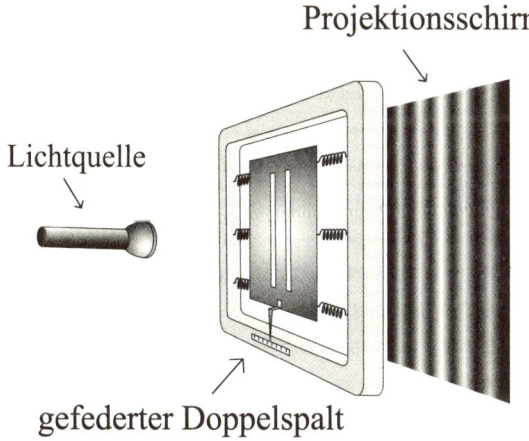

Abb. 9.2 Der schematische Versuchsaufbau eines der Gedankenexperimente EINSTEINS

Würde sich bei einem solchen Experiment tatsächlich eine Ablenkungsrichtung der Elektronen eindeutig feststellen lassen, ohne dass dabei das Interferenzmuster zerstört wird, so wäre hiermit ein Beleg dafür gefunden, dass die Quantenmechanik keine vollständige Beschreibung des Mikrokosmos bieten kann. Auf diese Weise hätte EINSTEINS Unbehagen gegenüber der Heisenberg'schen Unschärferelation eine fundierte, experimentelle Grundlage bekommen. Bevor wir uns jedoch BOHRS Entgegnung diesbezüglich widmen werden, möchte ich kurz auf die Bedeutung des physikalischen Gedankenexperiments an sich zu sprechen kommen.

Welche experimentellen Fakten lagen den Diskussionen zugrunde?

Der Ordnung halber sollte nicht unerwähnt bleiben, dass die Experimente über die Interferenz von Photonen, Elektronen etc. zu jener Zeit BOHRS und EINSTEINS, in der ersten Hälfte des 20. Jahrhunderts, wohlgemerkt nur *reine Gedankenexperimente*, d.h., keine wirklichen, praktisch durchgeführten Experimente waren. Darüber hinaus bestanden auch gravierende Zweifel, ob derartige Experimente wie z.B. das Doppelspaltexperiment mit Elektronen und andere Gedankenexperimente, die während der Bohr-Einstein-Debatte entstanden, jemals praktisch durchführbar sein würden. Dies muss man sich bewusst machen, denn es ist schließlich überaus beeindruckend, wie allen voran EINSTEIN und BOHR den Mikrokosmos allein durch Nachdenken, also nicht durch praktische Experimente, sondern nur durch Gedankenexperimente erforschten.

Ich möchte das Erwähnte mit einer amüsanten Anekdote verdeutlichen: Als EINSTEIN bereits berühmt war, wurde er einmal von einem Journalisten nach dem Sitz seines Laboratoriums gefragt, in welchem er die Erkenntnisse für die Aufstellung seiner revolutionären Theorien erlangt hatte. EINSTEIN griff daraufhin in seine Jackentasche, holte seinen Füllfederhalter heraus und meinte auf diesen hindeutend, jener sei sein Laboratorium.

Tja, dies zeigt recht deutlich EINSTEINS Einstellung auf. Er war schlicht und ergreifend theoretischer Physiker. Das Experimentieren überließ er gern anderen. Sein Spezialgebiet war die theoretische Physik, das »Grübeln und Rechnen«. Allein mit Papier und Stift entwickelte er seine spezielle und allgemeine Relativitätstheorie zur Beschreibung des Makrokosmos, allein mit Papier und Stift versuchte er, die Theorien BOHRS und HEISENBERGS zur Beschreibung des Mikrokosmos zu widerlegen. Letzteres sollte dem Universalgenie jedoch nicht gelingen.

Wie lautete Bohrs Entgegnung?

Dem soeben Erwähnten nach ließen sich EINSTEINS Gedanken nicht unmittelbar und direkt an einem experimentellen Aufbau überprüfen. Insofern musste, nachdem EINSTEIN seinem Widersacher BOHR die obigen kritischen Überlegungen mitgeteilt hatte, Letzterer versuchen, einen *theoretischen* Haken, eine *gedankliche* Unachtsamkeit in EINSTEINS Gedankengang zu finden, sodass sich die Vorstellung der Vollständigkeit der Quantenmechanik aufrechterhalten ließ. Denn nur durch das Aufzeigen einer *Inkonsistenz* in der Beschreibung bzw. »Durchführung« eines Gedankenexperiments lässt sich selbiges ohne die Durchführung eines wirklichen Experiments falsifizieren.

Glücklicherweise (oder leider, je nachdem wie man es nimmt) konnte BOHR schließlich nach einer intensiven Analyse des EINSTEIN'schen Gedankenexperiments diesen »Haken« finden: Der logische Fehlschluss lag an einer Fehleinschätzung der *Federung* des Doppelspalts.

Jetzt mag man sich wahrscheinlich fragen, warum denn der bewegliche Doppelspalt der Übeltäter ist. Nun, die Argumentation ist ein wenig verzwickter, obwohl der Sachverhalt an sich eigentlich nicht wirklich komplex ist. Konzentrieren wir uns im Folgenden erst einmal auf den Mechanismus, mit dem die Impulsänderung des Elektrons gemessen werden soll. Zunächst dürfte klar sein, dass wir einen möglichst niedrig dimensionierten, leichten Doppelspalt benötigen, der so agil gelagert ist, dass er sich von einem einzelnen Elektron aus der Ruhelage auslenken lässt. Es sollte offenkundig sein, dass es überaus schwierig ist, solch einen Doppelspalt praktisch zu realisieren, doch davon wollen wir uns hier nicht abschrecken lassen, denn schließlich handelt es sich dabei ja um ein Gedankenexperiment. Schwierigkeiten ausschließlich technischer Natur sind bei solchen per definitionem schon rein prinzipiell zu vernachlässigen.

Worauf man allerdings bei der Analyse eines Gedankenexperiments stets äußerst penibel achten muss, ist, dass keine grundsätzlichen physikalischen Gesetzmäßigkeiten vernachlässigt, verfälscht oder sogar einfach außer Acht gelassen werden dürfen. So muss man sich, abgesehen von den technischen Schwierigkeiten, die ein soeben dargelegter beweglicher Doppelspalt bereitet, mit einer gravierenden, fundamentalen Tatsache auseinandersetzen: Wenn man einen Doppelspalt konstruieren will, der aufgrund seiner äußerst minimierten Masse dazu in der Lage ist, den Impuls eines einzelnen Elektrons zu erfassen, so kann jenes labile Objekt *selbst* nicht mehr als makroskopisch angesehen werden. Dieses überaus spezielle Ge-

Abb. 9.3 Zwei intensiv diskutierende Kollegen und gute Freunde: BOHR und EINSTEIN

bilde muss unabwendbar ebenfalls als Quantenobjekt behandelt werden, welches folglich jedoch den gleichen quantenmechanischen Regeln unterworfen ist wie das Elektron selbst. Infolgedessen kann sich der Doppelspalt ebenso wenig wie alle anderen Quantenobjekte auch gegen die grundlegenden Prinzipien der Heisenberg'schen Unschärferelation wehren: Entweder kann sein Aufenthaltsort oder sein Impuls genau bestimmt sein, aber niemals beide gleichzeitig beliebig genau.

Wenn wir nun versuchen wollten, EINSTEINS Gedankenexperiment zu realisieren, müsste der bewegliche Doppelspalt erst einmal mittig zur Ruhe gebracht werden, sodass seine Auslenkung von der Ruhelage, die durch das daran gebeugte Elektron verursacht wird, gemessen werden kann. Leider wissen wir aber bereits, dass dies gar nicht möglich ist, denn ist der

Aufenthaltsort des Doppelspaltes genau bestimmt, so muss seine Impulskomponente zwangsläufig sehr ungewiss sein. Je mehr wir uns bemühen, den Doppelspalt zur Ruhe zu bringen, um mit unserem Experiment starten zu können, desto mehr zappelt er wie verrückt herum, da seine Impulskomponente unbeherrschbar wird.

Insofern müssen wir mehr oder weniger resigniert feststellen, dass EINSTEINS so ausgeklügeltes Experiment leider doch nicht seinen eigentlichen Zweck erfüllen kann, die Heisenberg'sche Unschärfe experimentell zu umgehen, sondern eben an jener scheitern muss. Wir haben uns somit während unserer verzweifelten Bemühungen einmal um 360° gedreht und stehen nun wieder am Anfang.

Welche Schlussfolgerungen kann man aus der Bohr-Einstein-Debatte ziehen?

Zumindest können wir mit bestem Gewissen stehen lassen, dass sich die oft zitierte Unschärfe wahrhaftig nicht so leicht umgehen lässt. Und ob sie überhaupt vermeidbar ist, steht immer noch zur Diskussion. Es soll nur gesagt sein, dass es EINSTEIN mit seiner bemerkenswerten Ideenvielfalt und den zahlreichen Gedankenexperimenten zwar des Öfteren gelang, BOHR in ernsthafte Verlegenheit zu bringen. Letzten Endes konnte jedoch kein einziger dieser qualifizierten EINSTEIN'schen Angriffe zu Ungunsten der BOHR'schen Theorie entschieden werden.

Oder um es anders zu formulieren: So unangenehm die Quantenmechanik auch schmecken mag, es lässt sich einfach nicht der Hebel finden, mit dem man das blöde Ding aus den Angeln heben könnte. Was soll man machen?

Um zum Abschluss dieser Darstellung der Bohr-Einstein-Debatte noch einmal ein wenig Kritik zu äußern, sei gesagt, dass, auch wenn die dabei stattfindenden tiefgründigen Diskussionen für die weitere Entwicklung der Quantenmechanik sehr bedeutungsvoll waren, wir dennoch aus unserer heutigen (wenn auch nur scheinbar ;-)) objektiven Sicht eingestehen müssen, dass EINSTEIN und BOHR bei ihren Debatten in nicht unwesentlichem Maße aneinander vorbeigeredet haben:

EINSTEIN nahm bei all seinen Argumentationen stets eine vom Beobachter unabhängige Weltsicht an, wohingegen BOHR immer davon überzeugt war, dass ebendiese in der Welt des Mikrokosmos indiskutabel, da unmöglich einzunehmen, sei. Nach BOHR muss aufgrund der Komplementaritäten der physikalischen Eigenschaften eines Quantenobjekts, welche unter anderem in der Unschärferelation zum Ausdruck kommt, der Messapparat mit in die physikalische Betrachtung einbezogen werden. Messen wir eine Eigenschaft wie den Aufenthaltsort eines Quantenobjekts, so führt ebenjene Messung zur Zerstörung der Superposition des Aufenthalts an unendlich vielen Orten zum Aufenthalt an einem konkreten Ort – sie verursacht den *Kollaps der Wellenfunktion*. Dies führt allerdings zwangsläufig zu einem Verzicht auf Objektivierbarkeit, wobei doch EINSTEIN aber vehement die physikalische Welt objektiv beschreiben wollte, eine objektive, von der Messung (und dem Menschen) unabhängige Physik verlangte. Genau das ist jedoch laut BOHR quantenmechanisch nicht möglich. Daher mussten die beiden Genies aneinander vorbeireden, vielleicht sogar ohne sich dieser verschiedenen Weltsichten überhaupt bewusst zu sein.

Aber natürlich hat sich EINSTEIN nicht so schnell durch kleine Misserfolge einschüchtern lassen, geschweige denn gar aufgegeben. Er blieb zeitlebens der Überzeugung, es müsse so etwas wie *verborgene Variablen geben*, es müsse eine deterministische Ebene unterhalb der Quantenebene geben, sodass sich die objektive Zufälligkeit HEISENBERGS als nur scheinbar, weil auf einer unvollständigen Theorie basierend, herausstellen sollte. Schließlich setzte er wenige Jahre, nachdem er 1933 in die USA emigrierte, noch einmal zu einem in einer anderen Beziehung für das spätere, tiefere Verständnis der Quantenphysik sehr wichtigen Schlag an, einem völlig neuartigen Gedankenexperiment, welches sowohl in physikalisch-interpretativer als auch in anwendungsbezüglicher Hinsicht besonders in unseren heutigen Tagen unumstritten von immenser Bedeutung ist: dem *EPR-Experiment*, mit dem wir uns zu einem etwas späteren Zeitpunkt ab Kap. 13 auseinandersetzen wollen.

10 Das Bohr'sche Atommodell

Welche Atommodelle gab es?

Schon zu Beginn dieses Buches stellte sich uns die grundlegende Frage nach dem Aufbau der Materie. Die in Kap. 1 nur kurz angeschnittenen, historisch gesehen frühen Modelle des Atoms wollen wir nun noch einmal aufarbeiten, um nachvollziehen zu können, warum die Formulierung eines neuen, realitätsnäheren Atommodells nötig war.

Dass Materie aus unteilbaren, kleinsten Teilchen aufgebaut ist, wurde bekanntlich schon vor sehr langer Zeit im alten Griechenland vermutet, als derartige Hypothesen noch eher auf philosophischen Denkweisen basierten denn auf ordnungsgemäßer Wissenschaft im Sinne der Physik GALILEIS oder NEWTONS. So gingen schon im 5. Jahrhundert v. Chr. die Philosophen LEUKIPP und DEMOKRIT von der Existenz kleinster Partikel, genannt *Atome* (von griech. átomos = unteilbar), aus.

Sehr viel später griff schließlich der britische Chemiker JOHN DALTON (1766–1844) aufgrund bestimmter Gesetzmäßigkeiten, die man bei chemischen Versuchen beobachten konnte, diese antike Atomhypothese wieder auf und ergänzte sie. DALTON erkannte, dass sich das Gesetz der *konstanten* und *multiplen Proportionen* (nach dem sich Elemente nur unter bestimmten Massenverhältnissen oder in ganzzahligen Vielfachen dieser Massen zu chemischen Verbindungen zusammen-schließen) über die Annahme der Existenz von Atomen er-klären ließ. Dabei sollte jedes Atom eines bestimmten che-mischen Elements stets dieselbe Masse und Größe haben und zumindest chemisch nicht weiter teilbar sein. Doch dieses frühe Atommodell vermochte natürlich noch nicht alle beob-achteten Phänomene zu erklären.

So entdeckte der Brite JOSEPH THOMSON (1856–1940) bei seinen Versuchen an Kathodenstrahlröhren, dass es negativ ge-ladene Partikel geben musste – die *Elektronen*. Durch seine Experimente war er sogar dazu in der Lage, den Quotienten q/m, also die Ladung pro Masse eines solchen Elektrons zu be-stimmen. Des Weiteren nahm er zur Erklärung seiner Versu-che die Existenz von positiv geladenen Teilchen (den positiv geladenen Ionen) an. Das aus diesen neuen Erkenntnissen ge-bildete Atommodell THOMSONS wird als *Rosinenkuchenmodell* bezeichnet. Hiernach stellt man sich das Atom als einen kom-pakten Klumpen vor, in dessen positiver Materiekugel die ne-gativen Elektronen regelmäßig verteilt, wie Rosinen in einem Kuchenteig, eingebettet sind.

So war schon Mitte des 19. Jahrhunderts ersichtlich, dass das so genannte Atom gar nicht wirklich unteilbar sein konnte, wie ursprünglich angenommen, bzw. dass das eigentliche Atom – wenn dies denn existierte – noch nicht gefunden war.

Als jedoch 1903 PHILIPP LENARD (1862–1947) begann, über den Beschuss von Aluminiumfolien durch beschleunigte Elek-tronen genaueren Aufschluss über den Aufbau der Atome zu erlangen, konnte das Atommodell THOMSONS den experimen-tellen Befunden nicht mehr standhalten. LENARD erkannte, dass das Atom weitgehend leer sein musste und nicht wie bei THOMSON als ausgedehntes Gebilde betrachtet werden konnte.

Genaueres fand wenig später ERNEST RUTHERFORD

(1871–1937) heraus, der durch verfeinerte Experimente zu einem neuen, verbesserten Atommodell gelangen konnte. Er beschoss dünne Goldfolien mit *Alpha-Strahlung*, welche aus *Alpha-Teilchen*, also Heliumkernen, besteht, die von radioaktiven Kernen emittiert werden. Dabei untersuchte er die Winkel ϑ, unter denen die Alpha-Teilchen an der nur ca. 100 Atomschichten breiten Goldfolie gestreut wurden, und musste bemerken, dass die Alpha-Teilchen nur äußerst geringfügig durch die Folie abgelenkt wurden. Einige wenige Teilchen jedoch wurden nahezu in einem 180°-Winkel von der Folie zurückgeworfen. RUTHERFORD konnte daraufhin zeigen, dass das beobachtete Streuverhalten der Alpha-Teilchen nicht mit dem von THOMSON vorgeschlagenen Atommodell, in dem die positive Ladung des Atoms gleichmäßig über das gesamte Atom verteilt gedacht wird, erklärt werden kann.

Aus jenen aufschlussreichen Experimenten konnte RUTHERFORD folgende Schlüsse ziehen, die ihn zu seinem neuen Atommodell führten:

– Atome sind größtenteils leer.
– Das Atom besitzt einen sehr kleinen und äußerst kompakten, positiv geladenen Kern der Größenordnung 10^{-15} m.
– Elektronen umkreisen in der Atomhülle in beliebigen Abständen den Atomkern. Hierbei muss die durch die Bahngeschwindigkeit eines Elektrons verursachte Zentrifugalkraft der ihr entgegengesetzten elektrischen Anziehungskraft des Kerns betragsgleich sein.

Dieses Atommodell ähnelt unverkennbar dem Aufbau unseres Planetensystems. Aus diesem Grund wird das *Rutherford'sche Atommodell* auch als *Planetenmodell* bezeichnet. Die Gleichgewichtsbedingung, nach der die elektrische Anziehungskraft der Zentrifugalkraft betragsgleich sein muss, also

$$F_{\text{elektrisch}} = -F_{\text{zentrifugal}}, \qquad (10.1)$$

kennen wir ebenfalls schon aus der Newton'schen Mechanik.

Die *elektrische Kraft*, die auch *Coulombkraft* heißt, wird über

$$F_{\text{el}} = \frac{1}{4\pi\varepsilon_0} \frac{Q_1 Q_2}{r^2} \qquad (10.2)$$

berechnet, wobei Q_1 und Q_2 die beiden Ladungen sind, die sich aus dem Abstand r anziehen. Der konstante Faktor ε_0 nennt sich *elektrische Feldkonstante* und besitzt den ungefähren Wert $\varepsilon_0 = 8{,}854 \cdot 10^{-12}\,\text{As/Vm}$.

Die *Zentrifugalkraft* ist durch

$$F_Z = \frac{mv^2}{r} \qquad (10.3)$$

gegeben. Demnach folgt für die dem Rutherford'schen Atommodell zugrunde liegende Gleichgewichtsbedingung (10.1),

$$\frac{1}{4\pi\varepsilon_0} \frac{Q_1 Q_2}{r^2} = -\frac{mv^2}{r}. \qquad (10.4)$$

Welche Makel besitzt das Planetenmodell Rutherfords?

Allerdings haften auch diesem wesentlich verbesserten Atommodell gewisse Nachteile an. So vermag es zwei grundlegende Tatsachen nicht zu berücksichtigen:

a) *Diskontinuität von Absorptions- und Emissionsspektren:*
   Das Experiment beweist, dass Atome elektromagnetische Strahlung stets nur in ganz bestimmten, für das jeweilige Element charakteristischen Frequenzen absorbieren und emittieren können. Untersucht man z. B. das Licht, welches von angeregten Hg-Atomen (Quecksilberdampf) ausgesen-

det wird, spektroskopisch, so muss man feststellen, dass kein kontinuierliches Spektrum elektromagnetischer Strahlung emittiert wird, sondern nur bestimmte Frequenzen als so genannte *Spektrallinien* zu erkennen sind (siehe Tafel II). Aber weshalb werden nur bestimmte Frequenzen absorbiert und emittiert?

b) *Stabilität der Atome:*
Nach der klassischen Elektrodynamik strahlen beschleunigte Ladungen Energie in Form elektromagnetischer Strahlung ab. Da die Elektronen nun im Rutherford'schen Atommodell in der Atomhülle den Atomkern umkreisen, erfahren sie eine Radialbeschleunigung. Diese müsste aber dazu führen, dass die Elektronen durch die ständige Beschleunigung Energie abstrahlen, sodass sie an kinetischer Energie verlören und als letztendlichem Resultat in den Kern stürzen müssten. Folglich wären Atome nicht stabil, sondern würden sofort kollabieren. Dass dies jedoch in Wirklichkeit nicht der Fall ist, dürfte offenkundig sein. Atome sind augenscheinlich stabil.[10] Wie lässt sich also die Stabilität von Atomen erklären?

Diese nach allen theoretischen Bemühungen immer noch offenen Fragen zwangen zu der Annahme, dass das Rutherford'sche Atommodell zumindest nicht vollständig sein kann. Die Suche nach einer besseren, wirklichkeitsnäheren Theorie galt somit erneut als eröffnet.

---

10 Eine Ausnahme hiervon bilden natürlich alle radioaktiven Kerne, doch das Phänomen der Radioaktivität basiert nachweislich auf völlig anderen Ursachen und lässt sich keinesfalls durch ein solches »Abstürzen von Elektronen« erklären.

Wie löst das Bohr'sche Atommodell diese Diskrepanzen?

Angesichts der Stabilität der Atome und der Diskontinuität von Absorptions- und Emissionsspektren bemühte sich schließlich der uns nun schon wohl bekannte dänische Physiker NIELS BOHR (1885–1962), diese Widersprüche zwischen der Rutherford'schen Atomtheorie und der Realität zu klären. Dabei erweiterte er das Rutherford'sche Atommodell um die Planck'sche Quantenhypothese. 1913 gelang es ihm, aufgrund dieses neuen, *quantisierten Bohr'schen Atommodells* das Linienspektrum des Wasserstoffs vorauszusagen bzw. zu erklären. Sein neues semi-klassisches Atommodell beruht faktisch auf drei fundamentalen Postulaten, die BOHR zu Ehren als *Bohr'sche Postulate* bezeichnet werden:

1. Bohr'sches Postulat:
Ein Elektron, welches im Atom den positiv geladenen Kern umkreist, kann sich nur in ganz bestimmten, diskreten Kreisbahnen der Energie E_n (mit $n = 1, 2, 3 \ldots$ usw.) aufhalten. Diese Bahnen werden *stationäre Zustände* genannt.

2. Bohr'sches Postulat:
In der Atomhülle bewegen sich die Elektronen auf den stabilen Bahnen, den stationären Zuständen, strahlungsfrei.

Bei einem Übergang eines Elektrons von einem Energieniveau n auf ein niedrigeres m wird Energie in Form eines Photons der Größe

$$\Delta E = E_m - E_n = h \cdot \Delta v \qquad (10.5)$$

emittiert (*Emission*). Um ein Elektron von einem Energieniveau auf ein höheres zu heben, wird eben jenes Photon des Betrags ΔE aus Gleichung (10.5) absorbiert (*Absorption*).

Das Atom muss also nicht aufgrund der in ihm radial beschleunigten Elektronen stetig Energie abstrahlen, sondern Energie wird nur im Falle des Springens eines Elektrons auf ein niedrigeres Energieniveau frei.

3. Bohr'sches Postulat:

Der Drehimpuls eines Elektrons, welcher $L = mv \cdot r$ ist, also nichts Weiteres als der Impuls mv multipliziert mit dem Radius r, kann in der Atomhülle nur diskrete Werte annehmen. Er ist *quantisiert*. Der Drehimpuls eines Elektrons kann nur ganzzahlige Vielfache von $\hbar$ annehmen, also

$$L = mv \cdot r = n\hbar, \qquad (10.6)$$

wobei $n = 1, 2, 3 \ldots$ usw. ist.

Hier möchte ich eine weitere Erläuterung anfügen, die zwar nicht von BOHR selbst, sondern von LOUIS DE BROGLIE stammt, aber dennoch einen hohen Anschaulichkeitswert besitzt, wie ich meine. Sie basiert auf dem von DE BROGLIE geprägten Prinzip der *Materiewelle*, welches – mathematisch durch die de-Broglie-Wellenlänge ausgedrückt – bedeutet, dass jeder bewegten Materie eine Wellenlänge zugeordnet werden kann.

Man stelle sich nun ein Elektron vor, wie es auf seinem Energieniveau um den Atomkern kreist (siehe Abb. 10.1). Der Kreisumfang der Umlaufbahn des Elektrons ist bekanntlich

$$U = 2\pi r. \qquad (10.7)$$

Angesichts der Tatsache, dass Wellen die Eigenschaft der Interferenzfähigkeit besitzen, muss man dabei erkennen, dass eine Elektronen-Welle, welche sich auf der Kreisbahn ausbreitet, genau dann konstruktiv mit sich selbst interferieren würde,

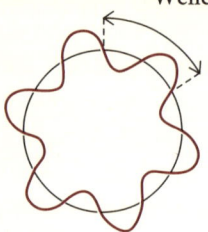

Wellenlänge

Abb. 10.1 Elektronen-Welle, die mit sich selbst konstruktiv interferiert

wenn der Kreisumfang ein ganzzahliges Vielfaches der Wellenlänge des Elektrons und somit

$$2\pi r = n\lambda \qquad (10.8)$$

wäre. Setzen wir nun die *de-Broglie-Wellenlänge* ($\lambda = h/p$) in (10.8) ein, so erhalten wir die Bedingung

$$2\pi r = n\frac{h}{p}, \qquad (10.9)$$

die erfüllt sein muss, damit sich ein Elektron auf seiner Umlaufbahn um den Atomkern nicht selbständig durch destruktive Interferenz auslöscht, sondern konstruktiv mit sich selbst interferiert.

Wenn wir jetzt in (10.9) genau hinsehen, erkennen wir, dass durch leichte Umformung (jeweils p bzw. 2π auf die entgegengesetzten Gleichungsseiten bringen) das oben erwähnte 3. Bohr'sche Postulat wieder zu erkennen ist (vgl. (10.6)), nämlich

$$pr = n\frac{h}{2\pi}, \qquad (10.10)$$

und da $h/(2\pi) = \hbar$ und $p = mv$ ist, können wir sogar die »Originalversion« nachweisen:

$$mv \cdot = n\hbar. \qquad (10.11)$$

144

Diese informelle Herleitung des 3. Bohr'schen Postulats sollte eine Art Begründung oder Rechtfertigung für die Aufstellung der Postulate geben, denn wie wir wissen, handelt es sich bei Postulaten im Grunde genommen nur um, wenn auch reflektierte und einleuchtende, Annahmen, also um Hypothesen. Deshalb ist diese kleine Erklärung mittels DE BROGLIE'scher Materiewellen notwendig.

Was ist der Bohr'sche Radius?

Nun wollen wir uns das auf diesen drei zentralen Bohr'schen Postulaten beruhende Bohr'sche Atommodell etwas näher ansehen. Zusammenfassend ausgedrückt wissen wir jetzt, dass die Elektronen nur auf bestimmten Bahnen mit einem gewissen Drehimpuls um den Kern kreisen können. Sowohl der Radius der Umlaufbahn als auch der Drehimpuls des Elektrons sind quantisiert.

Versuchen wir nun, dieses Bohr'sche Atommodell auf das einfachste Atom aller Elemente anzuwenden: das Wasserstoffatom. Bekanntlich besteht das Wasserstoffatom aus einem einzelnen Proton und einem Elektron, welches das Proton, den Atomkern, umkreist. Jedes dieser beiden Elementarteilchen trägt die Elementarladung e, welche den ungefähren Wert

$$e = 1{,}602 \cdot 10^{-19} \text{ C} \qquad (10.12)$$

besitzt, wobei die Ladung des Protons $+e$ und die des Elektrons $-e$ ist.

Dieses Elektron in der Atomhülle muss zunächst einmal die schon im Rutherford'schen Atommodell aufgestellte Gleichgewichtsbedingung (10.4) erfüllen, also muss

$$\frac{Q_1 Q_2}{4\pi\varepsilon_0 r^2} = -\frac{mv^2}{r} \qquad (10.13)$$

gelten, wobei $Q_1 = e$ und $Q_2 = -e$ sind. Die Masse m ist hierbei natürlich die des Elektrons, welche den Wert

$$m_e = 9{,}109 \cdot 10^{-31} \text{ kg} \qquad (10.14)$$

trägt. Durch die Multiplikation von Gleichung (10.13) mit $-r^2$ erhält man

$$\frac{e^2}{4\pi\varepsilon_0} = m_e v^2\, r, \qquad (10.15)$$

was dem Produkt aus Drehimpuls und Bahngeschwindigkeit, also Lv, entspricht. Setzen wir nun auf der rechten Gleichungs-seite für den Term $mv\, r$ das 3. Bohr'sche Postulat ein, so folgt

$$\frac{e^2}{4\pi\varepsilon_0} = Lv = n\hbar\, v. \qquad (10.16)$$

Das Auflösen von (10.16) nach der Bahngeschwindigkeit v lie-fert

$$v = \frac{e^2}{4\pi\varepsilon_0 n\hbar}, \qquad (10.17)$$

und über $\hbar = h/(2\pi)$ folgt

$$v = \frac{e^2}{2\varepsilon_0 n h}. \qquad (10.18)$$

Setzt man diese Bahngeschwindigkeit v in Gleichung (10.15) ein, so resultiert schließlich eine Relation

$$\frac{e^2}{4\pi\varepsilon_0} = m_e \left(\frac{e^2}{2\varepsilon_0 n h}\right)^2 r = r\, \frac{m_e e^4}{4\varepsilon_0^2 n^2 h^2}, \qquad (10.19)$$

in der neben den vielen Konstanten nur noch eine »echte« Va-riable auftaucht, nämlich der Bahnradius r. Durch Kürzen von $e^2/(4\pi\varepsilon_0)$ erhalten wir die vereinfachte Form

146

$$1 = r \, \frac{m_e e^2 \pi}{\varepsilon_0 \, n^2 h^2} \, , \qquad (10.20)$$

und durch das Isolieren von r ergibt sich

$$r = \frac{\varepsilon_0 \, n^2 h^2}{m_e e^2 \pi} \, . \qquad (10.21)$$

An dieser Formel für den Bahnradius r ist ersichtlich, dass der Abstand eines Elektrons vom Kern nur von der quantisierten Variablen $n = 1, 2, 3 \ldots$ usw. abhängig ist, da alle anderen physikalischen Größen in (10.21) konstante Werte besitzen. So können wir eine übersichtlichere Schreibweise für $r\,(n)$ mit

$$r(n) = n^2 \, \frac{\varepsilon_0 h^2}{m_e e^2 \pi} \qquad (10.22)$$

angeben.

Setzen wir nun z. B. für $n_1 = 1$ in (10.22) ein, erhalten wir für den geringstmöglichen Abstand des Elektrons vom Atomkern den Wert

$$r_1 = \frac{8{,}854 \cdot 10^{-12} \, \mathrm{As/Vm} \cdot (6{,}626 \cdot 10^{-34} \, \mathrm{Js})^2}{9{,}109 \cdot 10^{-31} \, \mathrm{kg} \cdot (1{,}602 \cdot 10^{-19} \, \mathrm{C})^2 \, \pi}$$

$$\approx 5{,}297 \cdot 10^{-11} \, \mathrm{m} \, . \qquad (10.23)$$

Dieser kleinstmögliche Abstand des Elektrons vom Wasserstoffkern wird als *Bohr'scher Radius* bezeichnet. Durch einen Vergleich der ungefähren Größenordnung des Bohr'schen Radius mit den Versuchsergebnissen ERNEST RUTHERFORDS, nach denen der Atomdurchmesser in einer Größenordnung von 10^{-10} m liegen sollte, erkennen wir, dass sich der theoretisch ermittelte Wert für den Bohr'schen Radius im Einklang mit den experimentellen Daten befindet.

Welche Werte besitzen die Energieniveaus in der Atomhülle?

Schon an früherer Stelle verwendeten wir die Begriffe Elektronen- oder Umlaufbahn und Energieniveau synonym. Damit werden im Bohr'schen Atommodell die stationären Zustände, sozusagen die Elektronenbahnen, auf denen Elektronen sich strahlungsfrei bewegen können, bezeichnet (vgl. 2. Bohr'sches Postulat). Auch die Werte der Energieniveaus sind quantisiert, hängen also von einer Variablen $n = 1, 2, 3 \ldots$ usw. ab. Wie sich diese Energieniveaus berechnen lassen, wollen wir uns im Folgenden ansehen.

Selbsterklärend ist, dass sich die Gesamtenergie eines Elektrons auf einem Energieniveau aus seiner potenziellen und seiner kinetischen Energie zusammensetzt und folglich

$$E_{ges} = E_{pot} + E_{kin} \qquad (10.24)$$

ist. Die potenzielle Energie eines Elektrons im Wasserstoffatom ist (da $E = F \cdot r$)

$$E_{pot} = -\frac{e^2}{4\pi\varepsilon_0\, r}, \qquad (10.25)$$

wobei man durch Substitution von r durch den Term in (10.21)

$$E_{pot} = -\frac{e^2}{4\pi\varepsilon_0\dfrac{\varepsilon_0\, n^2 h^2}{m_e e^2 \pi}} \qquad (10.26)$$

und über Kürzung und Vereinfachung

$$E_{pot} = -\frac{m_e e^4}{4\varepsilon_0^2\, n^2 h^2} \qquad (10.27)$$

erhält. Die kinetische Energie des Elektrons wiederum ist durch

$$E_{\text{kin}} = \frac{1}{2}\, m_e v^2 \qquad\qquad (10.28)$$

und somit über (10.18) mit

$$E_{\text{kin}} = \frac{1}{2}\, m_e\, \frac{e^4}{4\varepsilon_0^2 n^2 h^2} = \frac{m_e e^4}{8\varepsilon_0^2 n^2 h^2} \qquad (10.29)$$

gegeben. Durch Einsetzen von (10.27) und (10.29) in (10.24) erhalten wir

$$E_{\text{ges}} = -\frac{m_e e^4}{4\varepsilon_0^2 n^2 h^2} + \frac{m_e e^4}{8\varepsilon_0^2 n^2 h^2} = -\frac{m_e e^4}{8\varepsilon_0^2 n^2 h^2}. \qquad (10.30)$$

Erneut in einer übersichtlicheren Schreibweise formuliert ergibt sich

$$E_{\text{ges}}(n) = -\frac{1}{n^2}\, \frac{m_e e^4}{8\varepsilon_0^2 h^2}, \qquad (10.31)$$

woran wunderbar anschaulich wird, dass auch der Wert eines Energieniveaus abhängig von der diskreten Variablen $n = 1, 2, 3 \ldots$ usw. ist. So lässt sich über (10.31) die Energie eines jeden möglichen Energieniveaus des Bohr'schen Atommodells berechnen.

Wie geschieht die Absorption bzw. Emission von Photonen?

Konzentrieren wir uns noch einmal auf das 2. Bohr'sche Postulat, demzufolge ein Elektron unter Aufnahme oder Abgabe eines Energiequants von einem auf ein anderes Energieniveau »springen« kann. Das »Springen« muss man hierbei wahrhaftig in Anführungsstriche setzen, denn nach BOHR dürfen sich die Elektronen ja gar nicht *zwischen* den Energieniveaus aufhalten. Sie können nicht vom einen zum anderen Energieniveau wandern, sondern müssen praktisch auf dem einen Niveau einfach verschwinden und im selben Augenblick auf dem anderen wieder auftauchen, und dies, ohne dass sie sich jemals irgendwo dazwischen aufgehalten hätten.

Wenn Ihnen dies komisch vorkommt, glauben Sie mir, damit sind Sie nicht allein auf der Welt. Das Problem ist nur, dieses »geisterhafte Elektronengehopse«, wie ich es salopp bezeichnen möchte, ist die einzige Möglichkeit, jegliche experimentell gesammelten Daten in einer konsistenten Theorie zu vereinen, die dazu in der Lage ist, korrekte Voraussagen zu liefern. Und dass wir im Mikrokosmos nicht gerade selten an Grenzen der Vorstellbarkeit geraten, dies dürfte uns nicht ganz so unbekannt vorkommen.

Infolgedessen müssen wir, solange wir keine bessere Erklärungsmöglichkeit haben oder eine Inkonsistenz der Theorie entdecken, den Vorgang des Springens eines Elektrons von einem Energieniveau auf ein anderes auf eine schlichte Dokumentation des Anfangs- und Endzustandes reduzieren. Da es sich hierbei ja faktisch nur um eine Betrachtung von Potenzialdifferenzen handelt, welche ohnehin wegunabhängig sind, dürften wir mit einer solchen reduzierten Betrachtungsweise keine sonderlichen Schwierigkeiten haben.

Der Vorgang der Absorption und Emission eines Lichtquants basiert auf dem Springen eines Elektrons in der Atomhülle, denn die Energiedifferenz zwischen Anfangs- und Endenergieniveau wird als Energiequant aufgenommen bzw. abgegeben. Wenn beispielsweise ein Elektron vom 4. Energieniveau mit $n = 4$ auf das 2. mit $n = 2$ springt, wird die Energiedifferenz

$$E_{\text{Photon}} = E_4 - E_2 = -\frac{1}{4^2}\, \frac{m_e e^4}{8\varepsilon_0^2\, h^2} - \left(-\frac{1}{2^2}\, \frac{m_e e^4}{8\varepsilon_0^2\, h^2}\right) \quad (10.32)$$

in der Form eines emittierten Photons frei. Würde hingegen ein sich auf dem 2. Energieniveau befindliches Elektron ein ankommendes Energiequant der Größe E_{Photon} aus (10.32) absorbieren, so würde es von Energieniveau $n = 2$ auf $n = 4$ springen.

In einer allgemeinen Formel ausgedrückt, kann die Energiedifferenz zwischen zwei beliebigen Energieniveaus m und n über

$$\Delta E = E_m - E_n = -\frac{1}{m^2}\frac{m_e e^4}{8\varepsilon_0^2 h^2} - \left(-\frac{1}{n^2}\frac{m_e e^4}{8\varepsilon_0^2 h^2}\right) \quad (10.33)$$

$$= \frac{m_e e^4}{8\varepsilon_0^2 h^2}\left(-\frac{1}{m^2}+\frac{1}{n^2}\right)$$

berechnet werden.

So war das fundamental Neue an BOHRS Atommodell die Tatsache, dass im Atom eine *Quantisierung* besteht: Der Abstand der Elektronen vom Kern, ihr Drehimpuls, die Energieniveaus, auf denen sie sich bewegen – alles diskrete, quantisierte Größen, die jeweils immer nur in *ganzzahligen Vielfachen* der kleinsten Einheit, dem *(Elementar-)Quant* der jeweiligen physikalischen Größe, auftauchen.

Ist das Bohr'sche Atommodell als »richtig« anzusehen?

Neben den großartigen Leistungen, die das Bohr'sche Atommodell zu bieten hat, soll natürlich nicht unerwähnt bleiben, dass auch mit diesem Modell noch längst nicht das letzte Wort gesprochen war. Auch wenn es als erstes Atommodell nicht nur die Stabilität der Atome und die Diskontinuität von Absorptions- und Emissionsspektren erklären, sondern auch noch den Durchmesser des Atoms voraussagen und korrekte Angaben über die Ionisationsenergie des Wasserstoffatoms geben konnte, so lässt es dennoch einige Fragen offen.

So können mittels des Bohr'schen Atommodells eigentlich nur das Wasserstoffatom und einige wenige wasserstoffähnliche Atome zufriedenstellend beschrieben werden. Dies ist eine Tatsache, eine Unzulänglichkeit speziell dieses Atommodells, die sich nicht leugnen lässt.

Ebenso ist aus unserer jetzigen Position offenkundig, dass die von BOHR postulierten, immerhin noch semi-klassischen, diskreten Bahnen quantenmechanisch gesehen nicht haltbar sind, denn einem Quantenobjekt, wie es das Elektron nun einmal ist, kann keine genau bestimmte Bahn zugeschrieben werden. Die Heisenberg'sche Unschärferelation verbietet es explizit, gleichzeitig von einem genau bestimmten Bahnradius r und einer konkreten Bahngeschwindigkeit v sprechen zu können, doch dies setzt, wie wir gesehen haben, das Bohr'sche Atommodell voraus.

Und schließlich muss man zugeben, dass, auch wenn das Bohr'sche Atommodell bzw. dessen Voraussagen für das Wasserstoffatom sehr präzise sind, die Bohr'schen Postulate, wie z. B. die Aussage, es gäbe halt einfach stationäre Zustände, auf denen sich Elektronen strahlungsfrei bewegen könnten, keine wirkliche Begründung finden. Es sind und bleiben *Postulate*, und diese wiederum sind per definitionem frei aufgestellte und (mehr oder weniger willkürlich) festgesetzte Hypothesen.

Heute wissen wir, dass das Bohr'sche Atommodell nur als eine semiklassische, nicht allzu gute Näherung an die physikalischen Tatsachen angesehen werden kann. Aus der gegenwärtigen Perspektive betrachtet ist es als ein weiterer Repräsentant der vielen, unzulänglichen Atommodelle zu deuten, die auf dem langen Weg zum aktuellen Wissensstand die hügelige Landschaft ebneten.

Das besondere, bemerkenswerte Charakteristikum dieses Bohr'schen Atommodells ist allerdings, dass es das erste war, welches eine Art »quantisierte Zustände« der Elektronen postulierte.

11 Die Schrödinger-Gleichung

Was ist der Unterschied zwischen der Matrizen- und der Wellenmechanik?

Die 1925 von WERNER HEISENBERG entwickelte Matrizenmechanik, mit welcher erstmalig eine mathematische Theorie der Verhaltensweisen von Quantenobjekten existierte, basiert mathematisch gesehen, wie schon unschwer an ihrem Namen zu erkennen ist, auf der Anwendung der *Matrizenrechnung.* Mittels dieser konnten zum ersten Mal konkretere Berechnungen bezüglich quantenphysikalischer Vorgänge durchgeführt werden. Dabei pflegte HEISENBERG stets die Besonderheit seiner Theorie zu betonen, dass jene ausschließlich beobachtbare und vor allem messbare Größen, die man *Observablen* nennt, enthielt. Dieses Faktum war für ihn von äußerster Wichtigkeit, da nach der BOHR'schen und HEISENBERG'schen Interpretation in der Quantenmechanik nur messbaren Größen ein Realitätswert zugesprochen werden kann.

Beinahe zur selben Zeit formulierte im Jahr 1926 der österreichische Physiker ERWIN SCHRÖDINGER (1887–1961) unabhängig von HEISENBERG eine ganz eigene mathematische Beschreibung der Vorgänge im Mikrokosmos, die im Gegensatz zu jenem nicht auf Matrizen, sondern auf einem quantenmechanischen Äquivalent zur Wellengleichung aus der Schwingungslehre beruht, die so genannte *Wellenmechanik.* Dazu knüpfte er teilweise an das semi-klassische Bohr'sche Atommodell an, indem er die Elektronen der Atomhülle als sich auf stationären Bahnen bewegend dachte. Diese stationären Zustände der Elektronen wiederum sollten dadurch zustande kommen, dass die als *de-Broglie-Wellen* angesehenen Elektronen sich in bestimmten Schwingungszuständen befänden. Auch diese SCHRÖDINGER'sche Betrachtungsweise erwies sich als überaus vielversprechend und nützlich.

Zunächst existierten diese beiden nahezu gleichzeitig entstandenen Theorien völlig getrennt voneinander und lieferten jeweils hervorragende Voraussagen. Doch noch im selben Jahr 1926 konnte SCHRÖDINGER den Beweis liefern, dass diese beiden konkurrierenden Theorien, die HEISENBERG'sche Matrizenmechanik und die SCHRÖDINGER'sche Wellenmechanik, mathematisch vollkommen äquivalent sind; und dies obwohl sie aus rein theoretischer, weltanschaulicher Sicht vollkommen unterschiedliche Ansatzpunkte voraussetzen.

HEISENBERG sah seine auf Observablen aufbauende Matrizenmechanik von Grund auf als reine Mathematik zur Berechnung von Wahrscheinlichkeiten an, nahm also einen grundlegend *positivistischen* Standpunkt ein, da er nicht gemessenen (und auch a priori nicht messbaren) quantenmechanischen Größen keinerlei Realitätswert zumaß.

SCHRÖDINGERS Sichtweise hingegen war eher *realistischer* Natur. Er ging von der wahrhaftigen Realität seiner mathematischen Wellen und Schwingungen der Elektronen in den Atomen aus. Seine mathematischen Konzepte sollten die objektive Realität des Mikrokosmos wiedergeben und nicht, wie es HEISENBERG ansah, reiner Formalismus bleiben. (Dass diese zunächst vielleicht angenehmere Sichtweise jedoch leicht zu Paradoxien führt, werden wir in sich anschließenden Kapiteln noch erfahren müssen.)

Umso überraschender ist es denn, dass diese beiden grundlegend unterschiedlichen mathematischen Konzepte letzten Endes als absolut äquivalent anzusehen sind. Sie beschreiben beide die zeitliche Entwicklung des Zustands eines unbeobachteten Quantensystems.[11] Nur von der äußeren Form her unterscheiden sie sich drastisch. So ist es scheinbar grotesk, dass in der Regel quantenmechanische Berechnungen mittels Wellenmechanik denen über die Matrizenmechanik HEISENBERGS vorgezogen werden. Der Grund hierfür liegt in der überaus angenehmen Einfachheit der SCHRÖDINGER'schen Theorie im Vergleich zur Matrizenmechanik HEISENBERGS, weshalb wir uns hier auch ausschließlich mit der *Schrödinger-Gleichung* und nicht mit der HEISENBERG'schen Berechnungsweise befassen werden.

Nachdem wir nun schon einen recht guten ersten Einblick in die seltsame Welt der Quantenobjekte bekommen haben, wird es also Zeit, sich auch einmal etwas quantitativer mit der Beschreibung der massebehafteten Teilchen auseinanderzusetzen. Daher soll die uns jetzt schon des Öfteren über den Weg gelaufene *Wellenfunktion* Ψ bzw. deren Auftauchen in der schon erwähnten *Schrödinger-Gleichung* nun unser Thema sein.

Zweifellos wird dieses Kapitel eines der anstrengendsten sein, welche wir in diesem Buch behandeln werden, schließlich geht es um nichts Geringeres als die berühmte Schrödinger-Gleichung höchstpersönlich. Die Tatsache, dass es sich dabei um eine partielle Differenzialgleichung handelt und daher die Kenntnis des partiellen Ableitens Voraussetzung für ihre nä-

---

11 Unbeobachtet deshalb, weil, wie wir schon wissen, der Kopenhagener Deutung entsprechend durch den Vorgang der Messung die Wellenfunktion unstetig abgeändert wird: Es kommt zum Kollaps der Wellenfunktion (vgl. Kap. 8).

here Diskussion ist, soll mich nicht davon abhalten, dieser überaus wichtigen Gleichung wenigstens ein Kapitel zu widmen.[12]

Welche Bedeutung kommt der Wellenfunktion zu?

Doch bevor es mathematisch wird, sollten wir noch ein wenig auf die Bestandteile dieser so überaus bedeutenden und zentralen Gleichung zu sprechen kommen.

Wie schon erwähnt, enthält die Schrödinger-Gleichung, welche eine Differenzialgleichung ist, die *Wellenfunktion* als Lösung. Ursprünglich geht diese Wellenfunktion auf die Theorie DE BROGLIES zurück, nach der auch bewegter Materie eine Wellenlänge zugeordnet werden kann, die de-Broglie-Wellenlänge. Die von ihm zur Beschreibung der Materiewelle postulierte Wellenfunktion ist als Lösung der Schrödinger-Gleichung anzusehen.

Wenn auch vielleicht unbewusst, so haben wir doch schon mit dieser Wellenfunktion gearbeitet, denn die Wellenfunktion ist in unserem quantenphysikalischen Zusammenhang ein Synonym für den Begriff der *Wahrscheinlichkeitsamplitude*.

Sicherlich können Sie sich noch aus Kap. 5 an den Doppelspaltversuch mit Elektronen erinnern und an unsere dortige Berechnung der Ankunftswahrscheinlichkeitsverteilung der Elektronen auf der Photoplatte, in der wir eine Wahrscheinlichkeitsamplitude a des Elektrons definierten, um das beim Versuch erhaltene Interferenzmuster zu erklären. Diese Wahrscheinlichkeitsamplitude trägt nur normalerweise nicht das Symbol a,

---

12 Falls Sie, lieber Leser, jedoch nicht die mathematischen Voraussetzungen der Differenziation mitbringen, so lässt sich der Herleitungsteil dieses Kapitels auch ohne weiteres einfach überspringen.

sondern den griechischen Buchstaben Ψ und ist genau jene Wellenfunktion, von der wir die ganze Zeit sprechen. Der Begriff der quantenmechanischen Amplitude bzw. der Wahrscheinlichkeitsamplitude ist also ein äquivalenter Begriff für die Wellenfunktion. Auch bezeichnet man die Wellenfunktion Ψ oft als *Zustandsfunktion* des Quantenobjekts, welches sie beschreibt.

Des Weiteren werden wir uns erinnern, dass nach der Wahrscheinlichkeitsinterpretation durch MAX BORN das Absolutquadrat der Wellenfunktion $| \Psi (x; t) |^2$ eines Teilchens dessen Aufenthaltswahrscheinlichkeit am Ort x zur Zeit t angibt (vgl. Formel (5.5)). Doch um diese Aufenthaltswahrscheinlichkeit berechnen zu können, benötigt man erst einmal die Wellenfunktion $\Psi (x; t)$, und dazu muss man in der Regel wohl oder übel die Schrödinger-Gleichung lösen, denn die Lösungsfunktion der Schrödinger-Gleichung ist ja die Wellenfunktion $\Psi (x; t)$. Dieses Vorhaben, das Lösen der Differenzialgleichung, wollen wir uns hier noch nicht zumuten. Jedoch wollen wir an dieser Stelle versuchen, ihren Aufbau ein wenig zu erfassen, um uns mit dieser ungemein bedeutsamen Gleichung anzufreunden.

Es sei schließlich nochmals betont, dass der BORN'schen Theorie entsprechend die quantenmechanische Wellenfunktion $\Psi (x; t)$, auch wenn sie diesen Namen trägt, nicht wirklich als *reale, mechanische* Wellenfunktion aufzufassen ist, wie man diese aus der Schwingungslehre kennt. Der Begriff Wellenfunktion wurde hier nur um ihrer *formalen Ähnlichkeit* gegenüber der mechanischen Wellenfunktion halber gewählt. So ist auch die Schrödinger-Gleichung entgegen ihrer häufigen Bezeichnung als solche keine Wellengleichung, wie sie aus der Schwingungslehre bekannt ist, sondern kann nur als eine Art quantenmechanisches Analogon einer klassischen, mechanischen Wellengleichung angesehen werden.

Allerdings sollte nicht verschwiegen werden, dass sich diese althergebrachte Deutung der quantenmechanischen Wellenfunktion bei einem bedeutenden Teil der heutigen, etablierten Quantenphysiker keiner großen Beliebtheit mehr erfreut. Tatsächlich stellt sich vielmehr die diskrepante Frage, ob Ψ wirklich nur in einem rein epistemologischen, pragmatischen Sinn ausschließlich die Kenntnis über den Zustand eines Quantenobjekts darstellt, oder ob vielleicht doch eine realistische Deutung der Wellenfunktion widerspruchsfrei möglich ist.

Bezüglich dieses prekären Streitpunkts der heutigen Deutungsweise der Wellenfunktion möchte ich auf ein interessantes Zitat des Quantenphysikers ERICH JOOS und des Quantengravitationsphysikers CLAUS KIEFER verweisen:

>»Whether there is a real dynamical ›collapse‹ of the total state into one definite component or not […] is at present an undecided question. Since this may not experimentally be decided in the near future, it has been declared a ›matter of taste‹.«[13]

Experimentell wird in absehbarer Zeit demgemäß keine Entscheidung über die entweder »reale« oder »rein mathematische« Natur der Wellenfunktion getroffen werden können. So wird sich die positivistische Sichtweise der Wellenfunktion HEISENBERGS und BOHRS weder verifizieren noch falsifizieren lassen.

Doch angesichts diverser gravierender Inkonsistenzen, welche die alte Kopenhagener Deutungsweise unumgänglich mit sich bringt, scheint andererseits ein Festhalten an den offensichtlich obsoleten Ansichten ziemlich haltlos zu sein.[14]

13 C. Kiefer, E. Joos: Decoherence: Concepts and Examples. In: P. Blanchard, Arkadiusz Jadczyk *Quantum Future: From Como to the Present and Beyond* (Springer Berlin Heidelberg New York 1999)
14 Näheres hierzu in L. Marchildon: Why should we interpret Quantum Me-

Wie leitet sich die Schrödinger-Gleichung her?

Zunächst sei vielleicht zu Ihrer Enttäuschung erwähnt, dass sich die wundervolle Schrödinger-Gleichung im eigentlichen Sinne gar nicht physikalisch herleiten lässt. Der wortgewandte Quantenphysiker RICHARD FEYNMAN (1918–1988) sagte diesbezüglich einmal:

> *»Woher haben wir diese Gleichung? Nirgendwoher.*
> *Es ist unmöglich, sie aus irgendetwas Bekanntem herzuleiten.*
> *Sie ist Schrödingers Kopf entsprungen.«* [15]

Nun gut. Dennoch wollen wir uns jetzt daran versuchen, sie, wenn auch nur rein mathematisch, herzuleiten. Es soll jedoch eindeutig betont sein, dass es sich bei der jetzigen »Herleitung« nicht um ein Standardrezept handelt, nach dem man die Schrödinger-Gleichung als Endprodukt erhält. Ist es doch ein unumstößliches Faktum, dass sich die Schrödinger-Gleichung genauso wenig wie die elementaren Gleichungen der klassischen Newton'schen Mechanik – nicht aus irgendetwas dahinter Liegendem physikalisch herleiten lässt, denn diese *selbst* ist ja die fundamentale Grundgleichung der Quantenmechanik.

Der nachfolgende Herleitungsteil sollte also mehr als eine Art Plausibilitätsbetrachtung angesehen werden, und auch wenn diese erste Analyse der SCHRÖDINGER'schen Gleichung an mancher Stelle etwas kompliziert zu sein scheint, so kommt es uns an dieser Stelle doch nur darauf an, den großen Gesamtzusammenhang ein wenig zu erfassen. Im Folgenden werden wir die nichtrelativistische Schrödinger-Gleichung herleiten,

chanics? Found. Phys. **34**, 11 (2004), sowie H. D. Zeh: *The Wave Function: It or Bit?* in: J. Barrow, P. Davies et al. (Hrsg.) Science and Ultimate Reality (Cambridge University Press, 2002); *arXiv:* quant-ph/0204088 v2 (2002)
15 T. Hey, P. Walter: *Das Quantenuniversum* (Spektrum, 1998); S. 51

da diese besonders einfach ist, auch wenn sie sich nur bei geringen Geschwindigkeiten v des Teilchens anwenden lässt.

Betrachten wir zunächst ein Teilchen der Masse m und der Geschwindigkeit v. Dieses Teilchen soll sich für eine erste Überlegung frei, ohne äußeres Kraftfeld bewegen. Dessen Gesamtenergie E_{ges} (ohne Berücksichtigung der durch seine Ruhemasse m verschuldeten Ruheenergie mc^2) ergibt sich somit als die kinetische Energie

$$E_{\text{kin}} = \frac{1}{2}\,mv^2, \tag{11.1}$$

welche sich über $p^2 = m^2v^2$ als

$$E_{\text{ges}} = \frac{1}{2}\,mv^2 = \frac{1}{2}\,\frac{p^2}{m} \tag{11.2}$$

formulieren lässt.

Wir kennen bereits den Ausdruck $p = h/\lambda$ für den Impuls eines Quantenobjekts, welchen man aus der Gleichung der de-Broglie-Wellenlänge erhält. Neu für uns ist die Formulierung des Impulses über die *Wellenzahl k,* welche ihrerseits als

$$k = \frac{2\pi}{\lambda} \tag{11.3}$$

definiert ist und dementsprechend für den Impuls

$$p = \frac{kh}{2\pi} = k\hbar \tag{11.4}$$

liefert. Folglich erhalten wir für die Energie des Teilchens, die im Übrigen auch als $\hbar\omega$ darstellbar ist (vgl. Kap. 2),

$$E_{\text{ges}} = \frac{k^2\hbar^2}{2m} = \hbar w. \tag{11.5}$$

Und nun zum heikleren Teil der Herleitung, der zugegebenermaßen zwar mathematisch leicht nachvollziehbar ist, doch physikalisch gesehen vorerst sehr »kreativ« bzw. willkürlich wirkt.

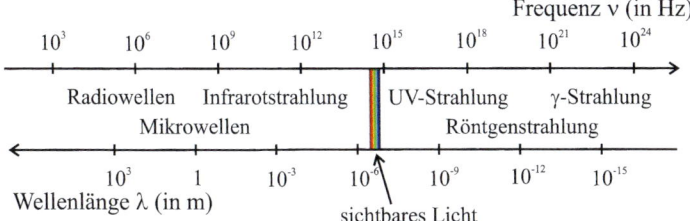

Tafel I Das Spektrum der elektromagnetischen Strahlung, aufgetragen über der Frequenz υ und der Wellenlänge λ

Tafel II Faktische Diskontinuität der Spektrallinien in der Spektroskopie (*oben:* Absorptionslinien von Hg-Atomen; *unten:* Emissionslinien von Hg-Atomen)

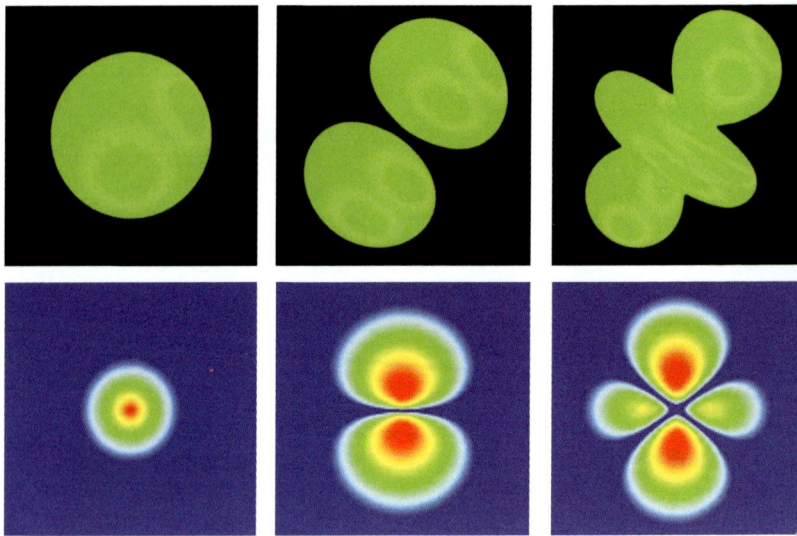

Tafel III Darstellung einiger, beispielhafter Aufenthaltsräume der Elektronen für das Wasserstoffatom (oben dreidimensional, untern im »Querschnitt«)

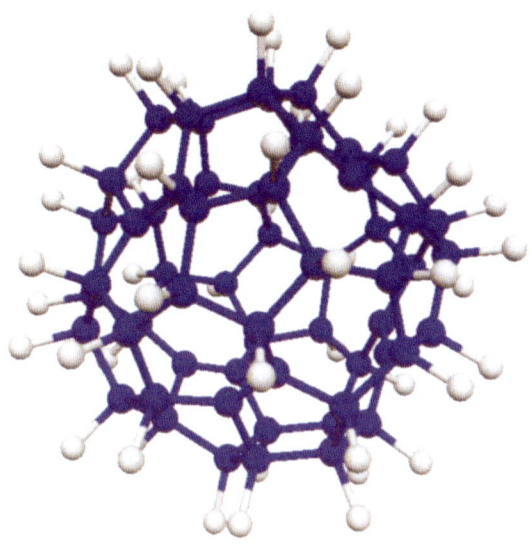

Tafel IV Schematische Darstellung eines Fluorofulleren-Moleküls ($C_{60}F_{48}$)

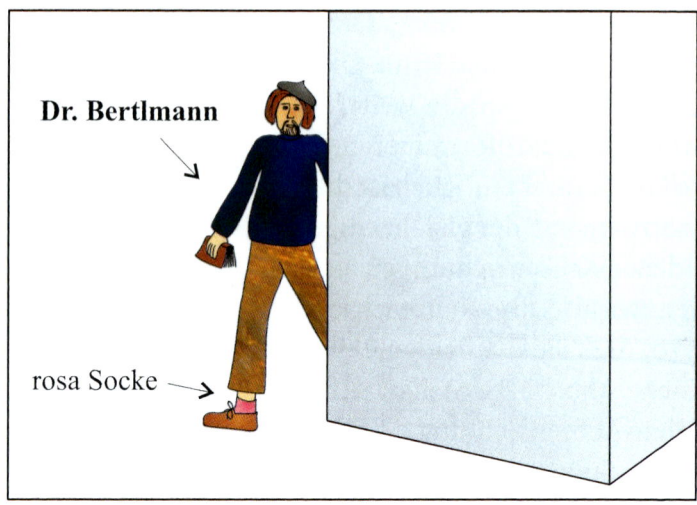

Tafel V Der um die Ecke kommende Prof. Bertlmann mit unterschiedlichen Socken

Es sei zunächst die *Wellenfunktion* $\Psi(x;t)$ gegeben, welche auch als *de-Broglie-Welle* bezeichnet wird. Sie besitzt unter der Voraussetzung, dass kein äußeres Potenzial vorhanden ist (also $V(x;t) = 0$), die Form

$$\Psi(x;t) = e^{i(kx-\omega t)} \tag{11.6}$$

mit dem imaginären, mathematischen Ausdruck $i = \sqrt{-1}$. Partielles Ableiten nach t liefert

$$\frac{\partial \Psi(x;t)}{\partial t} = -i\omega \cdot e^{i(kx-\omega t)}, \tag{11.7}$$

und zweifach partielles Ableiten von (11.6) nach x ergibt

$$\frac{\partial^2 \Psi(x;t)}{\partial x^2} = i^2 k^2 \cdot e^{i(kx-\omega t)}. \tag{11.8}$$

Auf diese beiden partiellen Ableitungen werden wir gleich zurückgreifen.

Nun wollen wir aus Gründen, die wir erst später werden nachvollziehen können, Gleichung (11.5) mit $-i^2 e^{i(kx-\omega t)}$ multiplizieren, sodass wir

$$-i^2 \cdot \hbar\omega\, e^{i(kx-\omega t)} = -i^2\, \frac{k^2 \hbar^2}{2m}\, e^{i(kx-\omega t)} \tag{11.9}$$

erhalten. Überraschenderweise ergibt nun das Umstellen der Termteile aus (11.9), dass sich die partiellen Ableitungen aus (11.7) und (11.8) wiederfinden lassen:

$$-\frac{\hbar^2}{2m} \underbrace{i^2 k^2 e^{i(kx-\omega t)}}_{\frac{\partial^2 \Psi(x;t)}{\partial x^2}} = i\hbar \underbrace{(-i)\omega\, e^{i(kx-\omega t)}}_{\frac{\partial \psi(x;t)}{\partial t}}. \tag{11.10}$$

Somit können wir (11.9), durch die Wellenfunktion $\Psi(x;t)$ und deren partielle Ableitungen ausgedrückt, als

$$-\frac{\hbar^2}{2m} \frac{\partial^2 \Psi(x;t)}{\partial x^2} = i\hbar \frac{\partial \Psi(x;t)}{\partial t} \qquad (11.11)$$

darstellen. Und hiermit haben wir auch schon die Schrödinger-Gleichung besagten Teilchens für einen Fall ohne äußeres Kraftfeld (also unter der Voraussetzung $V(x;t) = 0$) formuliert.

Um diese sehr spezielle Schrödinger-Gleichung in eine verallgemeinerte Form zu bringen (nämlich mit $V(x;t) \neq 0$), addierte SCHRÖDINGER schließlich in einem zweiten Schritt die potenzielle Energie des Teilchens, das sich ja auch in einem (wie auch immer gearteten) Potenzial befinden kann, zu seiner kinetischen hinzu, erweiterte folglich Gleichung (11.2) auf

$$E_{ges} = \frac{1}{2} \frac{p^2}{m} + V(x;t). \qquad (11.12)$$

Daraufhin schlug SCHRÖDINGER in einem durch tiefer gehende Analogien gelenkten Versuch die verallgemeinerte Form der Gleichung (11.11) als

$$-\frac{\hbar^2}{2m} \frac{\partial^2 \Psi(x;t)}{\partial x^2} + V(x;t)\Psi(x;t) = i\hbar \frac{\partial \Psi(x;t)}{\partial t} \qquad (11.13)$$

vor, wobei $\Psi(x;t)$ jetzt die *allgemeine* Wellenfunktion und nicht mehr nur die spezielle, ebenjene de-Broglie-Welle aus (11.6) repräsentiert. Diese Schrödinger-Gleichung gilt nun für den allgemeinen Fall eines Teilchens in einem beliebigen Potenzialfeld $V(x;t)$. Da hierin die Wellenfunktion Ψ als von der Zeit abhängig betrachtet wird, bezeichnet man (11.13) auch als *zeitabhängige Schrödinger-Gleichung.*

Interessant daran ist nun, dass jene von SCHRÖDINGER konstruierte Gleichung, die sich in den Folgejahren und sogar bis in die heutige Zeit hinein als so unermesslich nützlich erweisen sollte, eigentlich mehr das Produkt eines genialen »Ratevorgangs« war denn einer konsequenten, physikalischen Herleitung.

Weil wir zur Vereinfachung der Rechnung nur eine eindimensionale, in x-Achsenrichtung orientierte, Betrachtungsweise wählten, sind in dieser vereinfachten Schrödinger-Gleichung natürlich die Ψ-Funktion und ihre Ableitungen nur von x abhängig. Die eigentliche dreidimensionale Wellenfunktion ist hingegen auch noch von y und z abhängig, sodass man der schieren Vollständigkeit halber Ψ in (11.7) zweifach nach x, y und z ableiten muss, was praktisch dem *Laplace-Operator*

$$\nabla^2 = \frac{\partial^2}{\partial x^2} + \frac{\partial^2}{\partial y^2} + \frac{\partial^2}{\partial z^2} \tag{11.14}$$

entspricht. Wenn wir nun noch allein der Kürze halber $\Psi\,(x;y;z;t) = \Psi\,(r;t)$ und analog $V\,(x;y;z;t;) = V\,(r;t)$ definieren, so lautet die *dreidimensionale, zeitabhängige Schrödinger-Gleichung* schließlich

$$-\frac{\hbar^2}{2m}\,\nabla^2\Psi\,(r;t) + V(r;t)\,\Psi\,(r;t) = i\hbar\,\frac{\partial\,\Psi\,(r;t)}{\partial t} \; . \tag{11.15}$$

Um Missverständnissen vorzubeugen, sei in diesem Zusammenhang nochmals betont, dass die Wellenfunktion Ψ nur in wenigen Ausnahmefällen tatsächlich im gewöhnlichen, dreidimensionalen Raum schwingt. Im Allgemeinen ist sie wohlgemerkt auf dem mathematischen *Konfigurationsraum* definiert, einem höherdimensionalen, abstrakten, mathematischen Raum, der alle möglichen, klassischen Zustände eines Quantenobjekts beschreibt.

Der die Entwicklung der Wellenfunktion des Teilchens bestimmende Ausdruck $i\hbar\partial/\partial t$ wird zudem in der Quantenphysik als *Hamilton-Operator $\hat{H}$* bezeichnet. Mathematisch gesehen stellt dieser einfach eine etwas spezielle Rechenvorschrift dar, gleichwohl er quantenmechanisch von zentraler Bedeutung ist. Demgemäß lautet die dreidimensionale, zeit-unabhängige Schrödinger-Gleichung in der kürzestmöglichen Schreibweise

$$E \, \Psi = \hat{H} \, \Psi \, . \tag{11.16}$$

Das sieht doch gleich wieder sehr viel angenehmer aus!

Was berechnet man mit der Schrödinger-Gleichung?

Nachdem wir nun erfolgreich die Schrödinger-Gleichung auf-gestellt haben, stellen wir uns die Frage, was genau man damit nun eigentlich anstellt. Nun, das Ziel der quantenmechani-schen Berechnung mittels Schrödinger-Gleichung ist stets, den quantenmechanischen Zustand des Quantenobjekts zu ermit-teln, d. h., die das Quantensystem beschreibende Wellenfunk-tion herauszufinden. Eine der größten Leistungen, welche uns die Schrödinger-Gleichung bietet, ist z. B. die Formulierung des so genannten *wellenmechanischen Atommodells*, welches wir im sich anschließenden Abschnitt behandeln wollen. Es re-sultiert aus der Betrachtung der Zustände der Elektronen um den Atomkern, welche man über die Schrödinger-Gleichung berechnen kann.

Aber wie bekommt man über die Schrödinger-Gleichung den Zustand eines Quantenobjekts heraus? Nun, hierzu muss die orts- und zeitabhängige *Wellenfunktion* $\Psi \, (r; t)$ des quan-tenmechanischen Systems berechnet werden, die man über das Lösen der Schrödinger-Gleichung erhält – was freilich leichter gesagt als getan ist. Im Einklang mit der *Born'schen Wahrscheinlichkeitsinterpretation* gibt daraufhin das Absolut-quadrat dieser Wellenfunktion die Aufenthaltswahrscheinlichkeit $P(r; t)$ an, mit der sich das Quantenobjekt zum Zeitpunkt t an den Orten r aufhält, oder formal ausgedrückt

$$P(r; t) = |\Psi(r; t)|^2. \qquad (11.17)$$

In *statischen*, d. h., in zeitlich unveränderlichen Fällen, kann man hingegen von einer nur ortsabhängigen Wellenfunktion Ψ (r) ausgehen, die weitere Berechnungen erheblich zu erleichtern vermag. Für die Wahrscheinlichkeitsverteilung folgt demnach

$$P(r) = |\Psi(r)|^2. \qquad (11.18)$$

An dieser Stelle könnte man sich fragen, warum denn eigentlich der *Betrag* der Wellenfunktion quadriert werden muss, wobei doch eventuell negative Vorzeichen durch das Quadrieren ohnehin wegfallen. Dies allerdings liegt an der Besonderheit der Wellenfunktion, die imaginäre Zahl $i = \sqrt{-1}$ zu enthalten. Aus diesem Grund nimmt die Wellenfunktion unter anderem komplexe Werte an, die nicht reell sind. In einer anderen Schreibweise kann man das Absolutquadrat der Ψ-Funktion auch als

$$|\Psi|^2 = \Psi \cdot \Psi* \qquad (11.19)$$

angeben, was bedeutet, dass $|\Psi|^2$ aus dem Produkt der originalen Wellenfunktion und der konjugiert komplexen Wellenfunktion $\Psi*$ besteht, welche man ihrerseits erhält, indem man in Ψ jedes i durch $-i$ ersetzt. So wird durch das Bilden des Absolutquadrats gesichert, dass als letztendliche Wahrscheinlichkeit nur reelle Werte auftreten.

Da jedoch die Ψ-Funktion in keiner Weise begrenzt wird, könnte $|\Psi(r)|^2$ im Grunde beliebige Werte annehmen, die nicht zwingend der Bedingung $0 \leq |\Psi(r)|^2 \leq 1$ genügen müssen, obwohl Wahrscheinlichkeitsangaben immer zwischen 0 und 1 liegen müssen. Demgemäß könnten wir bis jetzt unbewusst einen gewissen *Normierungsfaktor N* unterschlagen haben (der nicht zwingend schon in der Wellenfunktion enthalten sein muss), für den Fall, dass der Maximalwert von $|\Psi(r)|^2$ nicht schon 1 ist. Dieser benötigte Normierungsfaktor lässt sich über die *Normierungsbedingung*

$$N^2 \int_{-\infty}^{+\infty} |\Psi(r)|^2 dr = 1 \qquad (11.20)$$

mit

$$N = \frac{1}{\sqrt{\int_{-\infty}^{+\infty} |\Psi(r)|^2 dr}} \qquad (11.21)$$

ermitteln. Aus diesem Grunde ergibt sich die korrekte Wahrscheinlichkeitsverteilung mittels normierter Wellenfunktion $\Psi(r)_N$, wegen $\Psi(r)_N^2 = N^2 |\Psi(r)|^2$, als

$$P(r) = |\Psi(r)_N|^2. \qquad (11.22)$$

Welche Auswirkung hatte die Schrödinger-Gleichung auf das Atommodell?

Eine der hervorragendsten Leistungen der Schrödinger-Gleichung sind ihre Aussagen über das Modell des Atoms. Mit ihrer Hilfe konnte ein neues, verbessertes Atommodell entwickelt werden, das man demgemäß als das *wellenmechanische Atommodell* bezeichnet, und das sich uns folgendermaßen präsentiert:

Die Lösungen der Schrödinger-Gleichung für die Elektronen in der Atomhülle ergeben sich als stehende Wellen. Dabei repräsentiert jede Lösungsgleichung Ψ, welche aufgrund des im Atom statischen Falls zeitunabhängig ist, einen diskreten Energiezustand des Elektrons. Die physikalische Interpretation dieser Wellenfunktionen läuft dann auf die *Aufenthaltsräume* der Elektronen hinaus.

Der üblichen Wahrscheinlichkeitsinterpretation gemäß spricht man im wellenmechanischen Atommodell der besseren Anschaulichkeit halber auch von *Aufenthaltswahrscheinlichkeitsräumen*, den Bereichen, an denen das Quantenobjekt (hier: das Elektron) beispielsweise mit 90%iger Wahrscheinlichkeit anzutreffen ist, und die in der Tat abstruse Formen annehmen können und um ein Beträchtliches subtiler aussehen als noch die Bohr'schen Bahnen.

Einige Beispiele der graphischen Darstellung dieser Aufenthaltswahrscheinlichkeitsräume der Elektronen in einem einzelnen, simplen Wasserstoffatom werden in Tafel III dargestellt. Die Simulationen zeigen dabei in zwei Darstellungsweisen die »Ladungswolken«, in denen sich das Elektron des Wasserstoffatoms mit 90%iger Wahrscheinlichkeit aufhält. Die Form und Struktur dieser Aufenthaltsräume werden in der oberen Reihe anhand einer gedachten äußeren Hülle (innerhalb derer sich das Elektron mit 90%iger Wahrscheinlichkeit befindet) dargestellt, wohingegen in der unteren Reihe die Verteilung der *Aufenthaltswahrscheinlichkeitsdichte* des Elektrons in selbigen Aufenthaltsräumen in einer Art »Querschnitt« durch die spezielle Farbgebung angedeutet wird (rot steht für eine hohe, blau für eine niedrige Aufenthaltswahrscheinlichkeitsdichte).

Jene Aufenthaltswahrscheinlichkeitsräume ergeben sich aus der physikalischen Interpretation der mathematischen Lösungen der Schrödinger-Gleichung. Auf diese Weise wird über die Anwendung der Schrödinger-Gleichung ein sehr viel verfeinerteres, authentischeres Bild des Atoms ersichtlich, als es das

alte, nachweislich unzulängliche Bohr'sche Atommodell liefern konnte.

Und wenn auch die ursprüngliche Schrödinger-Gleichung
nur in nichtrelativistischen Fällen verwendet werden kann,
d. h., die Geschwindigkeiten der Quantenobjekte klein gegenüber der Lichtgeschwindigkeit sein müssen, und sie nur auf
Teilchen ohne Spin Anwendung findet, d. h., auf Teilchen, die
keinen quantenmechanischen Drehimpuls besitzen, so ist sie
doch die wahrscheinlich wichtigste Gleichung in der gesamten
Quantenphysik geblieben.

12 Schrödingers Katze

Worum handelt es sich bei Schrödingers Katze?

Dass der mathematische Apparat der Quantenmechanik sowohl eine sehr präzise als auch experimentell verifizierte Beschreibung des *Mikrokosmos* zu liefern vermag, haben wir während der Diskussion der Schrödinger-Gleichung erfahren. Alle Experimente, die wir bis jetzt besprachen, jegliche Phänomene, mit denen wir uns bis zu dieser Stelle auseinandersetzten, ließen sich durch die Theorie der Quantenmechanik vortrefflich erklären. Fraglos ist sie all ihrer Widersacher zum Trotze die erfolgreichste Theorie, die wir zum derzeitigen Zeitpunkt zur Beschreibung von Mikroobjekten besitzen.

Dennoch wissen wir, dass sie im *Makrokosmos*, in unserer normalen Alltagsumgebung der Größenordnung von ca. 10^{-1} m, offensichtlich nicht gilt. Zwar erlangen wir, makroskopische Objekte, immer exaktere Kenntnis über die Mechanismen, nach denen sich Quantenobjekte verhalten, doch ist es eine Tatsache, dass wir ebenjene Verhaltensweisen der Quantenobjekte nicht auf makroskopische Objekte übertragen können. Nach allem, was wir bis jetzt erfuhren, können wir guten Gewissens behaupten, dass sich die Mechanik eines Elektrons sehr von der eines Fußballs unterscheidet:

In der quantenmechanischen Betrachtungsweise ist es völlig

normal und vor allem auch notwendig, sich ein Elektron unter bestimmten Umständen als an mehreren Orten gleichzeitig aufhaltend zu denken. Aber jetzt fragen Sie bitte beispielsweise einen Fußballspieler, wann er seinen Fußball das letzte Mal an mehreren Orten gleichzeitig gesehen hat! Oder fragen Sie sich selbst, wann Sie in Ihrem Leben schon einmal auf zwei Hochzeiten gleichzeitig getanzt haben. Natürlich nie!!!

Womöglich denken Sie, dies läge daran, dass Sie ja auch kein Quantenobjekt sind – offenkundig nicht. Aber wann ist ein Objekt ein *Quantenobjekt*? Ab wann wird etwas als klassisches Objekt angesehen, welches schließlich nicht zur Superposition verschiedener Zustände fähig ist, und wann als Quantenobjekt? Wo befindet sich die Grenze zwischen Mikro- und Makrokosmos?

Sie erinnern sich vielleicht, dass uns ähnliche Fragen schon einmal an früherer Stelle begegneten, doch waren wir noch nicht fähig, sie zu beantworten. Wie man sich denken kann, sind wir nicht die Ersten, die sich mit jener Problematik des Übergangs der physikalischen Beschreibung der Vorgänge im Mikro- zu denen im Makrokosmos konfrontiert sehen. ERWIN SCHRÖDINGER war einer der zentralen Physiker, die sich mit diesem grundlegenden Problem befassten, sodass er jene u. a. auch in seiner berühmten Arbeit »*Die gegenwärtige Situation in der Quantenmechanik*«[16] aus dem Jahre 1935 diskutierte. Das von ihm erdachte Gedankenexperiment des Katzenparadoxons, welches unter dem Namen »*Schrödingers Katze*« bekannt ist, sollte diesen schwachen Punkt der Kopenhagener Interpretation der Quantenmechanik in Bezug auf die *physikalische Realität* aufzeigen. Dass SCHRÖDINGER trotz sei-

16 Original publiziert in *Die Naturwissenschaften* **23**, 48 (1935); Nachdruck u. a. in E. Schrödinger: *Beiträge zur Quantentheorie* in: Gesammelte Abhandlungen, Bd. 3; S. 484 ff

ner großartigen Leistungen bezüglich der Quantenmechanik durch die Aufstellung der nach ihm benannten Gleichung nicht gerade viel von der anerkannten BOHR'schen Deutung der Quantenmechanik hielt, kommt besonders in dem folgenden Zitat SCHRÖDINGERS [17] über die Quantentheorie deutlich zum Ausdruck:

> *»Ich mag sie nicht, und es tut mir leid, dass ich jemals etwas mit ihr zu tun hatte.«*

Sich vorzustellen, dass makroskopische Objekte wie z. B. Fußbälle zu Superpositionen fähig wären, oder dass sie beispielsweise an einer »Doppelspaltwand« Interferenzen zeigen könnten, hielt auch SCHRÖDINGER für ausgesprochen absurd. Der Korrektheit halber sei klargestellt, dass SCHRÖDINGER selbst sich natürlich nicht gedanklich mit Fußbällen befasst hat, aber dafür mit einem anderen Makroobjekt, nämlich der allseits beliebten Katze.

Doch bevor wir überhaupt anfangen, über dieses »Experiment« zu sprechen, soll schon von vornherein eindeutig festgestellt sein, dass es sich bei *Schrödingers Katze* um ein *reines Gedankenexperiment* und nicht um einen real durchgeführten Versuch handelt. Dies ist sehr wichtig, denn wir wollen ja zu keinem Zeitpunkt den Eindruck erwecken, dass ein Quantenphysiker jemals dazu in der Lage wäre, einem Tier auch nur ein Härchen zu krümmen. Besonders der naturverbundene Mensch ERWIN SCHRÖDINGER, welcher das Wandern und Bergsteigen so sehr liebte und auf den dieses überaus populäre Gedankenexperiment schließlich zurückgeht, mag wohl niemals auch nur einen Moment daran gedacht haben, dieses Experiment wirklich einmal durchzuführen. Ich möchte daher aus-

---

17 J. Gribbin: *Auf der Suche nach Schrödingers Katze* (Piper, 2001); S. 5

drücklich darum bitten, dass Sie sich dieses Faktums während unserer gesamten, sich unverzüglich anschließenden Diskussion der SCHRÖDINGER'schen Katze allzeit bewusst sind.

Wie ist das Gedankenexperiment um Schrödingers Katze aufgebaut?

Nun also zum wohlgemerkt rein hypothetischen und durchweg makaberen Versuchsaufbau (siehe Abb. 12.1): In einer luftdicht versiegelten, möglichst von jeglichen Umgebungsfaktoren isolierten Kiste sei eine Katze eingeschlossen, zusammen mit einem radioaktiven Präparat, einem Geiger-Müller-Zählrohr, einem Hammer und einem Fläschchen Cyankali.

Abb. 12.1 Der gedankliche Versuchsaufbau zum SCHRÖDINGER'schen Katzen-Paradoxon

All diese Einzelobjekte sind dabei über einen speziellen Mechanismus kausal miteinander verbunden. Der Versuchsmechanismus jener Höllenmaschine ist dabei wie folgt gedacht: Wenn das radioaktive Präparat, welches wir der Einfachheit halber als ein einziges radioaktives Atom annehmen wollen, zerfällt, so wird dieser Zerfall vom Geiger-Müller-Zählrohr detektiert, wodurch ein Mechanismus ausgelöst wird, der den Hammer auf das Fläschchen mit Cyankali fallen lässt, sodass das Gift entweicht und die Katze tötet. In dem Fall, dass das radioaktive Atom nicht zerfällt, wird der Mechanismus nicht eingeleitet, der Hammer verharrt in seiner Position, das Fläschchen bleibt ganz und die Katze lebendig.

Zusammengefasst lautet der Mechanismus also: Wenn das radioaktive Atom zerfällt, ist die Katze tot, wenn es nicht zerfällt, lebt die Katze. So weit wirkt der Versuch ja eigentlich recht simpel.

Wo liegt die Paradoxie beim Gedankenexperiment um Schrödingers Katze?

Der Knackpunkt des Problems jenes SCHRÖDINGER'schen Katzenparadoxons ist offensichtlich nicht auf den ersten Blick zu erkennen. Er liegt, wie es auch der Teufel so oft zu tun pflegt, im Detail. Fangen wir also zunächst noch einmal ganz klein an:

Das radioaktive Atom ist, da können wir uns ganz sicher sein, freilich ein Quantenobjekt, woraus sich schließen lässt, dass es sich auch wie ein solches verhält. Nun sagen uns die Gleichungen der Quantenmechanik, dass solange wir es in Ruhe lassen, jenes radioaktive Atom sich in einem gewissen Zustand $\Psi\,(r;\,t)$ befindet. Die Worte »gewisser Zustand« mögen vielleicht etwas irreführend sein, denn gewiss im Sinne eines klassischen, konkret festgelegten Zustands ist dieser sicherlich nicht. Das Atom befindet sich nämlich vielmehr in einem Zustand, der sich aus der Überlagerung mehrerer verschiedener Zustände ergibt. Man spricht auch von der *Superposition* verschiedener *Einzelzustände* des Quantenobjekts, wobei erst diese Einzelzustände diskret definierte Zustände (wie z. B. »tot« oder »lebendig«) sind, die klassisch interpretiert werden können. Jene quantenmechanischen Zustände der Superposition, in denen sich Quantenobjekte befinden, stellen meist Überlagerungen aus mehreren, oft unendlich vielen Einzelzuständen dar, die uns in der klassischen Welt des Alltags offensichtlich nicht begegnen.

An dieser Stelle könnte unserem Verständnis das in Kap. 4 und 5 Erwähnte auf die Sprünge helfen, in denen wir die beim Doppelspaltversuch erhaltenen Interferenzmuster als Überlagerung der einzelnen Detektionsmuster bei der Öffnung jeweils nur eines Spaltes erfuhren. Die einzelnen Photonen bzw. Elektronen, welche am Doppelspalt interferieren, befinden sich während des Durchtritts durch den Spalt ebenfalls nicht in einem bestimmten Einzelzustand (nämlich entweder Weg durch Spalt 1 oder Spalt 2), sondern sie liegen in einem überlagerten Zustand, einem Zustand der Superposition beider möglichen Einzelzustände vor. Ein Partikel, welches den Doppelspalt durchquert, befindet sich in einer Superposition aus »zu soundso viel Prozent durch Spalt 1 gegangen« und »zu soundso viel Prozent durch Spalt 2 gegangen«, einer Superposition aus zwei unterschiedlichen Einzelzuständen.

In Analogie hierzu muss man sich auch den Zustand eines radioaktiven Atoms vorstellen. Es wird sich nicht einfach in einem konkreten Zustand zwischen zerfallenem und unzerfallenem Atom entscheiden. Viel mehr befindet es sich in einem superponierten Zustand aus zerfallenem *und gleichzeitig* unzerfallenem Atom. Dennoch ist dieser »Mischzustand« ein wohlbestimmter, denn jener Prozentsatz, zu welchem Anteil sich das Atom in einem zerfallenen bzw. unzerfallenen Zustand befindet, ändert sich im Verlaufe der Zeit nach der präzisen Vorhersage der dem Atom zugeordneten Zustandsfunktion Ψ $(r; t)$. Der quantenmechanische Zustand des Partikels, bestehe jener auch aus einer Superposition verschiedener Einzelzustände, ist also dennoch über die Schrödinger-Gleichung sehr wohl festgelegt und berechenbar.

Wie stellt man den überlagerten Zustand eines Teilchens quantenmechanisch dar?

Wenn wir nun zum mathematischen Hintergrund der SCHRÖDINGER'schen Katze gelangen möchten, bietet es sich an, eine für uns neue, doch in der Quantenmechanik sehr beliebte Schreibweise anzuwenden. Dabei handelt es sich um die *Dirac'sche Klammerschreibweise*.[18] PAUL DIRAC (1902–1984), auf den diese Form der quantenmechanischen Notation schließlich zurückgeht, war neben SCHRÖDINGER und HEISENBERG einer der versiertesten Quantenmechaniker seiner Zeit. Die von ihm entwickelte Klammerschreibweise entstand vermutlich in Anlehnung an das gemeinhin verwendete Symbol des Pfeils für einen Vektor, der seiner Länge nach den Betrag und von der Ausrichtung her die Richtung des Vektors angibt. Der Zustandsvektor eines Quantenobjekts ist als eine den klassischen Vektorgrößen analoge quantenmechanische Größe anzusehen.

18 Auch wenn diese zunächst sehr gewöhnungsbedürftig zu sein scheint, werfen Sie nicht gleich die Flinte ins Korn! Es sieht nur ungewohnt aus, erfordert aber an dieser Stelle nicht mehr Intellekt als zur Schulmathematik nötig ist.

Wie uns bekannt ist, wird der Zustand eines Quantenobjekts durch die Wellenfunktion Ψ beschrieben. Dieser *quantenmechanische Zustand* eines Quants wird in Dirac'scher Schreibweise als

$$|\Psi\rangle \qquad (12.1)$$

notiert, wobei die Klammer $|\rangle$ als *Ket* bezeichnet wird. Ihr Gegenstück ist der *Bra* $\langle|$, den wir hier jedoch nicht weiter besprechen wollen, sodass die Kombination der beiden Vektoren durch das Bilden des Skalarprodukts ein so genanntes *Bra-Ket* $\langle|\rangle$ (englisch: bracket = Klammer) ergibt, womit die eigenartige Namensgebung der einzelnen Klammern verständlich wird. Wir halten also vorerst schon einmal fest, dass sich der quantenmechanische Zustand eines Quantenobjekts als $|\Psi\rangle$ notieren lässt.

Wollen wir die Dirac'sche Klammerschreibweise anwenden, um den überlagerten Superpositionszustand des radioaktiven Atoms darzustellen, so erhalten wir durch die lineare Überlagerung der Einzelzustände $|$ *zerfallen* $\rangle$ und $|$ *unzerfallen* $\rangle$ den Zustand

$$|\Psi\rangle = a \,|\, \text{zerfallen}\,\rangle + b \,|\, \text{unzerfallen}\,\rangle. \qquad (12.2)$$

Hierbei stellen die Faktoren a und b die uns (unter anderem von den Doppelspaltexperimenten) bekannten *Wahrscheinlichkeitsamplituden* der Einzelzustände $|$ *zerfallen* $\rangle$ bzw. $|$ *unzerfallen* $\rangle$ dar. Über die *Born'sche Wahrscheinlichkeitsinterpretation* lässt sich daraufhin quantenmechanisch berechnen, mit welcher Wahrscheinlichkeit man das Atom in welchem Zustand antrifft, wenn man diesen misst. Die Wahrscheinlichkeitsamplituden a und b müssen dabei die Bedingung

$$|a|^2 + |b|^2 = 1 \qquad (12.3)$$

erfüllen, da die Gesamtwahrscheinlichkeit wie gewohnt 1, also 100 % sein muss.

Für den Fall, dass die beiden Eigenzustände einer Superposition, welche in diesem Fall | *zerfallen* ⟩ und | *unzerfallen* ⟩ sind, gleich wahrscheinlich sind, d. h., *a = b,* so ergibt sich aus der Bedingung (12.3) durch Äquivalenzumformung und Ausklammern

$$a = b = \frac{1}{\sqrt{2}}, \qquad (12.4)$$

sodass man für die Superposition zweier gleich wahrscheinlicher Eigenzustände, wie es im Katzenversuch nach Ablauf der Halbwertszeit von exakt einer Stunde der Fall ist, den überlagerten Gesamtzustand

$$| \Psi \rangle = \frac{1}{\sqrt{2}} \, (| \, zerfallen \, \rangle + | \, unzerfallen \, \rangle) \qquad (12.5)$$

erhält.

Tatsächlich ändern sich jedoch selbstverständlich die Wahrscheinlichkeiten, mit welchen sich das Atom in den beiden alternativen Einzelzuständen befinden kann, mit der Zeit, denn die *Halbwertszeit* eines radioaktiven Isotops ist schließlich ein Maß für die Wahrscheinlichkeit des Isotops, innerhalb eines bestimmten Zeitraums zu zerfallen. Je länger der verstrichene Zeitraum ist, desto wahrscheinlicher wird der Einzelzustand | *unzerfallen* ⟩. Jedoch wird das Atom, solange wir es nicht messen, mit einer präzise voraussagbaren Wahrscheinlichkeit irgendwo zwischen 0 und 1 in dem Zustand | *zerfallen* ⟩ bzw. | *unzerfallen* ⟩ sein.

Wenn Sie sich jetzt fragen sollten, wie ein zu 40 % zerfallenes Atom aussieht, das wohlgemerkt zu 60 % noch unzerfallen ist, so sage ich Ihnen gleich: Geben Sie es auf! Niemand kann sich so etwas vorstellen. Es handelt sich dabei um quantenmechanische Zustände, die man sich einfach nicht vorstellen kann. Wir vermögen über diese quantenmechanischen Prinzipien nur deshalb zu sprechen, weil wir erkannt haben, dass der mathematische Formalismus der Quantenmechanik korrekte Versuchsergebnisse vorauszusagen in der Lage ist. Wie man sich jedoch diese Superpositionszustände praktisch vorzustellen hat, darüber wird keine Aussage getroffen, und darüber kann auch a priori keine Aussage getroffen werden.

So wissen wir beispielsweise, wenn wir eine isolierte Anfangszahl von 1 000 000 radioaktiven Atomen eines bestimmten Isotops mit einer Halbwertszeit von 60 min eine Stunde lang sich selbst überlassen, um es danach zu untersuchen, so werden wir entdecken, dass nur noch ca. 500 000, also die Hälfte der Anfangszahl der Atome, vorhanden und etwa ebenso viele bereits zerfallen sind. Nach diesem Prinzip lassen sich statistische Angaben über die verschiedenen Halbwertszeiten der einzelnen radioaktiven Isotope bestimmen.

Die Angaben der Halbwertszeiten spezifischer Isotope sind zwar in der Tat konkrete Werte, allerdings besitzen sie nur für sehr, sehr große Mengen von Atomen des jeweiligen Isotops repräsentativen Charakter, da es sich bei den Halbwertszeiten eben um rein statistische Aussagen handelt.

Auf das einzelne radioaktive Atom angewendet hat die Halbwertszeit hingegen nur den Wert einer Angabe über die Wahrscheinlichkeit des Zerfalls in Abhängigkeit von der Zeit. Über den Zustand jedoch, in dem sich ein bestimmtes Atom eines Isotops *wirklich* aufhält, solange wir es nicht beobachten, können wir – so sagt es uns die Kopenhagener Deutung – schlichtweg keinerlei Aussage treffen. Schon alleine die Frage, in welchem Zustand es sich »wirklich« befindet, macht quantenmechanisch gesehen keinen Sinn. Die Gleichungen der Quantenmechanik geben uns diesbezüglich entsprechend der BORN'schen Theorie nur eine Methode zur Berechnung der Wahrscheinlichkeit an, in welchem Zustand sich ein Atom im Falle der Messung befinden wird, ob es also bei der Messung wahrscheinlicher zerfallen oder unzerfallen detektiert wird.

Der *ungemessene* Zustand des Atoms hingegen stellt rein mathematisch gesehen einfach die Überlagerung der beiden Einzelzustände $|$ *zerfallen* $\rangle$ bzw. $|$ *unzerfallen* $\rangle$ dar, so wie es in Gleichung (12.2) ersichtlich wird. Wir müssen uns ferner stets dessen bewusst sein, dass die Zustandsfunktion Ψ $(r; t)$ nur für uns unwissende Beobachter die Wahrscheinlichkeit angibt, mit der ein radioaktives Atom nach einem beliebigen Zeitraum zerfallen ist. Aber in welchem diffusen Quantenzustand sich ein einzelnes radioaktives Atom nach einem gewissen Zeitraum befindet, das wissen nur die Götter (oder nicht einmal die).

Wir können mit der Wellenfunktion nur voraussagen, mit welcher Wahrscheinlichkeit das Atom im Falle einer Messung zerfallen ist bzw. nicht zerfallen ist, aber solange wir es nicht messen, ist die Wellenfunktion als reine Mathematik zur Berechnung der Wahrscheinlichkeiten anzusehen (vgl. Zitat HEISENBERGS aus Kap. 8). Wäre dies nicht so, verwickelte man sich unweigerlich im Zusammenhang mit dem Vorgang des Kollapses der Wellenfunktion in Widersprüche.

So müssen wir abschließend feststellen, dass schon allein die Frage nach dem »Aussehen« eines Atoms im Superpositionszustand unzulänglich ist, da der Zustand eines Atoms vor der Messung eben nicht festgelegt ist. BOHR betonte diesbezüglich häufig überzogen und dennoch ernst, man könne bei einem quantenmechanischen Teilchen noch nicht einmal davon ausgehen, dass es überhaupt existiert, wenn man gerade nicht hinsieht. In der Quantenmechanik wird, salopp formuliert, LUDWIG WITTGENSTEINS Ausspruch in transformierter Form zum

Grundprinzip: Was nicht gemessen wurde, darüber *kann* und *darf* auch nicht geredet werden.

So weit zum überlagerten Zustand des radioaktiven Atoms.

In welchem Zustand befindet sich die Katze?

Nun gut. Kommen wir jetzt wieder zurück zum eigentlichen Katzenexperiment, da das radioaktive Atom schließlich nur den Anfang des gesamten Versuchsmechanismus um Schrödingers Katze bildet. Mit dem Zustand des radioaktiven Atoms ist der Geiger-Müller-Zähler kausal verbunden: Zerfällt das Atom, schlägt der Geiger-Müller-Zähler Alarm, und der Hammer wird ausgelöst, welcher das Fläschchen mit Cyankali zerschlägt, sodass die Katze stirbt; zerfällt das Atom nicht, bleibt alles, wie es war, und die Katze lebt. Allerdings wissen wir jetzt, dass sich der Zustand des radioaktiven Atoms in einer quantenmechanischen Superposition befindet, da es sich bei dem Atom ja um ein quantenmechanisches Objekt handelt.

Es ist jedoch eine nicht zu leugnende Tatsache, dass der Geiger-Müller-Zähler seinerseits aber im Grunde genommen auch aus nichts anderem als einzelnen kleinen Atomen, also auch Quantenobjekten, besteht. Jedes einzelne dieser Geiger-Müller-Zähler-Atome müsste sich folglich in einer von dem Zustand des radioaktiven Atoms abhängigen Superposition aus den Einzelzuständen »detektiert« und »kein Zerfall detektiert« befinden. Weitergedacht, müsste sich auch jedes einzelne Atom des Hammers in einer Superposition aus »ausgelöst« und »nicht ausgelöst« befinden, genauso wie das Fläschchen Cyankali sich in einem überlagerten Zustand von »zerschlagen« und »unzerschlagen« befinden muss. Daraus folgt, dass die Katze sich in einer Superposition aus »tot« und »lebendig«

befinden muss. Konsequent weitergedacht, muss sich die Katze folglich nach Ablauf der Halbwertszeit des radioaktiven Atoms von einer Stunde in Dirac'scher Schreibweise formuliert im Zustand

$$| \Psi_{\text{Katze}} \rangle = \frac{1}{\sqrt{2}} \, (\, | \, tot \rangle + \, | \, lebendig \rangle) \qquad (12.6)$$

befinden. *Und das kann nicht sein!* Eine Katze ist niemals gleichzeitig tot und lebendig. Es geht einfach nicht. *Dies* ist die Paradoxie beim Gedankenexperiment um Schrödingers Katze.

Es ist nun einmal eine unbestreitbare, nur allzu offensichtliche Tatsache, dass makroskopische Objekte eben keine quantenmechanischen Superpositionszustände einnehmen, sondern immer klassische, konkrete Werte besitzen, und dies unabhängig von eventuellen Messungen. Wo aber in der Kette des Versuchsmechanismus von Schrödingers Katze liegt der Grenzübergang vom Mikro- zum Makrokosmos, wo hört die Superpositionsfähigkeit der Objekte auf, sodass wir Schrödingers Katze immer nur *entweder* tot *oder* lebendig sehen? Wie geht die Superposition des überlagerten Zustandes des radioaktiven Atoms verloren? Dies ist ein fundamentales Problem!

13 Die Interpretation des quantenmechanischen Formalismus

Wie lautet die Lösung des Schrödinger'schen Katzenparadoxons?

Wie problematisch der Übergang eines Systems von einem überlagerten Superpositionszustand zu einem konkret definierten Einzelzustand ist, diskutierten wir schon an früherer Stelle in Zusammenhang mit dem beim Doppelspaltexperiment auftretenden Welle-Teilchen-Dualismus. Dort lernten wir den Interpretationsansatz der von BOHR et al. entworfenen Kopenhagener Deutung kennen. Neben diesem Standardansatz haben sich aus einem breiten Spektrum auch einige wenige andere Deutungsmöglichkeiten in der physikalischen Fachwelt durchsetzen können. Welche von ihnen jedoch die geeignetste sei, die Natur zu beschreiben, darüber bestand schon immer eine ungebrochen heftige Diskordanz. Auch heute, nach mehr als einem halben Jahrhundert, hat sich diese Uneinigkeit noch keinesfalls gelegt.

Doch lassen sich aus dieser sehr breiten Palette *physikalischer Deutungen* des quantenmechanischen Formalismus einige Grundrichtungen herausfiltern, sodass das Interpretationsspektrum in die folgenden Gruppen eingeteilt werden kann:

– **Kopenhagener Deutung**, welche schlechthin als die orthodoxe Standardinterpretation der Quantenmechanik gilt (BOHR, HEISENBERG et al.)

- **Theorien verborgener Variablen,** welche die übliche Quantenmechanik auf verborgene, lokal-realistische Parameter zurückführen
- **Bohm'sche Mechanik,** welche über eine Erweiterung der gewöhnlichen Quantenmechanik durch zusätzliche Führungswellen zu einer deterministischen, nicht-lokalen Dynamik gelangt, wobei die Wellenfunktion reale Bedeutung erhält (de BROGLIE, BOHM et al.)
- **Theorie der spontanen Lokalisation** oder die expliziten, *physikalischen Kollaps-Theorien,* welche einen neuen, *physikalisch realen* Kollapsmechanismus einführen, indem sie die Schrödinger-Gleichung modifizieren (PEARLE, GHIRARDI, RIMINI, WEBER et al.)
- **Relative-Zustände-Interpretation** bzw. **Viele-Welten-Interpretation,** die eine alternative Auslegung des mathematischen Formalismus darstellen (EVERETT, DEWITT et al.)
- **Konsistente Historien,** welche (etwa ähnlich der Relative-Zustände-Interpretation) den Messprozess als Akt eines externen Beobachters, der in den meisten anderen Theorien als Kernelement fungiert, seines zentralen Status entmachtet (GRIFFITH, OMNÈS et al.).

Um den Rahmen des Buches an dieser Stelle nicht zu sprengen, wollen wir nur eine kleinere Auslese der bedeutendsten Interpretationen des quantenmechanischen, mathematischen Formalismus besprechen: Es seien dies erstens die schon besprochene *Kopenhagener Deutung,* welche maßgeblich durch BOHR und HEISENBERG geschaffen wurde, zweitens die ursprünglich auf eine Idee des Quantenphysikers HUGH EVERETT zurückgehende *Viele-Welten-Interpretation* und drittens eine

Interpretationsart, die als eine Art Präzision der EVE-RETT'schen Idee denkbar ist und wesentlich auf der von ZEH und ZUREK entwickelten Theorie *der Dekohärenz* aufbaut, welche ihrerseits als Beschreibung eines fundamentalen Phänomens bereits allgemeine Anerkennung gefunden hat. Mit diesen drei Deutungsmöglichkeiten sowie deren Vor- und Nachteilen wollen wir uns jetzt näher auseinandersetzen.

Was besagt die Kopenhagener Deutung?

Die Kopenhagener Deutung lässt sich als die althergebrachte Standardinterpretation der vorliegenden Problematik bezeichnen. Diese erste, grundlegend von BOHR und HEISENBERG entwickelte Deutung des quantenmechanischen Formalismus haben wir bereits kennengelernt, und ob nun bewusst oder unbewusst nahmen wir bei unseren bisherigen Betrachtungen oft jene Sichtweise der Kopenhagener Deutung ein.

Ein ihr zugrunde liegendes zentrales Prinzip ist der Welle-Teilchen-Dualismus. Der von BOHR eigens eingeführte Begriff der *Komplementarität* von Wellen- und Teilchenbild zur Beschreibung der Vorgänge im Mikrokosmos spielt in der Kopenhagener Interpretation eine überaus bedeutende Rolle. Nach BOHR ist es das große Verhängnis der Quantenmechanik, dass sich ihr Wirkungsbereich unserem direkten Erfahrungsbereich und unserer menschlichen Vorstellungskraft entzieht. Wir können stets nur in intuitiven, klassischen Mechanismen und Konzepten über die Prozesse im Mikrokosmos reflektieren. Unsere Versuchsaufbauten, unsere Messapparate, unsere Arbeitsmodelle, ja unser gesamtes analytisches, physikalisches Denken basiert naturgemäß auf klassischen Konzepten.

Da sich der Mikrokosmos jedoch völlig anders, nämlich nicht-klassisch verhält, stellt die Tatsache, dass wir lediglich die unzulängliche Sprache der klassischen Physik zur Beschreibung quantenmechanischer Mechanismen verwenden können – weil wir nun einmal keine andere besitzen – ein eklatantes Hindernis dar, das unsere Intuition an ihre Grenzen stoßen lässt.

Außerordentlich handfest tritt diese Ansicht in einem Zitat zutage, welches BOHR zugeschrieben wird:

> »There is no quantum world. There is only an abstract quantum physical description. It is wrong to think that the task of physics is to find out how nature is. Physics concerns what we can say about nature.« [19]

Die »Quantenwelt«, wie BOHR sie hier bezeichnet, können wir an sich nicht erkennen, dazu befinden wir uns einfach in der falschen Größenordnung. HEISENBERG betonte stets, dass wir auf die unpräzise Sprache der klassischen Physik angewiesen sind, mit derem klassischen Wellen- und Teilchenbild wir uns gedanklich der quantenmechanischen Tatsachen anzunähern versuchen. Doch Quanten sind in der Tat weder Wellen noch Teilchen. So muss schließlich jede quantenmechanische Betrachtungsweise gezwungenermaßen Modellcharakter besitzen.

Des Weiteren nimmt der Kollaps der Wellenfunktion in der Kopenhagener Deutung einen zentralen Stellenwert ein. Wie wir wissen, besagt die Kopenhagener Deutung, dass der Kollaps der Wellenfunktion eine Folge des Messprozesses ist. Hiermit wird dem Messapparat bzw. dem Messprozess eine gravierende, nicht vernachlässigbare Bedeutung zugemessen. Mikroskopische Objekte können nicht störungsfrei gemessen werden, sodass eine objektive Betrachtung der Vorgänge im Mikrokosmos zwangsläufig unmöglich wird.

19 J. Baggot: *Beyond Measure* (Oxford University Press, 2004); S. 109

In diesem Zusammenhang ist auch der Schlüsselaspekt der *Nicht-Objektivierbarkeit* in der Kopenhagener Deutung zu sehen: Die Natur kann auf der Mikroebene nicht objektiv, d. h., vom Beobachter unabhängig, betrachtet werden. Aufgrund dieser fundamentalen Tatsache sehen BOHR und HEISENBERG sich gezwungen, eine *positivistische Sichtweise* einzunehmen. Diese Position und das Prinzip der Nicht-Objektivierbarkeit werden z. B. im folgenden Heisenberg'schen Zitat hervorragend deutlich:

> »*Am schärfsten aber tritt uns diese neue Situation eben in der modernen Naturwissenschaft vor Augen, in der sich [...] herausstellt, daß wir die Bausteine der Materie, die ursprünglich als die letzte objektive Realität gedacht waren, überhaupt nicht mehr ›an sich‹ betrachten können [...] und daß wir im Grunde immer nur unsere Kenntnis dieser Teilchen zum Gegenstand der Wissenschaft machen können.*« [20]

Über Eigenschaften von Quantenobjekten, die nicht gemessen wurden bzw. prinzipiell nicht gemessen werden können, werden in der Kopenhagener Deutung keine Aussagen getroffen. So baute ja auch die HEISENBERG'sche Matrizenmechanik ausschließlich auf *Observablen*, also beobachtbaren, messbaren Größen auf. Etwas, das nicht beobachtet wird, erhält in der BOHR'schen Deutungsweise keinen Realitätswert.

Dabei wird besonders im letzten Teil dieses HEISENBERG'schen Zitats der positivistische Charakter der HEISENBERG'schen Interpretationsweise deutlich, nach der nur mehr das Wissen um den physikalischen Gegenstand Objekt der Wissenschaft sein kann. So stellt sich denn auch die *Born'sche*

---

20 W. Heisenberg: *Das Naturbild der heutigen Physik* (Rowohlt, 1955); S. 18

Wahrscheinlichkeitsinterpretation als Kernstück der Kopenhagener Deutung heraus. Entsprechend dieser wird die Wellenfunktion Ψ im Falle der Messung eines Quantenobjekts als Maß der Wahrscheinlichkeit angesehen, jenes in einem gewissen Zustand vorzufinden. Der Kollaps der Wellenfunktion stellt demzufolge nichts anderes dar als die instantane Wissensänderung um den Zustand des beobachteten Quantenobjekts, verursacht durch den Vorgang der Beobachtung, also Messung. Erst durch diesen Akt der Messung wird das Quantenobjekt einen konkreten Zustand annehmen und einer der Einzelzustände des Quantenobjekts in das Element der Realität überführt.

Wenn wir nun das SCHRÖDINGER'sche Katzenproblem aus Sicht der Kopenhagener Deutung betrachten, so bedeutet dies, dass die Superposition des radioaktiven Atoms über die gesamte Versuchskette auf die Katze übertragen werden muss. Solange die Katze mit der gesamten Versuchsanordnung zusammen in dem abgeschlossenen und isolierten System des Kastens verborgen ist, befindet sich nach BOHR'scher Deutung selbst das eigentliche »Makroobjekt Katze« in dem besagten Superpositionszustand aus $|\,tot\,\rangle)$ und $|\,lebendig\,\rangle$ (siehe Gleichung (12.2)).

Dazu muss jedoch gesagt sein, dass nach BOHR weder der Superpositionszustand des Atoms noch der der Katze Teile der *physikalischen Realität* sind. Erst durch den Vorgang der Messung des Zustands des jeweiligen Objekts wird einer der sich überlagernden Einzelzustände durch den Kollaps der Wellenfunktion zufällig »ausgewählt« (vgl. Zitat HEISENBERGS in Kap. 8) und in die physikalische Realität überführt. Die Wellenfunktion, die Wahrscheinlichkeitsamplitude, der Superpositionszustand etc. besitzen hier schlussendlich nur mathematisch-formale Bedeutung zur Berechnung von Eintrittswahrscheinlichkeiten bestimmter, klassischer Zustände, ohne dass jene Superpositionszustände selbst physikalische Realität besäßen.

Kritik: Mit dieser anti-realistischen Deutungsweise des quantenmechanischen Formalismus ist die Kopenhagener Deutung zwar in sich konsistent, doch bleiben offen gestanden immer noch viele Fragen unbeantwortet. Was kann denn praktisch überhaupt als ein geschlossenes System angesehen werden: Ist es das radioaktive Atom alleine, ist es der Inhalt des Kastens, ist es das gesamte Laboratorium oder doch erst das gesamte Universum? Wo liegen die Grenzen? Wer kann als Beobachter/Messender angesehen werden: Ist erst der Wissenschaftler im Labor der Beobachter? Warum kann nicht schon die Katze als Beobachter angesehen werden … etc.?

Diese Fragen und viele weitere bleiben schließlich doch unbeantwortet. Der Akt der Definition einzelner Instanzen spielt in der Kopenhagener Deutung eine unabstreitbar wichtige Rolle, doch bleibt er willkürlich und kriterienlos.

Was besagt die Viele-Welten-Interpretation?

Eine von der altehrwürdigen Kopenhagener Deutung sehr verschiedene Interpretationsweise, die auf einem damals beispiellosen Gedanken des Quantenphysikers HUGH EVERETT (1930–1982) aus seiner Doktorarbeit beruht, ist *die »relative state«* Formulierung der Quantenmechanik.[21] Etwas später ist sie nach einer Namensschöpfung BRYCE DEWITTS (1923–2004) unter der Bezeichnung *Viele-Welten-Interpretation* sehr bekannt geworden.

21 H. Everett: »Relative state« formulation of quantum mechanics. Rev. *Mod. Phys.* **29**, 454–62 (1957); Nachdruck u. a. in J. Wheeler, W. Zurek: *Quantum Theory and Measurement* (Princeton University Press, 1983); S. 315 ff

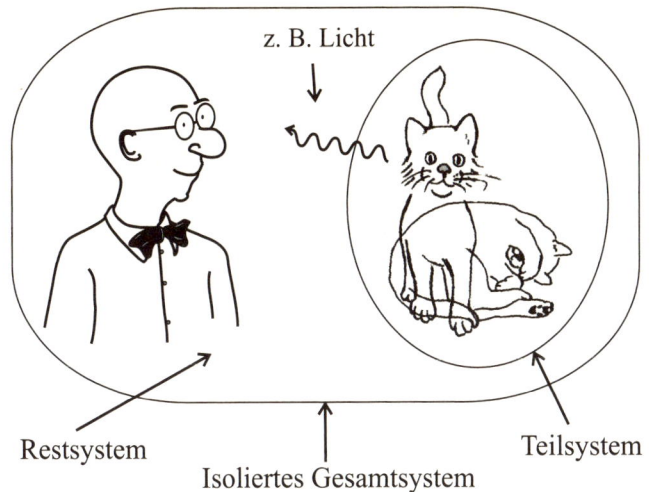

z. B. Licht

Restsystem   Teilsystem
          Isoliertes Gesamtsystem

Abb. 13.1 Das isolierte Gesamtsystem setzt sich aus Teilsystem (= »lebendig-tote« Katze) und Restsystem (= Beobachter) zusammen

Das Neuartige dieser Interpretation des quantenmechanischen Formalismus ist, wie EVERETT in seinem Papier von 1957 betont, vor allem die Annahme, die Schrödinger-Gleichung beschreibe eben nicht, wie in der Kopenhagener Deutung angenommen, nur unser *Wissen* über den Zustand eines Quantenobjekts, sondern sie liefere ausnahmslos für jedes isolierte Quantensystem die *vollständige* Beschreibung.

Ferner nimmt er dabei an, jedes beobachtbare, physikalische System könne als Teil eines größeren, isolierten Systems gedacht werden (siehe Abb. 13.1). Die aufgrund der durch Wechselwirkung der beiden Systeme (Teilsystem und Restsystem) bestehende Korrelation bewirkt nun, dass jenes Teilsystem nicht unabhängig vom Restsystem durch eine eindeutige Zustandsfunktion beschrieben werden kann. Ein wichtiger Punkt ist, dass jene Zustandsfunktion des Teilsystems dabei nur *relativ* zu der Zustandsfunktion des übrigen Systems Bedeutung besitzt.

Auf das in Abb. 13.1 dargestellte Beispiel übertragen, in dem das Teilsystem durch die Katze (in einer »lebendig-tot«-Superposition) und das Restsystem durch den beobachtenden Wissenschaftler im Labor repräsentiert sei, stellt sich EVERETTS überragende Idee folgendermaßen dar:

Die Korrelation von Katze und Beobachter verbietet eine *externe Beobachtung* des Teilsystems Katze, wie sie von der Kopenhagener Deutung aber impliziert wird. Vielmehr muss man in diesem Fall von einer *relativen Beobachtung* sprechen. Der Wissenschaftler beobachtet die Katze eben nicht objektiv von außen, sondern steht mit ihr unumgänglich in Verbindung, sodass sein »Messergebnis« über das Befinden der Katze nicht als global von absoluter Gültigkeit angesehen werden kann. Es ist eben nur von relativer Gültigkeit, abhängig davon, in welchem Zustand sich die Katze befindet.

Zwei in diesem einfachen Beispielfall korrelierte, alternative Zustände des isoliert gedachten Gesamtsystems (bestehend aus Katze K und Beobachter B) kann man sich wie folgt denken:

1. Wenn das Teilsystem im Zustand $|\,lebendig\,\rangle_K$ vorliegt, dann ist das Restsystem im Zustand $|\,froh\,\rangle_B$.
2. Wenn das Teilsystem sich im Zustand $|\,tot\,\rangle_K$ befindet, dann ist das Restsystem im Zustand $|\,traurig\,\rangle_B$.

EVERETT legt schließlich resümierend dar, auch wenn das Restsystem (= der Beobachter) nicht allein durch eine eindeutige Zustandsfunktion beschrieben werden kann, so liegt es doch in einer Superposition aus verschiedenen Einzelzuständen (hier: $|\,froh\,\rangle_B$ und $|\,traurig\,\rangle_B$ vor. Demgemäß gelangt er zu der im ersten Augenblick verblüffenden, dennoch völlig konsequenten Konklusion:

> »*Thus with each succeeding observation (or interaction), the observer state ›branches‹ into a number of different states. Each branch represents a different outcome of the measurement and the corresponding eigenstate for the object-system state. All branches exist simultaneously in the superposition after any given sequence of observations.*« [22]

Er kommt also zu dem Schluss, bei jeder Beobachtung/Wechselwirkung des Teilsystems durch das bzw. mit dem Restsystem teilte sich der Zustand des Restsystems in verschiedene Zweige auf, deren jeder ein real existenter sei. Jeder mögliche der in der anfänglichen Superposition enthaltenen Einzelzustände des Restsystems werde realisiert, sodass keine a priori abrupte und rätselhafte Reduktion der Wellenfunktion stattfinden müsse.

Auf diese Weise kann die EVERETT'sche Formulierung der Quantenmechanik mittels relativer Zustände die Notwendigkeit des unschönen, Paradoxa implizierenden Kollaps-Postulats umgehen, welches schließlich ein Kernstück der Kopenhagener Deutung ausmacht.

Ebenso verwies er nachdrücklich auf die Tatsache, dass eigentlich schon allein der (wie wir heute mehr als je zuvor wissen) über alle Maßen erfolgreiche mathematische Formalismus zu dem Konzept der relativen Zustände führt. Ein unschlagbares Argument für die Everett-Interpretation ist denn auch ihre unbestechliche Konsistenz. Typische Kopenhagener Definitionsprobleme, wie sie weiter oben als Kritik genannt

---

22 J. Wheeler, W. Zurek: *Quantum Theory and Measurement* (Princeton University Press, 1983); S. 320

wurden, werden durch die EVERETT'sche Deutungsweise als selbstverschuldete Scheinprobleme entlarvt.

Nach DEWITTS Auslegung der EVERETT'schen Idee werden diese jeweils physikalisch getrennt voneinander existierenden Einzelzustände eines in Superposition befindlichen (Quanten-)Systems in verschiedenen Welten realisiert gedacht. Die quantenmechanischen Superpositionen eines Quantenobjekts werden folglich gar nicht als lokal an ebendiesem gleichzeitig vorliegend betrachtet, sondern als simultan in unendlich vielen *Paralleluniversen* existierend angesehen.

Die formalen Einzelzustände eines Quantenobjekts, die sich nach dem mathematischen Formalismus der Quantenmechanik zu dem jeweiligen resultierenden Zustand des Quantenobjekts überlagern, sind aus dieser Sichtweise also alle gleichzeitig und einzeln lokal existent, jeder in einem eigenen Universum, das sich außer in dem einen gewissen Quantenzustand in keinem Punkt von seinem Mutteruniversum und den anderen Paralleluniversen unterscheidet. Jedes Mal, wenn sich in einem Universum die Möglichkeit verschiedener, alternativer Einzelzustände eines Quantenobjekts stellt, spaltet sich das Universum, die jeweilige DEWITT'sche Welt, auf, und alle möglichen Einzelzustände werden in ihrem eigenen, von der »Stammwelt« abgeleiteten Universum eingenommen.

Aber auch hierfür gilt: Seien Sie nicht entmutigt, wenn sie sich diese unendliche Anzahl von Parallelwelten nicht vorstellen können; Menschen sind wahrscheinlich prinzipiell nicht dazu in der Lage. Das will aber noch lange nichts heißen. Zweifelsohne hört sich diese alternative Deutung der Quantenmechanik, zumindest im ersten Moment, ein wenig kurios an, ja erinnert vielleicht sogar an Science-Fiction-Erzählungen wie Star-Trek und Co., doch handelt es sich hierbei in der Tat um eine ernst zu nehmende Möglichkeit physikalischer Realität.

Der gravierende Unterschied zur Kopenhagener Deutung liegt letztendlich darin, dass in der Viele-Welten-Interpretation wirklich alle möglichen Zustände in der physikalischen Realität eingenommen werden, wenn auch jeweils in einem eigenen Universum. Die althergebrachte Deutungsart jedoch schließt den selektiven Kollaps der Wellenfunktion ein, wodurch etwaige Alternativzustände einfach (auf mysteriöse Art und Weise) spurlos verschwinden.

Auf die SCHRÖDINGER'sche Katzenproblematik angewandt, ergibt sich dementsprechend, dass sich die Katze ebenso wie das radioaktive Atom zu jedem Zeitpunkt in einem konkreten Zustand befindet. Im einen Universum ist das Atom unzerfallen und die Katze lebt, im anderen ist es zerfallen und die Katze ist tot. Es stellt sich also gar nicht die Frage, wie der Kollaps der Wellenfunktion verursacht wird bzw. vor sich geht, da er ja überhaupt nicht stattfindet. Welcher der Einzelzustände in einem Universum gerade vorliegt, hängt ganz einfach davon ab, in welchem der existierenden Paralleluniversen sich der jeweilige Beobachter befindet, der den Katzenzustand misst.

Aber superponierte Zustände sind, wenn überhaupt, nur global für absolut isolierte Systeme von Bedeutung, welche jedoch naturgemäß nicht beobachtbar sind, da sie dann ja nicht mehr als isoliert angesehen werden können. Für alle praktisch relevanten Fälle, also diejenigen, in welchen eine Messung oder (vielleicht sogar unkontrollierte) Wechselwirkung stattfindet, endet jede Superposition von Quantenzuständen in einer Aufspaltung in entsprechende Parallelwelten.

Kritik: Der Hauptkritikpunkt der Viele-Welten-Interpretation ist wohl auch gleichzeitig der augenscheinlichste: Die Tatsache, dass eine offenkundig überaus schwer vorzustellende, unendliche Anzahl von Universen / Welten gleichzeitig existieren soll. Dies stellte denn auch das gravierendste Hindernis dieser Theorie dar, in der physikalischen Fachwelt größere Anerkennung zu gewinnen, gleichwohl die physikalische Stichhaltigkeit jener Kritik ebenfalls recht fragwürdig zu sein scheint. Nichtsdestotrotz fristet daher die Viele-Welten-Interpretation in der Regel, trotz ihrer Konsistenz und nicht zu unterschätzenden wissenschaftlichen Leistung, eher ein Nischendasein.

Eine physikalische Präzisierung der EVERETT'schen Ausgangsidee um den Aspekt des Dekohärenzmechanimus könnte allerdings zu einem neuen Interpretationsweg führen, wie er im Folgenden dargelegt wird.

Was besagt die Theorie der Dekohärenz?

Die Theorie der Dekohärenz stellt heutzutage in der Fachwelt für den Großteil der Quantenphysiker eine anerkannte Phänomenbeschreibung dar. Dies nicht zuletzt deshalb, weil das Auftreten von Dekohärenz ein sehr hartnäckiges, resistentes Hindernis bzw. ein schwer zu beseitigender Störfaktor für viele Experimente ist. Interessanterweise bietet sie einen Ansatzpunkt für eine der zurzeit vielleicht zuversichtlichsten Deutungsweisen. Dabei handelt es sich, im Gegensatz zur orthodoxen Kopenhagener Deutung, weniger um eine erkenntnistheoretisch *pragmatische*, als vielmehr um eine *begrifflich konsistente* Interpretationsart.

In dieser auf dem Dekohärenzmechanismus aufbauenden Interpretationsart geschieht das Verschwinden der Superpositionsfähigkeit verschiedener Zustände auf der Größenskala aufwärts durch die zwangsläufig gleichfalls zunehmende, unvermeidbare Wechselwirkung der Objekte mit ihrer Umgebung. So wird auch der Begriff *»Dekohärenz«* in der Publikation *»What is achieved by Decoherence?«* des die Theorie der

Dekohärenz maßgeblich prägenden Quantenphysikers H. DIE-
TER ZEH folgendermaßen definiert:

> *»... by decoherence I mean the practically irreversible and*
> *practically unavoidable [...] disappearance of certain phase*
> *relations from the states of local systems by interaction with*
> *their environment according to the Schrödinger equation.«* [23]

Beim irreversiblen Prozess der Dekohärenz wird also der kohärente Superpositionszustand eines physikalischen Objekts
durch den nicht verhinderbaren Einfluss der Umgebung zerstört. Die gewisse kohärente Phasenbeziehung der Komponen-
ten der Superposition geht durch Dekohärenz zwangsläufig
verloren. Dabei gilt, je größer ein gewisses Objekt ist, desto
eher wird es mit seiner Umgebung wechselwirken und desto
unwahrscheinlicher wird es in einem Zustand der Superposition erscheinen können.

Eine paar Beispiele sollen diesen Sachverhalt des Übergangs
vom Quantenmechanischen zum Klassischen etwas verdeutlichen:

Ein elektronisches Neutrino (Symbol: v_e) beispielsweise
wechselwirkt ausschließlich über die *schwache Wechselwirkung*,[24] *die* zweitschwächste der vier fundamentalen Wechselwirkungen im Universum.

Ein Fulleren-Molekül (vgl. Abb. 7.2), das seinerseits schon
aus einer recht großen Anzahl ganzer Kohlenstoffatome be-

---

23 *arXiv:* http://arxiv.org/abs/quant-ph/9610014 (1996)
24 Nach dem Standardmodell der Elementarteilchenphysik besitzen Neutri-
nos keine Ruhemasse. Es gilt jedoch schon fast als bewiesen, dass ihnen
sehr wohl eine, wenn auch winzig kleine, so doch endliche Ruhemasse zugeordnet werden kann, sodass sie außerdem sehr schwach über die Gravitation wechselwirken. Dies tut jedoch an dieser Stelle nichts Wesentliches
zur Sache.

steht (es können immerhin 60, 70, 80 und mehr sein), wechselwirkt hingegen schon sehr viel intensiver mit seiner Umgebung. Nicht nur, dass es – im Gegensatz zum harmlosen, strukturlosen Neutrino – über alle vier fundamentalen Wechselwirkungen mit seiner Umgebung interagieren kann, Fullerene sind im wahrsten Sinne des Wortes richtige *Makro*moleküle. Die immerhin etwa einen halben Nanometer großen, fußballähnlichen Strukturen müsste man eigentlich schon als »richtige«, quasi-klassische Teilchen bezeichnen dürfen, ähnlich sehr feinem Kohlestaub (wenn auch in einer ganz andersartigen Modifikation).

Umso interessanter ist es da, dass sogar bei einem seiner noch größeren, mit Fluor besetzten Verwandten (siehe Tafel IV), dem Fluorofulleren ($C_{60}F_{48}$), signifikante Welleneigenschaften nachgewiesen werden können, wie Interferenzexperimente um MARKUS ARNDT et al. 2003 zeigten.[25] Für diese sehr kurzzeitigen Experimente lassen sich jene beträchtlich großen Fluorofullerene also noch relativ gut gegen den natürlichen Dekohärenzprozess isolieren. Doch auch hier zeichnen sich schon bald engere Grenzen für zukünftige Spaltversuche mit noch größeren Objekten, wie beispielsweise kleineren Organismen, ab.

Eine Katze, ein Mensch oder andere makroskopische Systeme sind hingegen schon kaum mehr als isolierte Gebilde denkbar. Sie werden mit an Sicherheit grenzender Wahrscheinlichkeit keine Superpositionszustände aus $|tot\rangle$ und $|lebendig\rangle$ annehmen, jedenfalls kann unsere Lebenserfahrung diese Hypothese nicht gerade stützen. Nach der Deutung der Dekohärenz basiert dies auf dem einfachen Faktum, dass durch die bei

25 M. Arndt, B. Brezger, L. Hackermüller, K. Hornberger, E. Reiger, A. Zeilinger: The wave nature of biomolecules and fluorofullerenes. Phys. Rev. Lett. **91** (2003); *arXiv:* quant-ph/0309016 vl (2003)

makroskopischen Körpern (unvermeidbare) Wechselwirkung mit der Umgebung über Wärme- und Stoffaustausch die Kohärenz des Systems verlorengeht.

In seinem Artikel »*Decoherence and the Transition from Quantum to Classical*« erläuterte WOJCIECH ZUREK das Kernproblem des Beschreibungsversuchs makroskopischer Objekte mit Hilfe der Quantenmechanik mit den Worten:

> »*Macroscopic systems are never isolated from their environments. Therefore (…) they should not be expected to follow Schrödinger's equation, which is applicable only to a closed system.*«[26]

Makroskopische Objekte können aus offensichtlichen Gründen nicht als isoliert angesehen werden. Folglich können sie auch a priori nicht als geschlossene Systeme betrachtet oder beschrieben werden. Die zwangsläufige Wechselwirkung mit der Umgebung zerstört den quantenmechanischen Superpositionszustand und führt als Endresultat zu den gewohnten, nicht superponierten Einzelzuständen der Objekte unserer Größenordnung.

Bezüglich der SCHRÖDINGERschen Katzenparadoxie lässt sich im Sinne der Dekohärenz-Deutung aussagen, dass die Wechselwirkung der Katze mit ihrer Umgebung, wie z. B. der Luft, die sie umgibt (und die sie zwingend zum Überleben benötigt), oder der Wärmestrahlung, die sie emittiert, die Superposition aus eigentlich gleichzeitig toter und lebendiger Katze zerstört.

Nun könnte man zwar einwenden, dass sich der gesamte Inhalt des Kastens, und zwar wirklich alles, d. h., sowohl radioaktives Atom als auch Zählrohr, Hammer, Fläschchen und Katze

---

26 publiziert in Los Alamos Science **27** (2002)

inklusive Luftmolekülen und Wärmestrahlung, in einem alles übergreifenden Superpositionszustand befindet. Der Inhalt des Kastens wäre somit als perfekt isoliertes System gegen Dekohärenz immunisiert. Doch tatsächlich stellt dies eine unzulängliche Idealisierung dar, weil das Makroobjekt Kasten für alle praktisch relevanten Fälle eben nicht als isoliertes System angesehen werden kann.

Der markanteste Unterschied der Theorie der Dekohärenz zur althergebrachten Kopenhagener Deutung ist, dass der als abstraktes Hilfspostulat fungierende unangenehme, da instantane Kollaps der Wellenfunktion überflüssig und daher verworfen wird. An seine Stelle tritt der so genannte *Dekohärenzvorgang*, ein physikalischer Prozess, welcher eine endliche Zeit in Anspruch nimmt und somit – um es nochmals zu betonen – *nicht* instantan verläuft. Er stellt eine unitäre Zeitentwicklung dar, wobei die Dekohärenz (also das Verschwinden von Interferenz) die Folge einer unitären Zeitentwicklung jenes Systems und seiner Umgebung ist.

Wie beispielsweise in neueren Experimenten durch SERGE HAROCHE in Paris gezeigt werden konnte, ist es durchaus schon heute möglich, die theoretisch prognostizierten *Dekohärenzzeiten* für gewisse Versuchsanordnungen aussagekräftig experimentell zu verifizieren. So muss die Theorie der Dekohärenz schließlich der veralteten Kopenhagener Deutung den Rang ablaufen, denn die von Letzterer vorhergesagten, instantanen Kollapse finden offensichtlich im Experiment nicht statt. Es bestehen also nicht nur in theoretischer Hinsicht erlesene, ja gravierende Differenzen zwischen diesen beiden Deutungsweisen, sondern auch experimentell betrachtet kann durch die bestehenden Unterschiede eine qualifizierte Entscheidung über ihre Brauchbarkeit getroffen werden. Typische Kopenhagener Begriffe wie die BOHR'sche Komplementarität oder das

Dualismus-Prinzip des Wellen- bzw. Teilchenbildes scheinen angesichts dieser Aspekte überflüssig, wenn nicht sogar irreführend zu sein.

Um diese offensichtlich sehr erfolgreiche Theorie der Dekohärenz ein wenig differenzierter erfassen zu können, wollen wir nun den von ihr beschriebenen Dekohärenzvorgang anhand eines einfachen Beispiels etwas genauer unter die Lupe nehmen:

Rufen Sie sich noch einmal die SCHRÖDINGER'sche Katze zurück ins Gedächtnis, die – verursacht durch das radioaktive Atom – eine Halbwertszeit von einer Stunde besitzt, d. h., die nach einer Stunde mit 50%iger Wahrscheinlichkeit noch lebendig und mit einer ebenso großen tot ist. Stellen Sie sich demgemäß vor, im Fall 1) (siehe Abb. 13.2) ist die berühmte Katze (= das superponierte System, kurz: S) im »lebendigen« Zustand und ein horizontal »nach links« ankommendes Photon (= die Umgebung, kurz: U), das senkrecht gegen ihren Rücken trifft, wird »nach rechts« reflektiert. Im Fall 2) hingegen,

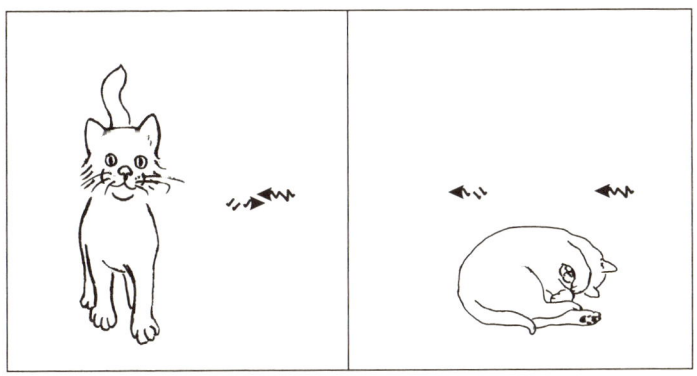

Abb. 13.2 Die zwei möglichen, alternativen Zustände: links 1) bzw. rechts 2)

in dem die Katze in den »toten« Zustand übergegangen ist, liegt sie leblos auf dem Boden, sodass das »nach links« ankommende Photon nicht an ihrem Rücken reflektiert wird, sondern sich weiterhin »nach links« fortbewegt.

Ein wenig schematischer ausgedrückt erhalten wir also die beiden Fälle:

1. Wenn System S den Zustand $| \text{lebendig} \rangle$ einnimmt, ist System U gezwungenermaßen im Zustand $| \text{nach rechts} \rangle$ vorzufinden.

2. Wenn System S in den Zustand $| \text{tot} \rangle$ übergegangen ist, so behält System U logischerweise den Zustand $| \text{nach links} \rangle$ bei.

Betrachten wir jetzt den genauen Vorgang der Dekohärenz: Bevor eine Wechselwirkung der Systeme S und U stattfindet, befindet sich zunächst das Katzensystem S in dem uns bekannten Superpositionszustand aus »tot« und »lebendig«. Das Photonensystem U hingegen befindet sich vor der Wechselwirkung der Systeme zweifellos in dem bestimmten Zustand »nach links«. Für das Gesamtsystem S + U erhält man somit in DIRAC'scher Schreibweise, bevor das Photon mit der Katze wechselwirken kann, die Superposition

$$| \Psi \rangle_{vor} = \frac{1}{\sqrt{2}} \; (| \text{lebendig} \rangle_S \, | \text{nach rechts} \rangle_U +$$

$$| \text{tot} \rangle_S | \text{nach rechts} \rangle_U) . \tag{13.1}$$

Diesen Superpositionszustand macht aus, dass er faktorisierbar, man sagt auch *Einstein separabel*, ist, denn man kann ihn auch als Produkt der Form

$$| \Psi \rangle_{vor} = \frac{1}{\sqrt{2}} (| \text{lebendig} \rangle_S +$$

$$| \text{tot} \rangle_S) | \text{nach rechts} \rangle_U \tag{13.2}$$

schreiben. Diese Faktorisierbarkeit ist gleichzusetzen mit der Fähigkeit des Systems S, in einer Superposition vorzuliegen. Hierbei befindet sich ausschließlich das Lokalsystem S in einer Superposition. Dies ist ein überaus bedeutender Punkt, wie wir an späterer Stelle noch erkennen werden.

Wird jetzt allerdings eine Wechselwirkung zwischen System S und System U dadurch möglich, dass – je nach Zustand der Katze – das Photon entweder reflektiert wird oder sich ungestört weiterbewegt, so ändert sich der Gesamtzustand des Systems S + U gravierend, denn in diesem Fall muss er nunmehr

$$| \Psi \rangle_{nach} = \frac{1}{\sqrt{2}} \, (| \,lebendig\, \rangle_S \,| \,nach\ rechts\, \rangle_U +$$

$$| \,tot\, \rangle_S \,| \,nach\ links\, \rangle_U) \tag{13.3}$$

lauten. Die *lokale* Superposition des Katzensystems S ist durch den De*kohärenzvorgang* in eine *globale* Superposition aus Katze und Umgebung übergegangen. Jener superponierte Gesamtzustand aus Gleichung (13.3) allerdings ist aus ersichtlichen Gründen nicht mehr faktorisierbar. Genau dieser prinzipielle Unterschied zwischen $| \Psi \rangle_{vor}$ und $| \Psi \rangle_{nach}$ ist es, der die Superpositionsfähigkeit des Systems S verschwinden lässt.

Es handelt sich bei (13.3) demgemäß nicht mehr um einen Superpositionszustand der Katze allein, sondern um einen bestimmten, *verschränkten Zustand*, den wir entweder als »lebendig und nach rechts« oder als »tot und nach links« bezeichnen würden. Und dies sind in der Tat die Zustände, die wir aus unserer Größenordnung gewohnt sind. Die irreversible Dekohärenz geschieht durch die Wechselwirkung von System S mit U.

Es ist dies sicherlich eine überraschend einfache Erkenntnis, denn jene elegante Lösung des Katzenparadoxons erlangten wir in vollkommenem Einklang mit dem mathematischen Formalismus der Quantenmechanik, aber wohlgemerkt ohne den unschönen, Paradoxa implizierenden Kollaps der Wellenfunktion. So muss kein instantaner Zusammenbruch von Wellen postuliert werden – der Dekohärenzprozess benötigt tatsächlich einen (durchaus auch berechenbaren) Zeitraum –, sondern die Quantenmechanik alleine liefert eine konsistente, allumfassende physikalische Theorie, insbesondere auch für den Zwischenbereich des Mikro-Makro-Übergangs.

Ein weiterer, dem realistischen Naturwissenschaftler sicherlich angenehmer Punkt ist, dass Superpositionszustände nicht zwingend als rein mathematische Konstruktionen angesehen werden müssen. Der BOHR'sche Positivismus weicht hier einem wissenschaftlichen Realismus, wodurch ein gewisses Maß an Objektivität bzw. Objektivierbarkeit zurückerlangt wird.

Kritik: Auch wenn die Dekohärenz-Theorie schließlich den berechtigten Anspruch erhebt, eine allumfassende und konsistente physikalische Theorie zu sein, die auch den Übergangsbereich zwischen Mikro- und Makroebene ohne fragwürdige, instantane Kollapse vollständig zu beschreiben vermag, so bleiben doch auch in dieser Interpretation der Dekohärenz ein paar Fragen offen.

Beispielhaft sei hier ein Zitat der Quantenphysiker MARKUS ARNDT, KLAUS HORNBERGER und ANTON ZEILINGER aus ihrem Artikel *»Probing the Limits of quantum world«* angeführt:

> *»Decoherence cannot therefore solve the philosophical problem of understanding the human preception of a particular reality. However, it can explain the emergence of classicality, that is how and when an object loses its quantum features and becomes indistinguishable from a classical description.«* [27]

27 publiziert in Physics World **18**, 3 (2005)

Hier wird dem Faktum Ausdruck verliehen, dass die Dekohärenz-Theorie mittels quantenmechanischer Beschreibung zwar die Nicht-Separabilität zu beschreiben vermag, doch die Frage, weshalb diese zum Verschwinden der Superpositionsfähigkeit des Systems führt, wird als immer noch unangetastetes philosophisches Problem herausgestellt (mögliche Lösungsansätze dieses Problems werden weiter unten aufgeführt).

Abschließend sei nochmals ausdrücklich betont, dass diese drei Interpretationsansätze nur eine kleine Auswahl der bedeutendsten existierenden Deutungsmöglichkeiten darstellen.

Welche Interpretation entspricht der »Realität«?

Es sei schon hier erwähnt, dass wir zu einem späteren, passenderen Zeitpunkt noch eine weitere der am Anfang dieses Kapitels erwähnten Auslegungen der Quantenmechanik kennenlernen werden, die auf den genialen Physiker, Philosophen und Querdenker DAVID BOHM (1917–1992) zurückgeht und daher auch als *Bohm'sche Mechanik* bezeichnet wird. Eine Diskussion ebendieser Mechanik wäre jetzt allerdings noch hoffnungslos verfrüht. Doch werden wir dies im Zusammenhang mit der Betrachtung des EPR-Paradoxons nachholen.

Neben den hier behandelten Grundinterpretationsarten gibt es außerdem zahlreiche, durch Abwandlungen und Erweiterungen modifizierte, ähnliche Interpretationstheorien. Allerdings kann keine von ihnen als »richtig«, »wahr« oder gar als »der Realität entsprechend« bezeichnet werden. Es handelt sich schlechthin um besonders weit entwickelte Deutungsweisen, aber es sind und bleiben Interpretationen. Über ihre Korrektheit bzw. Inkorrektheit lässt sich nur sehr schwer urteilen. Schließlich können erst stichhaltige, experimentelle Verifikationen bzw. Falsifikationen, deren Durchführung aktuell im

Zusammenhang mit Dekohärenzprozessen angestrebt wird, wirklich befriedigende Argumente für die eine und gegen eine andere Theorie liefern und somit akzeptabel für eine begründete Beurteilung einer gewissen Deutung sein.

Die Theorie der Dekohärenz ist allerdings heute, wie wir erfahren haben, durch ihre vielfältigen, beeindruckenden experimentellen Verifikationen mit Berechtigung schon allgemein anerkannt. Die ursprüngliche Fassung der Kopenhagener Deutung ist angesichts dieser modernen Erkenntnisse vielleicht nicht mehr als nur die *althergebrachte* Interpretation der Quantenmechanik anzusehen, sondern eher als die *antiquierte*.

Doch auch in der jetzigen Zeit ist eine gewisse »Lücke« der reinen Dekohärenztheorie Ursache für Diskrepanzen in der quantenphysikalischen Fachwelt. Das Problem ist nämlich, dass die Dekohärenz-Theorie zwar auf bemerkenswerte Art und Weise das Verschwinden der Interferenzfähigkeit zu erklären vermag, doch die Frage, wie und warum nun von allen möglichen ausschließlich ein einziger der (bisweilen unendlich) vielen reinen Einzelzustände eines Quantenobjekts ausgewählt wird, bleibt von der Dekohärenz völlig unangetastet. So muss man nachdrücklich betonen, dass die Dekohärenz-Theorie doch nicht ganz ohne entweder

a) ein kollapsähnliches Auswahlpostulat zur Reduktion auf einen einzigen Einzelzustand des (Quanten-)Objekts oder

b) eine Deutung in Richtung der Everett-Interpretation durch die simple Realisierung aller möglichen Einzelzustände in jeweilig parallelen Welten

auskommt, weil die zur Beschreibung verwendete so genannte *Dichtematrix* nach dem Dekohärenzvorgang zwar keine Interferenzterme mehr enthält, wohl aber alle alternativen Einzelzustände zulässt. Bezüglich der Frage danach, welche dieser beiden Möglichkeiten a) bzw. b) wohl der physikalischen Realität entsprechen, sei hier noch einmal auf das Zitat von ERICH JOOS und CLAUS KIEFER aus Abschnitt 11.2 verwiesen, wonach eine Entscheidung für oder gegen den einen oder anderen Lösungsansatz aufgrund der Schwierigkeit einer aussagekräftigen, experimentellen Verifikation bzw. Falsifikation vorerst Geschmackssache bleibt.

Die resultierende Frage – etwas provokant formuliert – lautet also: Handelt es sich um eine Theorie, die unendlich viele parallele Welten vorhersagt, oder um eine andere, die von Grund auf inkonsistent und mit unbegründeten Postulaten behaftet ist?

Der Ehrlichkeit halber muss ich letztlich eingestehen, dass ich mich nicht befähigt fühle, mir über ebendiese Frage ein Urteil zu erlauben, denn es handelt sich hierbei, wenn man es genau nimmt, um höchst komplexe und umfangreiche Theoriengebäude. Dieses Vorhaben wäre aus meiner Perspektive definitiv vermessen.

Da ist es aus einer relativ unvoreingenommenen, neutralen Position wie der unsrigen schon recht amüsant, dass die Verfechter der einzelnen Interpretationstheorien in Publikationen und Interviews versuchen, den mit ihrer eigenen Interpretationsart konkurrierenden Theorien den Rang abzuerkennen, eine akzeptable Lösung für die Nichtexistenz makroskopischer Superpositionen zu liefern. Angesichts dessen drängt sich der spontane Eindruck auf, dass auch eine (zumindest geringfügige) Portion Subjektivität, Intuition und Glaube an die eigene Erkenntnisfähigkeit in diese Debatte der Deutungstheorien mit einfließt.

Es bleibt schließlich die Hoffnung, dass künftige Experimente stichhaltige Daten liefern mögen, um die verschiedenen Interpretationsansätze aussagekräftig bewerten zu können.

14 Das EPR-Paradoxon

Was ist das EPR-Paradoxon und woher kommt es?

Die eklatante Abneigung EINSTEINS gegenüber der Unschärferelation HEISENBERGS ist uns bereits wohlbekannt. Auch wenn
BOHR, wie wir in Kap. 9 erfuhren, stets dazu in der Lage war,
EINSTEINS Kritik an seiner Theorie durch gekonnte Gegenar-
gumentation abzuwehren, so hielt EINSTEINS Widerwille gegenüber der Behauptung, die Quantenmechanik liefere eine
vollständige Beschreibung der physikalischen Prozesse des Mikrokosmos, doch ungebrochen an.

Im Jahr 1935 formulierten daher ALBERT EINSTEIN und seine
zwei jüngeren Kollegen BORIS PODOLSKY und NATHAN ROSEN in
ihrer berühmten gemeinsamen Publikation »*Can quantum-mechanical description of physical reality be considered complete?*«[28] ein sehr interessantes und bedeutendes Gedankenexperiment, welches nach seinen Urhebern als *Einstein-Podol-
sky-Rosen-Paradoxon* oder kurz *EPR-Paradoxon* bezeichnet
wird. Dabei handelt es sich um den Vorschlag, die EINSTEINS
Meinung nach nur *scheinbar* unvermeidbare Unschärfe der
Quantenobjekte, welche bekanntlich in der HEISENBERG'schen

28 Original publiziert in Phys. Rev. **47**, 777–80 (1935); Nachdruck u. a. in
J. Wheeler, W. Zurek: *Quantum Theory and Measurement* (Princeton University Press, 1983); S. 137 ff

Unschärferelation zutage tritt, experimentell durch einen überaus geschickt gewählten Versuchsaufbau zu umgehen. Zu diesem Zweck legten die drei Autoren die folgenden Überlegungen dar, mit Hilfe deren sie jene Unschärferelation bezüglich Impuls und Aufenthaltsort auf elegante Weise zu umschiffen versuchten, sodass die ihrer Meinung nach zweifelsfreie Unvollständigkeit der quantenmechanischen Sichtweise offenkundig werden musste. Aufgrund der ungemein wichtigen Stellung dieser zentralen Arbeit wollen wir uns nun ein wenig detaillierter mit ihr auseinandersetzen.

Zu Beginn ihrer Abhandlung legten EINSTEIN, PODOLSKY und ROSEN zwei zentrale Definitionen dar, die wir an gegebener Stelle schon während der Diskussion der Bohr-Einstein-Debatte erwähnten. Wegen ihrer Bedeutung seien sie hier nochmals zusammengestellt:

Die Vollständigkeit: Von der Vollständigkeit einer Theorie spricht man dann, wenn jedem Element in der Realität genau eines in der physikalischen Theorie entspricht.

Das Realitätskriterium: Eine physikalische Größe ist dann ein Element der Realität, wenn es mit Sicherheit vorausgesagt werden kann, ohne das System zu stören.

Diese Definitionen sind von grundlegender Wichtigkeit, denn sie liefern die Basis zum Verständnis der EINSTEIN'schen Sichtweise.

Ihm und seinen zwei Assistenten war ebenso wie uns bekannt, dass nach der Quantenmechanik der Zustand eines Teilchens, wie z. B. der eines Elektrons, durch die quantenmechanische Wellenfunktion Ψ beschrieben wird, deren zeitliche Entwicklung sich mit der Schrödinger-Gleichung bestimmen lässt. Des Weiteren ist uns bereits vertraut, dass nach dem Prinzip der Heisenberg'schen Unschärferelation quantenmechanisch gesehen Aufenthaltsort und Impuls nicht gleichzeitig beliebig genau bestimmt werden können. Nun ist es quantenmechanisch eine fraglose Tatsache, dass, misst man den Impuls eines Elektrons, sein Aufenthaltsort nicht gleichzeitig genau bestimmbar ist. Durch den Vorgang der Impulsmessung wird der superponierte Quantenzustand des Elektrons zerstört, die Reduktion des Wellenpakets tritt ein – der Kollaps der Wellenfunktion Ψ wird ausgelöst.

Diese Erkenntnis allerdings, dass immer nur entweder Impuls oder Aufenthaltsort genau bestimmt sein können, führte die drei erklärten »Nicht-Quantenmechaniker« zu der Feststellung, dass es freilich nur zwei Möglichkeiten in Hinblick auf die physikalische Realität geben kann:

a) Die Beschreibung durch die Quantenmechanik ist unvollständig.

b) Die beiden physikalischen Größen (hier: x und p) besitzen nicht gleichzeitig Realität.

Offensichtlich musste mindestens einer dieser beiden Sätze wahr sein.

Würden wir im Falle des eben angesprochenen Elektrons dennoch versuchen, durch eine präzise Ortsmessung eine Information über den konkreten Aufenthaltsort des Elektrons zu gewinnen, würden wir seinen Impuls gezwungenermaßen erheblich stören. Im Einklang mit dem EINSTEIN'schen Realitätskriterium muss also, wenn die Quantenmechanik entgegen Satz a) als vollständige Theorie angesehen werden soll, geschlussfolgert werden, dass Impuls und Aufenthaltsort eines Quantenobjekts entsprechend Satz b) nicht gleichzeitig Realität zugesprochen werden kann. Denn es können niemals gleichzeitig beide Größen präzise gemessen werden, weil die Messung der einen die andere gewichtig stört. Zu jedem Zeitpunkt besitzt demgemäß nur höchstens eine der Größen Impuls bzw. Aufenthaltsort Realität. Niemals jedoch beide gleichzeitig.

Obwohl sich die Lösung, den klassischen Realitätsbegriff (von Impuls und Aufenthaltsort) schlicht aufzugeben, zwar zunächst ganz vernünftig anhört, läge man, so EINSTEIN, mit dieser »quantenmechanikfreundlichen« Behauptung leider falsch, da bei diesem Schnellschuss ganz wesentliche Argumente außer Acht blieben und folglich eine inkorrekte Konklusion resultiere.

So setzte EINSTEIN nun zum gekonnten Schlag an, mit dem er die Unvollständigkeit der Quantenmechanik offenbaren wollte, indem er die Ungültigkeit des Satzes b) darlegte. Hierzu formulierte er zusammen mit PODOLSKY und ROSEN das später unter dem Namen *EPR-Paradoxon* bekannt gewordene Gedankenexperiment.

Wie sieht der gedankliche Versuchsaufbau des EPR-Experiments aus?

Man stelle sich eine besondere Teilchenquelle vor, die – wie in Abb. 14.1 zu sehen – stets zwei Teilchen in entgegengesetzte Richtung entsendet, die wir fortan mit A und B bezeichnen wollen. Die beiden Teilchen A und B sollen während der nun folgenden Versuchsdauer Δt keine Möglichkeit der Interaktion, also Wechselwirkung haben. Dies ist recht leicht einzurichten, denn Wechselwirkungen können im Einklang mit der speziellen Relativitätstheorie prinzipiell nicht schneller als mit Lichtgeschwindigkeit vor sich gehen, da diese die höchstmögliche Geschwindigkeit für jegliche Art der Informationsübertragung darstellt. Indem man nun die Entfernung Δs zwischen

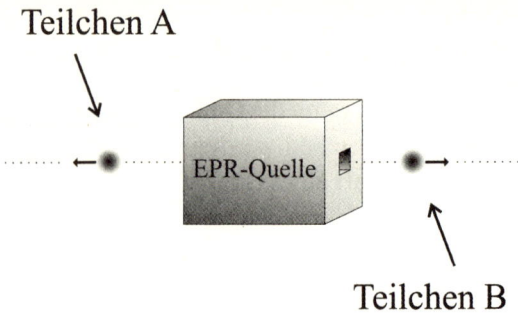

Abb. 14.1 Die EPR-Quelle sendet immer zwei Teilchen A und B in entgegengesetzte Richtung aus

A und B so wählt, dass sie stets größer ist als der Weg, den das Licht in der Zeit Δt zurücklegen kann, lässt sich ganz leicht die Unmöglichkeit einer Interaktion von A und B während des Zeitraums Δt sicherstellen. Die Mindestentfernung Δs der Teilchen für den Versuchszeitraum Δt muss also lediglich der Gleichung

$$\Delta s = c \cdot \Delta t \qquad (14.1)$$

gehorchen, wobei c der Lichtgeschwindigkeit entspricht.

Da folglich unter dieser Voraussetzung (14.1) selbst die Lichtgeschwindigkeit als schnellste aller möglichen Geschwindigkeiten von Wechselwirkungen zu langsam ist, um irgendeine Form von Information von A nach B zu übermitteln, spricht man von der *Lokalität* der beiden Teilchen A und B. Sie sind lokal voneinander getrennt, woraus resultiert, dass ein beliebiges Ereignis bei Teilchen A keine Möglichkeit der Beeinflussung des Teilchens B haben kann. Das wäre jedenfalls ein zwingender Schluss, wenn man EINSTEINS spezieller Relativitätstheorie uneingeschränkt Glauben schenken will, wogegen zunächst eigentlich nichts sprechen sollte.

Des Weiteren soll der Gesamtzustand Ψ_{AB} des Gesamtsystems (bestehend aus Partikel A und B) bekannt sein, sodass die zeitliche Entwicklung über die Schrödinger-Gleichung offenliegt. Die Einzelzustände der beiden Teilchen sind dabei jedoch vollkommen unbestimmt. Nur das Gesamtsystem ist quantenmechanisch berechenbar, nicht aber die Einzelzustände der isolierten Teilchen.

Versuchten wir trotzdem, die Einzelzustände von A und B zu erfahren, so würden wir zwangsläufig den quantenmechanischen Gesamtzustand Ψ_{AB} zerstören und die Wellenfunktion erführe eine unstetige Änderung. Es würde also schließlich zum allseits gefürchteten Kollaps der Wellenfunktion kommen. Die Wellenfunktion Ψ_{AB} gibt somit den höchsten Grad an Information wieder, den man quantenmechanisch gesehen über das System A+B erlangen kann bzw. der an diesem System überhaupt vorliegt. Sie bildet die vollständige Beschreibung des Quantensystems A+B.

Auf dieser quantenmechanischen Basis stellten EINSTEIN und Co. folgende Überlegung an: Nähme man dementsprechend z. B. eine Ortsmessung an A vor, so ist zunächst einmal quantenmechanisch bekannt, dass dessen Impuls nicht gleichzeitig beliebig gewiss bestimmt werden kann. Jedoch – und dies ist der zentrale Punkt – darf diese an Teilchen A durchgeführte Messung, zumindest während des weiter oben besprochenen Zeitraums Δt, keinen Einfluss auf Teilchen B haben, denn eine Wechselwirkung zwischen A und B ist durch die Einhaltung der in Gleichung (14.1) angeführten *Lokalitätsbedingung* vollkommen ausgeschlossen. Die Lokalität der beiden Teilchen verbietet ein kausales Zusammenhängen von A und B. Teilchen B kann zumindest bis zum Ablauf des Zeitraums Δt, der freilich mit dem Zeitpunkt der Messung an A beginnt, gar nichts von unserer *heimlichen* Impulsmessung an Teilchen A »wissen«, denn jegliche Information, welche von A nach B übertragen werden könnte, käme erst nach Ablauf von Δt bei B an.

Folglich könnte während des Zeitraums Δt von B unbemerkt an Teilchen A genauso gut eine beliebig präzise Ortsmessung vorgenommen werden, ohne B zu beeinflussen.

Wichtig hieran ist nun, dass B im Vorhinein ja gar nicht wissen kann, wie wir Messenden uns entscheiden werden, ob wir nun den Impuls oder den Aufenthaltsort von A (und somit indirekt auch von B) messen werden, da wir dies schließlich im letzten Moment vor der Messung spontan und willkürlich zu einem solchen Zeitpunkt entscheiden können, dass eine (maximal lichtschnelle) Information nicht mehr rechtzeitig bei B ankommen kann (siehe B-Lokalitätsbedingung (14.1)). Doch offenkundig ist, dass wir – aufgrund der *Korrelation* zwischen A und B – über die Ergebnisse der Impuls- bzw. Ortsmessung an A auch die jeweiligen Werte für B kennen werden, ohne B in irgendeiner Weise zu stören.

Dies bedeutet aber entsprechend des Realitätskriteriums, dass sowohl Impuls als auch Aufenthaltsort von B Elemente der Realität sind und dies *gleichzeitig*, weil diese konkreten Eigenschaften Impuls und Aufenthaltsort schon vor der eigentlichen Messung irgendwie am System B bestanden haben müssen, da beide gleichermaßen spontan »abrufbar« sind und dies, ohne dass eine Wechselwirkung mit A nötig bzw. überhaupt möglich wäre.

EINSTEIN stellte also eigentlich zur Debatte, woher denn bitte – nähme man die Vollständigkeit der quantenmechanischen Theorie an – Teilchen B wissen sollte, ob der Impulsbetrag von A gemessen, oder der Aufenthaltsort von A bestimmt, oder ob überhaupt eine Messung an A vorgenommen wurde, wenn doch eine Interaktion der beiden Teilchen untereinander aufgrund der relativistisch kausalen Trennung offensichtlich unmöglich ist.

Wollte man dennoch weiterhin auf der Annahme beharren, die Quantenmechanik böte eine vollständige Beschreibung der Vorgänge im Mikrokosmos, so müsste man von dem Vorhandensein eines sehr speziellen Fernwirkungsmechanismus ausgehen, den EINSTEIN abfällig als »spukhafte Fernwirkung« bezeichnete. Dieser müsste über beliebig große Strecken instantan Information von A nach B übertragen können, sodass A und B im Einklang mit den Prinzipien der Quantenmechanik spontan, im Augenblick der Messung an A, objektiv zufällige, aber zusammenpassende Werte für Impuls bzw. Aufenthaltsort der Teilchen annehmen könnten. Ein solcher *Fernwirkungsmechanismus* würde dabei nicht nur ein vollkommen neues und in der bisherigen Physik nicht auftauchendes Phänomen sein, sondern es widerspräche auch noch sowohl der natürlichen Alltagserfahrung als auch der gesamten menschlichen Intuition in Hinsicht auf das grundsätzliche Verständnis der Natur.

So lautet EINSTEINS Konklusion schließlich: Wenn an System B sowohl Impuls einerseits als auch Aufenthaltsort andererseits ohne Störung desselbigen beliebig genau bestimmt werden können, kann nach dem Realitätskriterium gleichzeitig jeder dieser beiden physikalischen Größen gleichermaßen Realität zugesprochen werden, sodass Satz b) negiert werden muss und Satz a) folglich als zutreffend zu betrachten ist:

Die quantenmechanische Betrachtungsweise muss als unvollständig angesehen werden. Sie ist nicht in der Lage, alle in der Realität auftauchenden physikalischen Größen theoretisch zu erfassen.

Ist also doch kein Paradigmenwechsel durch die Quantenmechanik nötig?

Man könnte folglich meinen, der Fall sei eigentlich recht klar: Die Quantenmechanik sei, so sehr es HEISENBERG, BOHR usw. auch schmerzen mag, schlichtweg unvollständig, und es läge nur noch daran, eine bessere, vollständige Theorie zu finden, die auch die kleineren, bisher verborgenen oder besser gesagt noch nicht berücksichtigten, aber dennoch vorhandenen physikalischen Größen enthält. Das klassische Weltbild hätte über das sprunghafte, wahrscheinlichkeitsabhängige Wesen der unanschaulichen Quantenmechanik gesiegt. Und wir sollten uns endlich auf die Suche nach jener präziseren und umfassenderen *Theorie verborgener Variablen* machen. Der durch die Formulierung der Kopenhagener Quantenmechanik heraufbeschworene *Paradigmenwechsel* des Aufgebens der Objektivierbarkeit, des Aufgebens der Lokalität, des Aufgebens der gleichzeitigen Existenz so genannter komplementärer Größen an einem Quantenobjekt, ja des Aufgebens des grundliegenden Vertrauens in den gesunden Menschenverstand sei vollkommen unnötig, da eine klassische Theorie über eine Ergänzung durch verborgene Variable die Realität im Gegensatz zur Quantenmechanik vollständig zu beschreiben in der Lage ist. Wir sollten also am angenehmeren *klassischen Weltbild* festhalten und die besagten verborgenen Parameter finden.

Wenn diese gegen die Quantenmechanik gerichtete Meinung auch zunächst überzeugen mag, so sei doch zu Vorsicht ermahnt, denn dass der hier vorliegende Sachverhalt in Wirklichkeit leider nicht so einfach ist, wie es scheinen mag, wird sich im Folgenden noch zeigen. Es sei deshalb Vorsicht geboten, nicht vorschnelle Schlüsse zu ziehen, nur weil die eigene momentane Perspektive – zugegebenermaßen durch das klassische Weltbild bestimmt – die ein oder andere Theorie als angenehmer und deshalb wahrer nahelegt. Natürlich ist es schwer, ein lange Zeit akzeptiertes Weltbild im Sinne eines epistemologischen, also erkenntnistheoretischen Paradigmas zu verwerfen und ein anderes anzunehmen, doch dies wäre schließlich auch nicht das erste Mal, dass ein Paradigmenwechsel, eine wissenschaftliche Revolution geschieht.

Schon der Italiener GALILEO GALILEI (1564–1642) löste als zentraler Begründer der modernen Naturwissenschaft durch seine bahnbrechend neuen Methoden und Erkenntnisse einen solchen Paradigmenwechsel aus, indem er mit seiner neuen, erkenntnistheoretischen Theorie der Naturbeschreibung durch die Sprache der Mathematik die aristotelische Ontologie ablöste.

Ein ebenfalls völlig neues Weltbild und wissenschaftliches Paradigma wurde durch den Engländer ISAAC NEWTON (1643–1727), den man mit Recht als den Begründer der klassischen Physik bezeichnen kann, eingeleitet, indem sich das neue mechanistische Weltbild nicht zuletzt durch die Formulierung seines sowohl im Himmel als auch auf Erden allgemein gültigen Gravitationsgesetzes durchsetzte.

Es war ausgerechnet der sich so heftig gegen das quantenmechanische Weltbild auflehnende ALBERT EINSTEIN selbst, der durch seine Aufstellung der speziellen und allgemeinen *Relativitätstheorie* unser zeitgenössisches Verständnis von Raum, Zeit und absoluten Bezugssystemen revolutionierte und dadurch das althergebrachte, wohlakzeptierte mechanistische Zeitalter ablöste. Welche Ironie, dass er angesichts seiner eigenen Revolution des physikalischen Weltbildes jenes der Quantenmechanik nicht akzeptieren konnte.

Ist die Quantenmechanik tatsächlich unvollständig?

Es sollte sich deshalb zunächst der folgende Fragenkomplex stellen: Ist HEISENBERGS Ungleichung wirklich nur als eine der Historie angehörige technische Schwierigkeit einzuordnen? Sind jene Quantenunschärfen lediglich Ergebnisse unserer auf technischen Schwierigkeiten basierenden Unkenntnis über die wirklichen Eigenschaften von Quantenobjekten? Gibt es also doch verborgene Parameter?

Dies sind vielleicht die grundlegendsten und bedeutsamsten Fragestellungen, die sich in der Quantenphysik auftun und den für uns schwer verständlichen Charakter der Quantenmechanik aufzeigen. Um die Antwort kurz und schmerzlos zu gestalten: Ich muss Ihnen leider mitteilen, dass die Welt, in der wir leben, tatsächlich so verrückt ist, dass Teilchen B es sehr wohl (wie auch immer) mitkriegt, wenn wir an A eine Messung vornehmen. In der Quantenwelt besteht tatsächlich eine solche objektive Unschärfe, die sich nicht umgehen lässt – auch nicht mit einem noch so geschickten Versuchsaufbau.

»*Einen Augenblick mal!*«, mögen Sie jetzt vielleicht sagen, »*Aber weshalb sollte ich mir trotz alledem, was (einschließlich der Aufgabe des klassischen Weltbildes) dagegen spricht, dessen so sicher sein, dass Quantenobjekte tatsächlich* an sich *teilweise unbestimmte Eigenschaften besitzen?*« Dies ist ein wohlberechtigter und durchaus lobenswerter Einwand, weshalb es sich dringend lohnt, diese schwierige Frage über die eventuelle Existenz verborgener Parameter genauer zu untersuchen.

Quantenmechanik oder Theorien verborgener Variablen?

Wenn wir zwischen der Gültigkeit einer Theorie mit verborgenen Variablen und der Quantenmechanik unterscheiden wollen, so liegt es auf der Hand, dass man einen speziellen experimentellen Versuch benötigt, in dem die Voraussagen der beiden unterschiedlichen Theorien differieren, sodass man über die tatsächlich gefundenen Versuchsbeobachtungen die Voraussage der einen bzw. der anderen Theorie verifizieren kann. Dementsprechend werden wir im Folgenden versuchen, eine mögliche Voraussage einer Theorie des Mikrokosmos, die auf einer Beschreibung mittels verborgener Variablen basiert, mit der Voraussage der ohne verborgene Variable auskommenden Quantenmechanik zu vergleichen. Klar ist, dass, würde man solche verborgenen Parameter direkt messen können, eine Entscheidung für bzw. gegen eine dieser beiden unterschiedlichen Theorien nicht schwerfallen sollte.

Nun ist es aber gerade so, dass verborgene Variable mit dem Adjektiv »*verborgen*« versehen wurden, da sie per definitionem diejenigen eventuell vorhandenen physikalischen Größen sind, die man eben nicht direkt messen kann. Wir müssen uns also wohl oder übel mit dem unbequemeren Fall abfinden, dass ein direktes Erkennen und Messen der verborgenen Variablen niemals möglich sein wird. Deshalb werden wir uns darauf beschränken müssen, wie schon eben angeschnitten wurde, einen physikalischen Fall zu finden, in dem eine experimentell messbare Differenz in den Voraussagen zwischen der Theorie mit und ohne verborgene Variable besteht.

Einer ersten Vermutung nach könnte man berechtigterweise vorab der Überzeugung sein, es würde wohl kaum einen Fall geben, in dem es einen experimentellen Unterschied zwischen einer Theorie, in der es verborgene Variable sehr wohl gibt, die man jedoch nicht messen kann, und einer Theorie wie der Quantenmechanik, die die Existenz verborgener Variablen prinzipiell ausschließt, überhaupt geben kann. Denn wie soll man bloß über die Brauchbarkeit zweier Theorien entscheiden, wobei die eine von der Existenz nicht messbarer verborgener Variablen ausgeht und eine andere namens Quantenmechanik die Existenz von verborgenen Variablen prinzipiell ausschließt?[29]

Das wäre doch anschaulich gesprochen so ähnlich, als lege man Ihnen eine verschlossene Kiste vor und Sie hätten zwischen zwei Möglichkeiten zu wählen:

a) Sie lässt sich nicht öffnen, weil es keinen Schlüssel für ihr Schloss gibt,

oder

b) sie lässt sich ebenfalls nicht öffnen, aber nicht nur, weil es den Schlüssel nicht gibt, sondern auch, weil sie einfach generell nicht die Fähigkeit besitzt, geöffnet zu werden.

Und jetzt entscheiden Sie sich mal für a) oder b)! Schließlich ist das Einzige, was Sie wissen können, *dass* Sie die Kiste nicht aufkriegen können. Punkt! Aber ob man sie vielleicht mit einem Schlüssel doch aufbekommen könnte, steht noch absolut offen. (Machen Sie sich jedoch bitte bewusst, dass dies nur eine sehr beschränkte Analogie zum quantenmechanischen Sachverhalt ist. Sie soll den komplexen Sachverhalt nur ansatzweise veranschaulichen.)

In Analogie dazu wissen wir bezüglich unserer Frage nach der Existenz verborgener Variablen nur, dass wir sie nicht direkt messen können, aber ob es sie nicht vielleicht doch geben kann, bleibt unabhängig davon noch undiskutiert.

29 Dieses »prinzipiell« bedarf jedoch einer sich im folgenden Abschnitt anschließenden Relativierung.

Die uns quälende Frage muss also folgendermaßen lauten: Wie beweist man die Existenz bzw. Nicht-Existenz eines Elements der physikalischen Realität, d. h. die verborgenen Parameter, obwohl ebendiese schon rein prinzipiell und a priori nicht gemessen werden können?

Schließt die Quantenmechanik verborgene Variable prinzipiell aus?

In Anbetracht der Tatsache, dass wir in der vorangehenden Diskussion versuchten, und im nächsten Kapitel weiter versuchen werden, (experimentell überprüfbare) Differenzen zwischen der Quantenmechanik und Theorien verborgener Variablen ausfindig zu machen, kann und will ich ein bestimmtes Faktum nicht unausgesprochen unter den Teppich kehren:

Die Quantenmechanik schließt die Existenz verborgener Variablen gar nicht prinzipiell aus!

Aber wie soll man denn das nun wieder verstehen, wo wir doch die ganze Zeit Quantenmechanik und Theorien verborgener Variablen als konkurrierende, sich gegenseitig ausschließende Theorien ansahen? Beginnen wir am besten ganz von vorne:

Schon LOUIS DE BROGLIE empfand zur Zeit der Geburtsstunde der Kopenhagener Deutung auf der berühmten Solvay-Konferenz 1927 eine eklatante Abneigung gegenüber der BOHR- und HEISENBERGschen Sichtweise der Quantenmechanik. Die nicht lokal-realistische Quantenmechanik bereitete ihm derartiges Unbehagen, dass er mit einer eigens modifizierten, nicht lokalen, aber realistischen Quantenmechanik, der so genannten *»theorie de l'onde pilote«*, eine deterministische Theorie erdachte. Da diese jedoch im damaligen Fachkreis nicht gerade auf großen Anklang stieß, verwarf er sie bald darauf wieder unvollendet.

Mit der Publikation eines aufwendigen Beweises über die prinzipielle Unvereinbarkeit von Quantenmechanik und verborgenen Variablen durch den Mathematiker JOHN VON NEUMANN (1903–1957) trat im Jahr 1932 ein einschneidendes Ereignis ein. Diese umfangreiche, aber in negativer Hinsicht folgenschwere Arbeit VON NEUMANNS zerschlug ungeahnt die große Hoffnung vieler, mit der herkömmlichen Quantenmechanik unzufriedener Quantenphysiker nach einer möglichen Vervollständigung der Quantenmechanik durch die Einführung verborgener Parameter. Im Folgenden wurden die Theorien verborgener Variablen mit wesentlich vermindertem Enthusiasmus verfolgt, und ein Großteil der Quantenphysiker gab jene alternative Möglichkeit vollständig auf.

Ungefähr 25 Jahre nach DE BROGLIES Arbeiten und völlig unbeeindruckt von den Arbeiten VON NEUMANNS machte sich ein Einzelgänger an den Versuch, eine realistische, nicht lokale Quantenmechanik mit verborgenen Variablen zu konstruieren: Dies war DAVID BOHM (1917–1992). Er konstruierte eine konsistente und präzise Theorie, welche exakt die gleichen Vorhersagen zu liefern vermochte wie die althergebrachte Quantenmechanik, nur dass diese neue *Bohm'sche Mechanik* eine deterministische und realistische Dynamik darstellte.

Anfangs wurde die BOHM'sche Mechanik von etablierten Physikern eher müde belächelt und als künstliches Aufwärmen der DE BROGLIE'schen »*theorie de l'onde pilote*« gedeutet denn als ernsthafte eigenständige Theorie akzeptiert. Vor allem von EINSTEIN, HEISENBERG und anderen zentralen Physikern jener Zeit hagelte es aus verschiedensten Gründen rege Kritik. Jener zum Trotz entwickelte sich allerdings aus der BOHM'schen Idee einer Quantenmechanik verborgener Variablen eine konsistente, ernst zu nehmende alternative physikalische Theorie.

Angesichts dieser prinzipiellen Möglichkeit einer durch verborgene Variable erweiterten Quantenmechanik im Rahmen einer nicht-lokalen, realistischen Theorie jedoch, muss (um einen Definitionskonflikt zu verhindern) mit äußerstem Nachdruck betont werden, dass, wenn im weiteren Verlauf dieses Buches von Theorien verborgener Variablen die Rede ist, stets *lokal-realistische Theorien verborgener Variablen* gemeint sein werden, welche schließlich mit der nicht lokalen, nicht realistischen (= nicht lokal-realistischen) Quantenmechanik in der Tat unvereinbar sind. Die sich von Erster fundamental unterscheidende, modifizierte Quantenmechanik BOHMS – eine *nicht lokale, realistische Theorie verborgener Variablen* – werden wir *per definitionem* fortan ausschließlich mit dem Begriff der *Bohm'schen Mechanik* belegen.

Wie gestaltet sich die Bohm'sche Mechanik?

Auf den Punkt gebracht erweitert die Mechanik BOHMS die sich hervorragend etablierte quantenmechanische Schrödinger-Gleichung um *Bewegungsgleichungen* bezüglich der Ortskoordinaten eines jeweiligen Quantenobjekts. Diese Bewegungsgleichungen sind wie klassische Bewegungsgleichungen zu verstehen, die es erlauben, einem Objekt zu jedem beliebigen Zeitpunkt einen konkreten Aufenthaltsort zuzuordnen. Es handelt sich bei BOHMS Theorie also um eine deterministische Beschreibung der Mikrowelt, denn die Unschärfe HEISENBERGS wird schließlich durch die Einführung verborgener Variablen mittels Bewegungsgleichung elegant umschifft. Die genaueren mathematischen Details wollen wir hier der Übersichtlichkeit halber nicht weiter ausführen. Es sei nur erwähnt, dass die genannte Bewegungsgleichung auch als *guiding equation*, zu deutsch als *Pilot-* oder geläufiger als *Führungswelle* bezeichnet wird.

Eine Konsequenz dieses geradlinigen Determinismus ist die Tatsache, dass in der Bohm'schen Mechanik der Messprozess seine – in der Kopenhagener Sichtweise so zentrale – Bedeutung verliert. Er stellt ja nun keine Zustandsreduktion mehr dar, sondern erlangt den Status einer normalen, objektiven klassischen Messung ohne instantane Kollapse. Man könnte die Bohm'sche Mechanik schlussendlich als eine Art vervollständigte Quantenmechanik ansehen, die völlig ohne das typisch quantenmechanische, vom klassischen Standpunkt aus »unästhetische Unschärfe-Zufall-Gepäck« des objektiven Zufalls, der Heisenberg'schen Unschärferelation, des Kollapses der Wellenfunktion, des Prinzips der Komplementarität etc. auskommt.

Doch auch wenn diese Befreiung von dem schweren Ballast der orthodoxen Quantenmechanik für aktive Nicht-Quantenmechaniker wie EINSTEIN und Co. einen neuen Hoffnungsschimmer bedeuten sollte, so war die Begeisterung seitens der physikalischen Fachwelt, wie schon oben erwähnt, eher zurückhaltend.

Auch heute erfreut sich die Bohm'sche Mechanik in der physikalischen Fachwelt nicht gerade großer Beliebtheit. Ebenso konnte sie bislang im quantenphysikalischen Kanon der universitären Lehrpläne keinen Stammplatz finden. JOHN BELL kritisierte dieses Faktum einmal mit den treffenden Worten:

> *»This theory is equivalent experimentally to ordinary nonrelativistic quantum mechanics – and it is rational, it is clear, and it is exact and it agrees with experiment, and I think it is a scan-*

222

dal that students are not told about it. Why are they not told about it? 1 have to guess here there are mainly historical reasons, but one of the reasons is surely that this theory takes almost all the romance out of quantum mechanics.« [30]

Diese Begründung ist wohl nicht ganz so sehr aus der Luft gegriffen, wie man sich das für die Physik als rationale Wissenschaft eigentlich wünschen würde, denn Romantik ist zugegebenermaßen nicht wirklich ein sehr stichhaltiges Kriterium zur Bewertung physikalischer Theorien. Doch ließe sich im Falle der Korrektheit der Bohm'schen Mechanik eine gewisse Entmystifizierung der Quantenwelt durch die Existenz verborgener Variablen nicht leugnen. Wäre die Mikrowelt nun insgeheim, da verborgen, doch rein deterministisch und gäbe es den absoluten Zufall folglich nicht, so wäre der kuriose, faszinierende und durch und durch wundersame Charakter der Quantenmechanik als durch Unvollständigkeit verursacht entlarvt.

Diese alternative Möglichkeit muss wohl zwangsläufig jeden Quantenphysiker, der die Quantenmechanik ihrer subtilen und abstrakten Extravaganz halber lieb gewann, so sehr abschrecken, dass die Bohm'sche Mechanik – trotz ihrer bemerkenswerten Konsistenz und Leistungsfähigkeit – keiner weiteren Beachtung gewürdigt, sondern in der Regel als eine Art »wenig wahrscheinliche und unbedeutende Extremalternative« abgetan wird.[31]

30 O. Passon: *Bohmsche Mechanik* (Harri Deutsch, 2004); S. 14; ursprüngliche Publikation in: A. Petersen: *Niels Bohr: a centenary volume* (Harvard University Press, 1985); S. 305
31 Dennoch könnte man als berechtigte, objektive Kritik gegen die Bohm'sche Mechanik gelten lassen, dass sich eine Verallgemeinerung der Bohm'schen Theorie über die pure Quantenmechanik hinaus in Richtung Quantenfeldtheorie (siehe Kap. 17) als außerordentlich schwierig erweist.

15 Die Bell'sche Ungleichung

**Ist eine experimentelle Entscheidung über
verborgene Variablen möglich?**

Zweifelsohne ist die Verehrung, die man angesichts der großartigen Leistungen BOHRS und EINSTEINS nicht zuletzt für ihre
herausragenden, subtilen Debatten einfach empfinden muss,
nicht gerade klein. Und dennoch ist es gerade für den kritischen Wissenschaftler eine unbefriedigende Tatsache, dass
diese fundamental wichtigen Diskussionen letzten Endes rein
theoretischer und philosophischer Natur blieben. Es waren
reine Gedankenexperimente, über die BOHR und EINSTEIN de-
battierten, von der EINSTEIN'schen Version des Doppelspaltexperiments bis zum EPR-Experiment. Seien sie auch noch so
durchdacht und gedanklich ausgetüftelt, es bleiben trotzdem
rein gedankliche Konstruktionen.

Doch wie schon EINSTEIN selbst oft betonte, ist der Prüfstein
einer jeden Theorie stets das wahrhaftig durchgeführte *Experiment*. Denn wenn es sich wie im Falle EINSTEINS und BOHRS
um zwei an sich völlig konsistente, alternative Theorien handelt, kann nur durch die wirkliche Durchführung eines Experiments über die Brauchbarkeit einer dieser beiden physikalischen Theorien geurteilt werden. Dass sich dieses Vorhaben
in Bezug auf die Frage nach der Existenz bzw. Nicht-Existenz

verborgener Variablen allerdings durchaus diffizil, wenn nicht sogar unmöglich gestaltet, mussten wir bereits erkennen.

In Anbetracht dieser Tatsache ist es freilich erstaunlich, wenn nicht geradezu umwerfend, dass der überaus geschickte und ideenreiche irische Quantenphysiker JOHN BELL (1928–1990) genau diese scheinbare Unmöglichkeit zustande brachte: Er vermochte einen speziellen Fall auszumachen, in dem sich ein quantitativer Unterschied zwischen den Voraussagen der Theorien verborgener Variablen und der Quantenmechanik ergeben würde. Die von ihm hierzu aufgestellte mathematische Relation wird nach ihm *Bell'sche Ungleichung* genannt. Unser Ziel soll im Folgenden sein, diesen experimentell überprüfbaren Unterschied der beiden konkurrierenden Theorien zu erkennen. Dabei werden wir feststellen, dass sich dieses Unterfangen eigentlich gar nicht so schwierig gestaltet, gleichwohl es wahrhaftig an Genialität grenzt, als Erster zu einer solchen Formel zu gelangen.

Das von BELL zur Untersuchung herangezogene EPR-Experiment, welches wesentlich auf einem Vorschlag DAVID BOHMS aufbaut, ist zwar mit dem ursprünglichen Gedanken EINSTEINS vom zugrunde liegenden Prinzip her vollkommen äquivalent, jedoch stellt es genau genommen eine Art Variation der EINSTEIN'schen EPR-Originalversion dar. Es bezieht sich nämlich nicht, wie es der primäre Gedanke von EINSTEIN, PODOLSKY und ROSEN war, auf die gleichzeitige Bestimmung bzw. Existenz von Impuls und Aufenthaltsort eines Quantenobjekts, sondern auf eine andere Quanteneigenschaft, die sich *Spin* nennt.

Was ist der Spin eines Teilchens?

Als veranschaulichendes Analogon wird der Spin oft mit dem makroskopischen Eigendrehimpuls verglichen: So wie die Erde sich permanent um ihre eigene Achse dreht, besitzen auch atomare und subatomare Partikel diese vergleichbare Quanteneigenschaft. Dies ist bitte allerdings nur ein Versuch, einen Vergleich zu Phänomenen unserer Größenordnung aufzustellen. Es handelt sich hierbei nur um eine unzureichende, für den Anfang hilfreiche Veranschaulichung des quantenmechanischen Sachverhalts.

Der Spin eines Teilchens wird stets in ganz- oder halbzahligen Vielfachen von $\hbar$, also Vielfachen des Planck'schen Wirkungsquantums geteilt durch 2π, angegeben und ist folglich (wie so einiges andere in der Quantenphysik auch) quantisiert, wodurch sogleich der beschränkte Analogiecharakter zum klassischen Drehimpuls augenscheinlich wird.

Ein Elektron beispielsweise besitzt allgemein einen Spin von $s = +\frac{1}{2}$ bzw. $s = -\frac{1}{2}$. Das Vorzeichen von s zeigt dabei an, in welche Richtung der Spin des Partikels zeigt, denn er ist ebenso wie der Drehimpuls ein Vektor mit Betrag und Richtung. Misst man z. B. die Spinkomponente eines Elektrons in x-Achsenrichtung, so bedeutet die Messung des Spinwerts $s_x = +\frac{1}{2}$, dass der Spin des Elektrons in positive x-Achsenrichtung zeigt und im anderen Fall der Messung von $s_x = +\frac{1}{2}$, dass er in negative x-Achsenrichtung gerichtet ist. Es lässt sich schließlich wahlweise für jede der drei Raumachsen (oder jede beliebige andere Achse) ein Vorzeichen der Spinkomponente eines jeden beliebigen Teilchens bestimmen.

Zur experimentellen Durchführung der Messung des Spins eines Teilchens verwendet man dabei gewöhnlich das *Stern-Gerlach-Experiment*. Dieses vermag, kurz gefasst, durch die

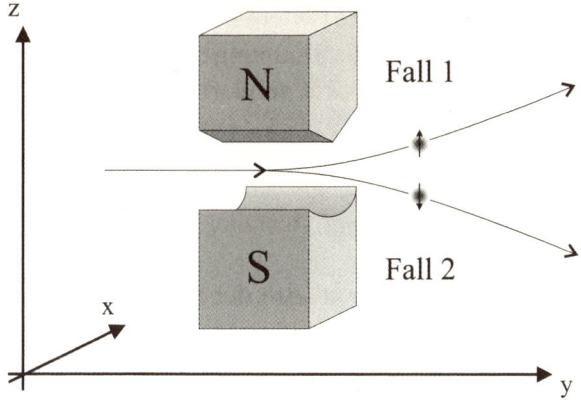

Abb. 15.1 Das Stern-Gerlach-Experiment zur Messung der Spinrichtung

Ablenkung spinbehafteter Teilchen beim Durchgang durch ein inhomogenes Magnetfeld eine Information über die Richtung des Spins in einer Raumachse zu ermitteln. Wird bei der in Abb. 15.1 dargestellten Versuchsanordnung ein Teilchen beim Durchgang durch das Magnetfeld z. B. nach oben abgelenkt, so weiß man, dass dessen Spinkomponente in z-Achsenrichtung positiv war (Fall 1: Spin nach oben), wird es im umgekehrten Fall nach unten abgelenkt, muss sein Spin in negative z-Achsenrichtung gezeigt haben (Fall 2: Spin nach unten).

Freilich kann man selbst mit primitiven Kenntnissen des Magnetismus erkennen, dass es wohl niemals möglich sein kann, die Spinkomponente eines Teilchens in mehr als einer Achsenrichtung gleichzeitig zu messen. Man kann niemals gleichzeitig beispielsweise die y-Achsen-Spinkomponente und die z-Achsen-Spinkomponente messen, da die dafür benötigten Versuchsaufbauten einander ausschließen. Die beiden dazu benötigten magnetischen Felder würden sich vektoriell überlagern und zu einem resultierenden Magnetfeld führen, sodass (im besten Falle) wieder nur noch eine Spinkomponente entlang der resultierenden Achse gemessen werden kann. Es kann demgemäß schon aus rein experimentellen, technischen Gründen zu jedem Zeitpunkt niemals mehr als eine Spinkomponente entlang einer Achse gemessen werden.

Dieses Prinzip sollte uns nur allzu vertraut vorkommen, denn die Äquivalenz zum Grundsatz der Heisenberg'schen Unschärferelation ist nahezu unverkennbar. Beide Male ist es experimentell unmöglich, gleichzeitig einerseits Impuls- und Aufenthaltsort bzw. andererseits die Spinorientierung in mehreren Achsenrichtungen zu bestimmen, da die jeweiligen Versuchsanordnungen sich gegenseitig ausschließen. Sowohl bei der vorliegenden Frage der gleichzeitigen Existenz der Spinkomponente in mehr als einer Messachse als auch bei der Frage nach der gleichzeitigen Existenz von Impuls und Aufenthaltsort eines Teilchens geht es prinzipiell um ein und denselben Sachverhalt.

Daher lässt sich feststellen, dass sich die EPR-Diskussion bezüglich Impuls und Aufenthaltsort durch jene bezüglich der Messung der Spinkomponenten verschiedener Achsenrichtungen ersetzen lässt, denn schlussendlich ist die im EPR-Aufsatz formulierte Frage vergleichbar mit dem Prinzip der Spinmessung. Die zur ursprünglichen EPR-Problematik äquivalente Frage lautet folglich: *Sind Spinkomponenten verschiedener Achsenrichtungen gleichzeitig Elemente der Realität?*

Spinmessung nach Theorien verborgener Variablen oder Quantenmechanik?

Da wir jetzt wissen, dass sich die gesamte EPR-Problematik auch bezüglich der Spinmessung in mehreren Achsenrichtungen und nicht nur hinsichtlich Impuls- und Aufenthaltsortmessung diskutieren lässt, müssen wir uns ein wenig exakter mit dem Messprozess des Spins an sich auseinandersetzen. Um eine experimentell überprüfbare Differenz zwischen Theorien verborgener Variablen und der Quantenmechanik zu finden, müssen wir zunächst die grundsätzlichen Unterschiede dieser beiden Theorien hinsichtlich des Prozesses der Spinmessungen an einem Quantenobjekt verstehen.

Aus den vorangegangenen Kapiteln über die Bohr-Einstein-Debatte und das EPR-Paradoxon ist uns bereits der allgemeine, gravierende Unterschied zwischen Theorien verborgener Variablen und der Quantenmechanik bekannt: In den Theorien verborgener Variablen existiert nur der *subjektive Zufall*, der durch die Unkenntnis der unbekannten, jedoch real existierenden physikalischen Größen verursacht ist, wohingegen die Quantenmechanik über den Mechanismus des spontanen Kollapses der Wellenfunktion und die Nichtexistenz verborgener Variablen den *objektiven Zufall* postuliert und somit die Gültigkeit des Kausalitätsprinzips außer Kraft setzt.

Nun gut, so weit ist vorerst alles klar. Aber welcher theoretische Unterschied sollte sich bei der Messung einer beliebigen Spinkomponente zwischen der Voraussage der Theorien verborgener Variablen und der Quantenmechanik ergeben? Um diese Frage zu beantworten, stellen wir uns einfach nochmals ein Quantenobjekt vor, das senkrecht zu den magnetischen Feldlinien eines inhomogenen Magnetfeldes fliegt, wie es in

Abb. 15.1 dargestellt ist, d. h., wir führen einfach das Stern-Gerlach-Experiment durch. Wie lauten nun die unterschiedlichen Voraussagen der beiden alternativen Theorien?

Voraussage der Quantenmechanik:

Nach der Theorie der Quantenmechanik besitzt das Teilchen, solange es nicht gemessen wird, überhaupt keine konkrete Spinrichtung. Es befindet sich anfangs (je nach Präparation) in einer Superposition aus mehreren, wenn nicht sogar unendlich vielen, möglichen Spinorientierungen. In Dirac'scher Notation schreibt sich der quantenmechanische Zustand des Teilchens daher im *Superpositionszustand* als

$$| \Psi \rangle = a \, | \uparrow \rangle + b \, | \downarrow \rangle, \qquad (15.1)$$

wobei der symbolische Pfeil nach oben für den Einzelzustand des nach oben orientierten Spins und der nach unten zeigende Pfeil für den des nach unten orientierten Spins steht, und die Faktoren a und b zwei für uns vorerst vernachlässigbare (in der Regel komplexe) Zahlen sind. Der superponierte Gesamtzustand des Teilchens ergibt sich also aus der Summe der Einzelzustände (vgl. Kap. 12).

Erst im Augenblick seiner Messung nimmt der Spin des Teilchens einen festen Wert an, nämlich entweder nach oben oder nach unten zeigend. Wie der Spin sich beim Messprozess jedoch orientieren wird, ist quantenmechanisch gesehen objektiv zufällig, denn es gibt keine übergeordneten, kleineren physikalischen Größen oder Eigenschaften des Teilchens, die darüber bestimmen könnten. Eine Information über eine bestimmte Spinkomponente liegt im ursprünglichen Superpositionszustand einfach nicht am Teilchen vor. Die im Falle der Messung spontan angenommene Spinorientierung ist nur durch die aus der Wellenfunktion des Partikels resultierende

Wahrscheinlichkeit $|\Psi|^2$ (hier: $|a|^2$ bzw. $|b|^2$) vorauszusagen. Ihr konkreter Wert hingegen ist objektiv indeterminiert.

Voraussage der Theorien verborgener Variablen:
Im Gegensatz zur Quantenmechanik besagen die Theorien verborgener Variablen, dass die im Falle einer Messung ermittelte Spinorientierung schon im Vorhinein determiniert war, da sie von ihrer Präparation an am Quantenobjekt als reale objektive Eigenschaft vorliegt. Ein Teilchen besitzt sehr wohl schon, bevor es gemessen wird, eine bestimmte Information darüber, in welche Richtung sein Spin orientiert ist, falls es gemessen wird. Der Spin wird hiernach durch die zwar nicht direkt messbaren, jedoch die Spinorientierung bestimmenden verborgenen Variablen festgelegt.

Der quantenmechanische Kollaps der Wellenfunktion ist somit aus Sicht der Theorien verborgener Variablen nur ein scheinbares Phänomen, das durch die Unkenntnis der versteckten Werte verborgener Variablen verursacht wird. Die Wahrscheinlichkeit $|\Psi|^2$ der Quantenmechanik wird demnach nur als ein rein statistischer Wert gedeutet, da die Spinkomponente eines Teilchens eben nicht objektiv zufällig beim Akt der Messung festgelegt wird, sondern schon lange vor diesem einen bestimmten Wert besitzt.

Dies sind auf den Punkt gebracht die differierenden Aussagen der beiden Theorien. Auf die obige Frage, wo der Unterschied der Versuchsvoraussagen der beiden Theorien bezüglich dem Beispiel in Abb. 15.1 liegt, müssen wir leider eingestehen, dass es keine Unterschiede gibt. Beide Theorien sagen eine Wahrscheinlichkeit der Ablenkung des Partikels nach oben bzw. nach unten von jeweils 50 % voraus, also

$$P_{\text{oben}} = \frac{1}{2} \text{ und } P_{\text{unten}} = \frac{1}{2}.$$ (15.2)

In diesem extrem einfachen Beispiel ist das eigentlich zur Voraussage notwendige Lösen der Schrödinger-Gleichung ersichtlicherweise überflüssig, denn es gibt schließlich nur die zwei gleichberechtigten Alternativen »Spin nach oben« und »Spin nach unten«, womit beiden Fällen eine Wahrscheinlichkeit von $\frac{1}{2}$ zukommt. Der mathematische Hintergrund jedoch ist genau genommen in beiden Fällen derselbe: Es ist die Wellenfunktion aus der Schrödinger-Gleichung, deren Absolutquadrat die Wahrscheinlichkeit für eine Ablenkung nach oben bzw. unten angibt.

Bei der alleinigen Messung einer Spinkomponente besteht schließlich, ebenso wie bei der alleinigen Messung von Impuls bzw. Aufenthaltsort eines Teilchens, kein experimenteller Unterschied zwischen den Theorien verborgener Variablen und der Quantenmechanik.

Dementsprechend scheint es überaus fraglich, wie sich da überhaupt ein Unterschied in den Voraussagen ergeben kann, denn bis jetzt hat sich kein experimentell überprüfbarer Unterschied finden lassen – der Unterschied ist eher philosophischer Natur. Aus diesem Grund, der offenkundigen Genialität BELLS, einen Unterschied zu finden, wo zugegebenermaßen absolut keiner ersichtlich ist, wollen wir uns nun dem BOHM'schen EPR-Experiment widmen, um auf BELLS Spuren die nach ihm benannte Ungleichung herzuleiten.

Wie gestaltet sich der Aufbau des Bohm'schen EPR-Experiments?

Das Grundprinzip der BOHM'schen Version des EPR-Experiments ist der ursprünglichen Version EINSTEINS prinzipiell äquivalent:

Im Zentrum des Versuchs befindet sich erneut die EPR-Quelle, welche in diesem Fall allerdings (Ursprungs-)Teilchen mit einem Spin von $s = 0$ beherbergt. Diese können in zwei kleinere, spinbehaftete Teilchen A und B mit $s = \frac{1}{2}$ zerfallen. Der Gesamtspin der beiden Teilchen A und B muss dabei natürlich dem des Ursprungsteilchens entsprechen, also in diesem Falle null sein.

Quantenmechanisch betrachtet lässt sich der Zustand eines so erzeugten Teilchenpaares bestehend aus A und B wie folgt beschreiben: Der Zustand eines beliebigen, zusammengesetzten Systems verschiedener Quantenobjekte, bestehend aus System 1 und 2 des Zustandes $|\Psi_1\rangle$ und $|\Psi_2\rangle$, ergibt sich als Produkt ihrer Einzelzustände, sodass der *zusammengesetzte Zustand* der DIRAC'schen Schreibweise entsprechend

$$|\Psi\rangle = |\Psi_1\rangle \cdot |\Psi_2\rangle \qquad (15.3)$$

lautet.

Der bei unserem aktuellen EPR-Teilchenpaar A und B vorliegende Fall ist jedoch spezieller, denn die beiden Teilchen sind quantenmechanisch gesehen gar nicht als Einzelsysteme zu betrachten, da ihre Zustände quantenmechanisch korreliert sind. Eine Messung der Spinorientierung von Teilchen A lässt unverzüglich auf den Spinzustand von B schließen, denn der Gesamtspin muss zwangsläufig gleich null sein. Wenn wir messen würden, dass der Spin von A nach oben ausgerichtet ist, wüssten wir automatisch, dass der Spin von B nach unten zeigen muss.

Jenes Gesamtsystem, bestehend aus Teilchen A und B, befindet sich folglich in einer Superposition aus den beiden Einzelzuständen »Teilchen A besitzt einen Spin nach oben und Teilchen B nach unten« und »Teilchen A besitzt einen Spin nach unten und Teilchen B nach oben«. In kürzerer Form kann man die beiden möglichen Einzelzustände des Gesamtsystems gemäß (15.3) auch als $|\uparrow\rangle_A|\downarrow\rangle_B$ und $|\downarrow\rangle_A|\uparrow\rangle_B$ schreiben (hieran kann man wunderbar sehen, wie angenehm und komfortabel die DIRAC'sche Notation ist!). Die Zustände von A und B sind so miteinander verknüpft, dass sich ihre Zustände nicht voneinander trennen lassen und sich ein so genannter *verschränkter Zustand* der Form

$$|\Psi\rangle = \frac{1}{\sqrt{2}}\left(|\uparrow\rangle_A|\downarrow\rangle_B - |\downarrow\rangle_A|\uparrow\rangle_B\right) \qquad (15.4)$$

ergibt, wobei uns der Faktor $1/\sqrt{2}$ schon aus dem Kapitel über das Schrödinger'sche Katzenparadoxon als Spezialfall mit den Wahrscheinlichkeitsamplituden $a = b$ bekannt ist. Für gewöhnlich werden die Indizes rechts unten neben den Kets jedoch weggelassen, sodass die übersichtlichere Form

$$|\Psi\rangle = \frac{1}{\sqrt{2}}\left(|\uparrow\rangle|\downarrow\rangle - |\downarrow\rangle|\uparrow\rangle\right) \qquad (15.5)$$

entsteht.

Der Begriff der *Verschränkung* tauchte übrigens in der zentralen Arbeit Schrödingers *»Die gegenwärtige Situation in der Quantenmechanik«*[32] (in der auch die berühmte Diskussion des Katzenparadoxons stattfand) zum ersten Mal auf. Dieser besondere quantenmechanische Zustand bedeutet konkret ge-

---

32 Original publiziert in *Die Naturwissenschaften* **23**, 48 (1935); Nachdruck u. a. in E. Schrödinger: *Beiträge zur Quantentheorie* in: Gesammelte Abhandlungen, Bd. 3; S. 484 ff

fasst, dass Teilchen B im selben Augenblick, in dem man an A eine Spinmessung durchführt, instantan den entsprechend entgegengesetzten Spinwert annimmt, und dies, ohne dass Information von A nach B oder von B nach A laufen könnte (vgl. *Lokalitätsbedingung* (14.1)), und ohne dass die Teilchen vor der Messung einen festgelegten Spinwert gehabt hätten.

Dass dieses Prinzip nicht gerade vor Anschaulichkeit und Nachvollziehbarkeit strotzt, ist offenkundig. Es ist doch kurios, dass jene plötzliche Annahme B's einer konkreten Quanteneigenschaft, wie in diesem Fall der Spinorientierung (und zwar der exakt entgegengesetzten wie A), erstens instantan, also unverzüglich während der Messung an A, und zweitens über eine beliebig große Distanz zwischen A und B stattfindet. Für dieses schier unfassbare Phänomen der quantenmechanischen Verschränkung gibt es in unserer makroskopischen Welt keine Entsprechung. Dies ist einfach ein rein quantenmechanischer Effekt, der auf unserer Größenskala nicht direkt zu erfassen ist.

Es ist daher kein Wunder, dass selbst kompetenteste und genialste Physiker wie EINSTEIN, die von sich behaupten, »auf Intuition zu vertrauen«, sich nicht mit den Prinzipien der Quantenmechanik anfreunden konnten. Sollte man diese Paradoxien, diese Widersprüche zwischen quantenmechanischer Theorie und dem gesunden Menschenverstand einfach so hinnehmen? Lassen Sie uns aufgrund dieser Fraglichkeit die konkreten Voraussagen der Theorien verborgener Variablen hinsichtlich des BOHM'schen EPR-Experiments formulieren, sodass wir sie in einem experimentell durchgeführten EPR-Versuch prüfen können.

Wie lauten die Voraussagen der Theorien verborgener Variablen?

Gemäß einer Theorie mit verborgenen Variablen ist die abstrakte, quantenmechanische Theorie der Verschränkung nur ein Scheinphänomen. A und B nehmen ihre Werte nicht spontan und zufällig im Augenblick der Messung an, sondern besitzen schon seit ihrer Trennung in der EPR-Quelle ihre Spinwerte und somit entgegengesetzte Spinorientierungen. Daher stellt sich auch gar nicht die Frage, wie B über jenen geheimnisvollen, quantenmechanischen Weg die Information über die zufällig angenommene Polarisationsrichtung A's unabhängig von dessen Entfernung erfährt, und dies wohlgemerkt ohne Zeitverzug. Nach den klassischen Theorien verborgener Variablen ist also im Gegensatz zur quantenmechanischen Theorie die Spinkomponente eines Teilchens entlang jeder Raumachse zu jedem beliebigen Zeitpunkt sehr wohl eindeutig festgelegt.

So werden Theorien mit verborgenen Variablen im Fachjargon auch als *lokal-realistische Theorien* bezeichnet, da sie einerseits von der Annahme der Gültigkeit *der Lokalität* ausgehen, also davon, dass eine Beeinflussung A's keine Auswirkung auf den davon lokal getrennten Zustand von Photon B nehmen kann, und andererseits, weil sie die Korrektheit des *Realitätskriteriums* annehmen, nach dem jede physikalische Größe genau dann ein Element der physikalischen Realität ist, wenn sie objektiv von einer Beobachtung existiert und ohne Störung derselbigen gemessen werden kann. Wie wir wissen, gelten diese beiden Prinzipien nicht für die Theorie der Quantenmechanik, weshalb diese auch als *nicht lokal-realistische Theorie* bezeichnet wird. Das für unser menschliches Verständnis so unangenehme Phänomen der Verschränkung wäre hiermit aus lokal-realistischer Sicht als Fehlannahme deklariert.

Es sei in diesem Zusammenhang zur Abgrenzung noch einmal die sich von diesen beiden Standardtheorien unterscheidende Bohm'sche Mechanik erwähnt, welche schließlich eine *nicht lokale,* aber *realistische Theorie* ist. Da diese jedoch trotz ihrer Annahme verborgener Variablen einerseits und physikalischem Realismus andererseits stets exakt dieselben Voraussagen liefert wie die nicht lokal-realistische Quantenmechanik, tangiert sie die laufende Diskussion des Vergleichs lokal-realistischer Theorien verborgener Variablen mit der Quantenmechanik keineswegs. Aus diesem Grunde werden wir sie in der weiteren Diskussion wissentlich ausklammern, um sie erst ganz am Ende nochmals zu bedenken.

BELL formulierte zur Veranschaulichung in diesem Zusammenhang das Paradoxon von *Bertlmanns Socken:* Man stelle sich einen Professor namens Dr. BERTLMANN [33] vor, der stets zwei verschiedenfarbige Socken zu tragen pflegt. Niemals trägt er zwei Socken, die von gleicher Farbe sind. Unter dieser Bedingung, einer rein *klassischen Korrelation,* ist es zweifellos klar, dass gesetzt den Fall, man sähe BERTLMANN um die Ecke kommen (siehe Tafel V) und würde eine rosa Socke an seinem rechten Fuß entdecken, man automatisch wüsste, dass sich an seinem linken Fuß eine nicht rosafarbene Socke befinden muss.

Dies ist deshalb unproblematisch, da diese klassische Korrelation ohne Informationsübertragung von Fuß zu Fuß geschieht, denn die Farbe der Socken war von vornherein festgelegt. Sie wurde durch BERTLMANN am Morgen, als er sie anzog ($\approx$ EPR-Quelle), festgelegt und muss daher nicht im Augenblick des Erblickens ($\approx$ Messung) spontan festgelegt werden.

---

33 Nebenbei sollte erwähnt sein, dass REINHOLD BERTLMANN tatsächlich existiert, Professor für Quantenphysik ist und ein guter Freund BELLS war.

Analog lässt sich hinsichtlich des auf den Spin bezogenen EPR-Experiments aus lokal-realistischer Sicht aussagen, dass die Spinrichtung der beiden Teilchen schon seit ihrem Austritt aus der EPR-Quelle über verborgene Variable festgelegt ist. Wir können also davon ausgehen, wenn wir an A eine Spinmessung durchführen, werden wir stets ein schon vorher festgelegtes Ergebnis erhalten.

Da wir bereits erkannt haben, dass man den Spin eines Teilchens niemals in mehr als einer Achsenrichtung gleichzeitig messen kann, weil die dazu benötigten Versuchsaufbauten sich gegenseitig ausschließen, ist es eine experimentelle Einschränkung, dass der Spin immer nur in einer Achsenrichtung gemessen werden kann. Diese Tatsache sollte uns freilich dennoch nicht davon abhalten, die weiteren Voraussagen der Theorien verborgener Parameter auszuformulieren. Deshalb können wir, auch wenn es experimentell nicht direkt möglich ist, diese zu überprüfen, lokal-realistisch konsistent trotzdem von der

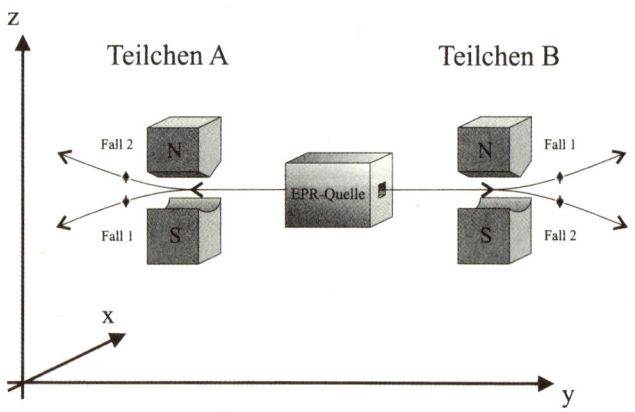

Abb. 15.2 Bell'sches EPR-Experiment nach Theorien verborgener Variablen

gleichzeitigen Existenz dieser Spinkomponenten verschiedener Achsenrichtungen ausgehen.

Definieren wir also drei Raumachsen x, y und z und platzieren wir die EPR-Quelle so, dass sie die beiden Teilchen A und B entlang der y-Achse entsendet (siehe Abb. 15.2). Stellen wir uns zunächst vor, wir messen den Spin von A in z-Achsenrichtung. Wird das Teilchen nach oben abgelenkt, wissen wir, seine Spinkomponente zeigte in positive z-Achsenrichtung und die von B in negative z-Achsenrichtung. Notieren können wir dieses Ergebnis als $(z+; z-)$. Im entsprechend entgegengesetzten Fall wäre das Ergebnis $(z-; z+)$. Es gibt also bei der Messung des Spins in einer Achsenrichtung, wie wir schon an sehr viel früherer Stelle bemerkten, nur zwei Möglichkeiten der Spinorientierung.

Gehen wir jetzt einen Schritt weiter und stellen uns – entgegen der technischen Schwierigkeiten, die dieses Vorhaben experimentell bereitet – vor, welche Möglichkeiten der Orientierung der Spinkomponenten es im Falle von zwei Messachsen, die beispielsweise z- und x-Achse sein können, gäbe. In der Theorie verborgener Variablen ist diese Vorstellung problemlos, denn hier besitzen die Teilchen ja *objektiv* und unabhängig von einer Messung ihre Eigenschaften wie z. B. die des Spins. Bei zwei Bezugsachsen ergeben

Tabelle 15.1 Mögliche Spinorientierungen nach lokal-realistischen Theorien

Anzahl	Teilchen A	Teilchen B
N_1	$x+ z+$	$x- z-$
N_2	$x+ z-$	$x- z+$
N_3	$x- z+$	$x+ z-$
N_4	$x- z-$	$x+ z+$

sich 2^2, also 4 Möglichkeiten der Orientierung der Spinkomponenten des Teilchens, so wie sie in Tabelle 15.1 aufgelistet sind.

Die Mengen N_1 bis N_4 stellen dabei die Mengen der bei einem Experiment mit sehr, sehr vielen Wiederholungen (nämlich insgesamt $N_{\text{gesamt}} = N_1 + N_2 + N_3 + N_4$) wirklich eingetretenen Fälle dar, welche die rechts daneben stehenden Bedingungen erfüllen. Dies bedeutet, die Anzahl N_3 von der Gesamtteilchenpaarzahl N_{gesamt} repräsentiert die Zahl der Teilchenpaare, bei denen der Spin von Teilchen A in negative x- und positive z-Achsenrichtung orientiert war und entsprechend der Spin von B in positive x- und negative z-Achsenrichtung zeigte.

Einen Schritt weiter gedacht, können wir uns eine ähnliche Tabelle für die Möglichkeiten der Orientierung der Spinkomponenten hinsichtlich drei Bezugsachsen erstellen. Dazu können wir drei beliebige Bezugsachsen mit den Winkeln α, β und γ gegenüber der z-Achse wählen, entlang derer die Orientierung der Spinkomponente bestimmt wird. Hierbei ergeben sich $2^3 = 8$ Möglichkeiten, welche in Tabelle 15.2 katalogisiert sind.

Tabelle 15.2 Mögliche Spinorientierungen nach lokal-realistischen Theorien

Anzahl	Teilchen A	Teilchen B
N_1	$\alpha+\beta+\gamma+$	$\alpha-\beta-\gamma-$
N_2	$\alpha+\beta+\gamma-$	$\alpha-\beta-\gamma+$
N_3	$\alpha+\beta-\gamma+$	$\alpha-\beta+\gamma-$
N_4	$\alpha-\beta+\gamma+$	$\alpha+\beta-\gamma-$
N_5	$\alpha+\beta-\gamma-$	$\alpha-\beta+\gamma+$
N_6	$\alpha-\beta+\gamma-$	$\alpha+\beta-\gamma+$
N_7	$\alpha-\beta-\gamma+$	$\alpha+\beta+\gamma-$
N_8	$\alpha-\beta-\gamma-$	$\alpha+\beta+\gamma+$

Wie geschieht die experimentelle Überprüfung der Voraussagen?

Auch wenn diese beiden Tabellen recht interessant sind, so stellt sich doch die Frage, wie man damit eine Überprüfung der Gültigkeit von Theorien verborgener Variablen anstellen soll, schließlich kann man nun einmal in der Tat nicht mehr als eine Spinkomponente messen. Es waren rein theoretische Überlegungen aus Sicht der Theorien verborgener Variablen, die uns zu diesen Ergebnissen führten, und wir ließen dabei bewusst außer Acht, dass sie niemals direkt überprüfbar sein würden. Schon aus rein technischen Gründen nicht.

Nun, dies ist wohl wahr, doch haben wir ja *zwei* Teilchen, an welchen wir jeweils eine Spinkomponente messen können. Und da die Spinkomponenten von A und B korreliert sind, kennen wir nach der Messung des Spins eines der Teilchen in

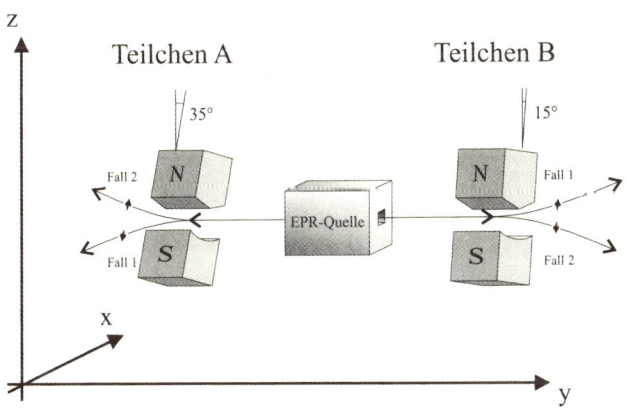

Abb. 15.3 Bell'sches EPR-Experiment nach der Theorie verborgener Variablen (hier beispielhaft mit Messungswinkel γ bei A und Winkel β bei B

einer Achsenrichtung auch die des anderen Teilchens in jener, ohne sie an Letzterem direkt zu messen.

Es ist also prinzipiell im Rahmen der Theorien verborgener Variablen möglich, ein EPR-Experiment zu konstruieren, in dem an Teilchen A eine Spinmessung in der Achsenrichtung α durchgeführt wird und an B eine in Achsenrichtung β, sodass man gleichzeitig die jeweiligen Orientierungen des Spins des anderen Teilchens in der Achsenrichtung kennt, die man nicht direkt ermittelt hat. In Abb. 15.3 ist dazu ein beispielhaftes Experiment mit den willkürlich festgelegten, möglichen Winkeln $\alpha = 0°$, $\beta = 15°$ und $\gamma = 35°$ dargestellt.

Stellen wir uns dementsprechend vor, wir würden durch eine Messung des Spins von A in Achsenrichtung α und von B in Achsenrichtung β das Ergebnis $(\alpha+; \beta+)$ erhalten, so besteht bei einer großen Anzahl von N_{gesamt} Versuchswiederholungen die Anzahl der Fälle, in denen $(\alpha+; \beta+)$ gilt (wenn wir in Tabelle 15.2 nachsehen) aus den beiden einzelnen Teilanzahlen N_3 und N_5, nämlich

$$N(\alpha+; \beta+) = N_3 + N_5. \qquad (15.6)$$

Folglich muss

$$N_3 + N_5 \leq N_2 + N_5 + N_3 + N_7 \qquad (15.7)$$

gelten.

Ferner hängt die Wahrscheinlichkeit, dass Fall $(\alpha+; \beta+)$ eintritt, natürlich von der Eintrittswahrscheinlichkeit der Fälle 3 und 5 ab. Dabei ist die *relative Häufigkeit* eines Falls i durch

$$\frac{N_i}{N_{gesamt}} \qquad (15.8)$$

gegeben, woraus sich die *Wahrscheinlichkeit* des Eintritts von Fall i ergibt, indem man N_{gesamt} gegen unendlich laufen lässt,

d. h., eine extrem hohe Anzahl von Versuchswiederholungen anstellt.

Die Wahrscheinlichkeit des Falls ($\alpha+$; $\beta+$) errechnet sich demzufolge über

$$P(\alpha+;\beta+) = \frac{N_3 + N_5}{N_{gesamt}}. \qquad (15.9)$$

Wenn wir nun noch den dritten Winkel y mit ins Spiel bringen, indem wir die Wahrscheinlichkeit P($\alpha+$; $\beta+$) entsprechend (15.7) in Abhängigkeit von den Teilwahrscheinlichkeiten

$$P(\alpha+;\gamma+) = \frac{N_2 + N_5}{N_{gesamt}} \qquad (15.10)$$

und

$$P(\gamma+;\beta+) = \frac{N_3 + N_7}{N_{gesamt}} \qquad (15.11)$$

schreiben, erhalten wir als logische Schlussfolgerung die Ungleichung

$$P(\alpha+;\beta+) \leq P(\alpha+;\gamma+) + P(\gamma+;\beta+). \qquad (15.12)$$

Diese in (15.12) gezeigte Ungleichung ist eine *Bell'sche Ungleichung*. Sie basiert auf der Annahme lokal-realistischer Theorien und stellt somit eine Voraussage der Theorien verborgener Variablen dar. Aufgrund der Tatsache, dass es sich hierbei um eine quantitative Aussage handelt, ist es wahrhaftig möglich, sie experimentell zu überprüfen, indem man mit den relativen Wahrscheinlichkeiten der einzelnen Fälle arbeitet und überprüft, ob die relative Anzahl der eingetretenen Fälle ($\alpha+$; $\beta+$) wirklich kleiner oder gleich der Summe aus den anderen Fällen ($\alpha+$; $\gamma+$) und ($\gamma+$; $\beta+$) ist.

Der experimentelle Quantenphysiker ALAIN ASPECT (geb.

1952) machte sich diese Überprüfung zur Aufgabe. Durch seine erfolgreichen Experimente und den Vergleich mit den Voraussagen der Theorien verborgener Variablen mittels Bell'scher Ungleichung konnte er das Resultat erbringen, dass – entgegen allen EINSTEIN'schen Bestrebungen – die Natur keine lokal-realistischen verborgenen Parameter enthalten kann, da die Bell'sche Ungleichung durch die Versuchsergebnisse verletzt wurde. Dieses Phänomen, die *Verletzung der Bell'schen Ungleichung* durch die experimentell ermittelten Befunde, wird *Bell'sches Theorem* genannt. ASPECTS Versuchsergebnisse standen darüber hinaus in vollkommenem Einklang mit den Voraussagen der Quantenmechanik, deren Gültigkeit auf diese Weise eindrucksvoll bestätigt und die ihrer Widersacher widerlegt werden konnte.

Nicht widerlegt werden konnte hingegen die nicht lokal-realistische Bohm'sche Mechanik, welche äquivalent der Quantenmechanik mit den experimentellen Befunden vollkommen übereinstimmt. Aus Gründen, die wir hier jedoch bedauerlicherweise nicht ad nauseam abhandeln können, wird diese nicht lokal-realistische Theorie, wie schon in Kap. 14 erwähnt, als wenig wahrscheinlich verworfen und von den meisten Quantenphysikern ignoriert.

Nach dieser experimentellen Erkenntnis und allgemeinen Falsifikation lokal-realistischer Theorien kann es daher lokal-realistische verborgene Variablen genauso wenig geben, wie der objektive Zufall eben doch ein nicht zu leugnender, unumgehbarer Bestandteil unserer Welt ist. In jener Hinsicht sollte BOHR gegenüber EINSTEIN nach deren beider Tod schließlich doch recht behalten. Oder um es anders auszudrücken:

Und ER würfelt doch ...

16 Die modernen Anwendungen
der Quantenphysik

Wie wird die Quantenphysik praktisch angewendet?

In diesem letzten Kapitel über die »pure« Quantenphysik wollen wir uns – über die bereits abgehandelten, großartigen, historischen Entdeckungen der brillanten Köpfe vergangener Tage hinweg – endlich in die Entdeckungen der heutigen Zeit begeben. Nachdem sich die Physiker-Generationen der ersten zwei Drittel des verstrichenen Jahrhunderts hauptsächlich mit den Rätseln der Quantenmechanik befassten und verzweifelt versuchten, die logischen Turbulenzen zu laminieren, werden in unseren Tagen mit Anbruch des 21. Jahrhunderts mehr denn je diese Paradoxien, ja geradezu Abartigkeiten der Quanten kommentarlos als gegebene Tatsachen hingenommen, um in einem beinahe schon pragmatischen Sinn das Beste daraus zu machen. Tatsächlich bieten uns die außergewöhnlichen Quantenmechanismen völlig neue prinzipielle und technische Möglichkeiten, an die in der klassischen Physik nicht zu denken war. Ein neues, optimistischeres und vor allem praxisorientierteres Zeitalter ist angebrochen. Es wird Zeit, die Skurrilität der Quanten zu nutzen!

Schauen Sie sich in Ihrem Zuhause einmal um! Ihre elektronischen Haushaltsgeräte, Ihr Radio, Ihr CD- oder mp3-Player, ja Ihre gesamte Unterhaltungselektronik und nicht zuletzt Ihr

Computer, außerdem die überall Anwendung findenden LA-SER, moderne, medizinische Geräte, die komplette Halb-leiterelektronik, die moderne, zukunftsträchtige Nanotech-nologie, Mikroelektronik und vieles, vieles mehr stellen die Produkte der schon längst begonnenen Phase der Anwendung jener physikalischen Prinzipien der Quantenwelt dar. Ohne un-sere modernen Kenntnisse über die außergewöhnlichen Me-chanismen der Quantenobjekte wäre unsere heutige Welt gra-vierend anders, als wir es gewohnt sind, auch wenn uns die Quantenphysik an sich noch immer ungewöhnlich, wenn nicht sogar weltfremd erscheinen mag.

Doch diese uns schon längst geläufigen Anwendungen der quantenphysikalischen Mechanismen sind noch lange nicht al-les, was uns die Natur des Mikrokosmos an faszinierenden Möglichkeiten bereitstellt. Besonders innerhalb der letzten Jahre haben sich in den unterschiedlichsten Bereichen völlig neue Konzepte und Entwicklungen etablieren können.

Was ist Quanteninformation?

Die Basis für all die wundervollen, zukunftsträchtigen Techni-ken und neuen Anwendungen aufgrund der quantenphysika-lischen Erkenntnisse bildet die Information, die ein Quanten-objekt trägt. Das Interessante an dieser »Information der Quantenobjekte« ist, dass sie sich auf fundamentale Art und Weise von der Information, die wir aus der Alltagswelt ge-wohnt sind, unterscheidet.

Doch zunächst wäre es wichtig zu klären, was denn »Infor-mation« eigentlich genau ist. In der Enzyklopädie des Brock-haus findet sich für den allgemeinen Begriff »Information« un-ter Punkt 2) die Definition:

246

*»Mitteilung, Nachricht, Auskunft über etwas oder über jeman-
den.«*[34]

Wir wissen natürlich, dieses *»etwas oder jemand«* kann beispielsweise ein »wichtiger« Politiker sein, über den Informationen in der Presse stehen, oder ein Wirbelsturm, vor dessen
Auftreten durch die Medien gewarnt wird, oder aber auch ein
Elektron, dessen Spin wir durch ein Stern-Gerlach-Experiment messen können. All dies sind (physikalische) Informationen, wie sie an Objekten selbst vorliegen können.

Dies ist an und für sich nichts Besonderes, sollte man meinen, doch es zeigt sich, dass die Informationen, welche Objekte
des Mikrokosmos tragen, in vielerlei Hinsicht überaus interessant und nützlich sein können, da sie sich gravierend von der
gewöhnlichen, klassischen Information, wie sie tagtäglich in
Form von digitalen *Bits* durch unsere Computer rasen, unterscheiden.

So hat sich für diese besonders geartete Information, welche
ein Quantenobjekt trägt, auch eine spezielle Bezeichnung eingebürgert, die auf den Vorschlag des amerikanischen Physikers
BENJAMIN SCHUMACHER zurückgeht: Das *Qubit* (gesprochen:
»kjubit«).

Die Tatsache, dass Quantenobjekte ihre Information anders
tragen als makroskopische Systeme, eröffnet ganz neue Möglichkeiten für die Informationswissenschaften. Deshalb spricht
man von einem in der Tat völlig neuen Gebiet, das sich durch
unser modernes Wissen um die Quantenphysik erst eröffnet:
die *Quanteninformationswissenschaften* oder kurz *Quantenin-
formatik.* Die sich hierin zurzeit etablierenden, neuen Techno-

---

34 *Brockhaus Enzyklopädie in 24 Bänden,* 10. Band, S. 524 (F. H. Brockhaus,
1997)

logien sind vor allem die *Quanten-Teleportation, Quanten-Computer* und *Quanten-Kryptographie*. Was es mit diesen unglaublichen und bedeutenden, auf quantenphysikalischen Prinzipien basierenden Innovationen auf sich hat, damit wollen wir uns nun ein wenig befassen.

Was ist Quanten-Teleportation?

Unter dem Begriff Teleportation stellt man sich wohl zunächst eine der utopischen Szenen aus Science-Fiction-Abenteuern wie Star Trek oder Ähnlichem vor, in welchen Menschen per Knopfdruck von A nach B »gebeamt« werden. Hochgradig absurder, physikalischer Schwachsinn? Vielleicht doch nicht ganz, wie uns einige Experimente der neuesten Zeit glauben machen wollen! So erstaunlich es sich anhören mag, aber schon 1997 berichtete die Experimentalgruppe um HARALD WEINFURTER und ANTON ZEILINGER von der Universität Innsbruck, die erste so genannte *Quanten-Teleportation* erfolgreich realisiert zu haben.[35]

Unter jener »Quanten-Teleportation« versteht man dabei im physikalischen Sinne »das instantane Übersenden der in einem unbekannten Quantenzustand enthaltenen Information an einen beliebig weit entfernten Empfänger unter Ausnutzung von Verschränkung«.[36] Was genau es mit dieser geisterhaften Quanten-Teleportation auf sich haben soll, wollen wir nun in komprimierter Form behandeln. Als Teleportationsgegenstand werden wir uns jedoch nicht gleich einen ganzen Menschen zumuten (was recht utopisch wäre und wohl mit an Sicherheit grenzender Wahrscheinlichkeit niemals realisiert

35 D. Bouwmeester, J.-W. Pan, K. Mattle, M. Eibl, H. Weinfurter, A. Zeilinger: Experimental quantum teleportation. Nature 390 (1997)
36 D. Bruß: *Quanteninformation* (Fischer, 2003); S. 123

wird), sondern es doch erst einmal mit einem Quantenobjekt versuchen.

Die Ausgangssituation sei Folgende: Es soll ein Photon T (von engl. *teleportee*) vom Ort A zum beliebig weit entfernten Ort B – oder wie es auch gerne aus einer Konvention der Kryptographie übernommen wird: von *Alice* zu *Bob* – teleportiert werden, d. h., es soll bei Alice verschwinden und bei Bob wiederauftauchen. Dabei sollte das Photon natürlich möglichst nicht seinen ursprünglichen Zustand ändern, denn dann wäre es ja nicht mehr dasjenige Photon, welches teleportiert werden sollte. Stattdessen soll es genau so, wie es bei Alice war, »unbeschadet« bei Bob wieder auftauchen. Oder um es hinsichtlich der Information auszudrücken, welche das Photon durch seinen Quantenzustand trägt: Das Qubit des Photons muss original von Alice zu Bob teleportiert werden, ohne eine Störung oder Abänderung zu erfahren. Doch wie lässt sich dieses unbescheidene Vorhaben tatsächlich realisieren?

Das Problem, welches sich diesem Unterfangen nun zwangsläufig in den Weg stellen muss, ist die unüberwindbare Tatsache, dass der Zustand eines Quantenobjekts bzw. die gesamte an ebenjenem vorliegende Information schon rein grundsätzlich nicht vollständig ausgelesen werden kann, da jede Messung unweigerlich die Reduktion der Wellenfunktion zur Folge hat. Folglich sollte es eigentlich ziemlich unmöglich sein, den offenkundig unbestimmten und unbestimmbaren Zustand eines Quants zu teleportieren, denn wie soll man etwas übermitteln, das noch nicht einmal komplett ausgelesen werden kann, geschweige denn überhaupt schon konkret festliegt?

So unglaublich es klingt, aber in demselben Maße, wie die skurrilen Prinzipien der Quantenmechanik das vollständige Erfassen des Zustands eines Quantenobjekts verbieten, schaffen die Gesetzmäßigkeiten der Quantenphysik dank der Teleportation einen geheimnisvollen Schleichweg, jene scheinbare Unmöglichkeit elegant zu umgehen. Dieses Hintertürchen besteht im Wesentlichen aus dem uns aus den vorangegangenen Diskussionen bekannten Prinzip der *Verschränkung.*

In ihrem bedeutenden Artikel »*Teleporting an unknown quantum state via dual classical and EPR channels*«[37] von 1993 stellten die Quantenphysiker CHARLES BENNETT, WILLIAM WOOTTERS et al. das neuartige, theoretische Konzept der Quanten-Teleportation vor, nachdem ein Quantenobjekt über eine Art zweischienigen Weg teleportiert werden kann: Zum Teleportieren eines Quantenzustandes von A nach B, also von Alice zu Bob, wird erstens ein quantenphysikalischer Kanal in Form eines Paars verschränkter Teilchen und zweitens ein klassischer Informationskanal benötigt.

Der Anschaulichkeit halber wollen wir uns die experimentelle Verwirklichung jener schon erwähnten Quanten-Teleportation anschauen, wie sie, nach eigenen Aussagen, von der Arbeitsgruppe um ANTON ZEILINGER erstmalig 1997 durchgeführt werden konnte:

Zu der Teleportation eines Photons, welches seine Quanteninformation in Form seiner *Polarisationsrichtung* (vgl. Kap. 1) trägt, wird, wie schon eben angedeutet, ein zusätzliches Paar verschränkter Photonen verwandt, die als eine Art Übertragungskanal dienen sollen. Um ein solches verschränktes Photonenpaar zu erhalten, bedarf es einer speziellen Art der EPR-Quelle. In diesem Zusammenhang sei betont, dass die Korrelation durch Verschränkung, wie wir sie aus der Diskussion des EPR-Papiers von 1935 bzw. der Bohm'schen, spinbezüglichen EPR-Experimentvariante kennengelernt haben, sich gleichwertig auch auf die Polarisationsrichtung von Photonen

37 publiziert in Phys. Rev. Lett. **70**, 13 (1993)

anstelle des Teilchenspins beziehen kann. Die Tatsache, dass sich die Verschränkung der Teilchen in diesem Fall auf die Polarisation der beiden Photonen (und nicht wie in vorigen Kapiteln beschrieben auf den Spin der Teilchen) bezieht, macht also rein prinzipiell keinen Unterschied, da das zugrunde liegende Prinzip dasselbe ist.

Zunächst muss also ein verschränktes Paar Photonen erzeugt werden. Dies kann z. B. durch ein Verfahren geschehen, das sich *parametric down conversion* nennt. Dabei wird ein Photonenstrahl durch einen besonderen, nicht linearen Kristall, der z. B. aus β-Bariumborat (BBO) bestehen kann, geleitet, in dem sich die ankommenden UV-Photonen entzweiteilen können, sodass zwei Photonen mit doppelter Wellenlänge entstehen. Das Besondere an diesen jeweiligen Photonenpaaren ist dabei, dass mit einer bestimmten, wenn auch sehr niedrigen Wahrscheinlichkeit, bei einem gewissen Austrittswinkel A und B über ihre Polarisationsrichtung verschränkt sind. Würden

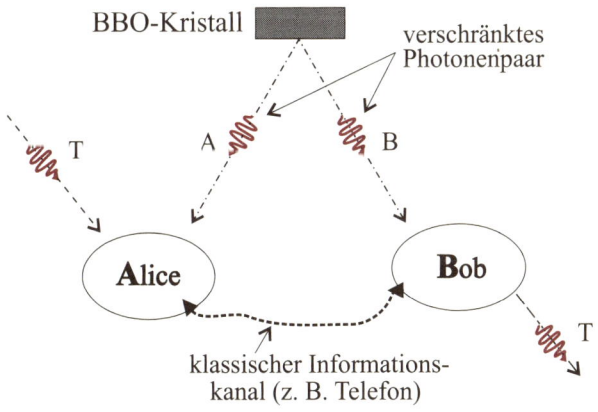

Abb. 16.1 Schematischer Aufbau der experimentellen Quanten-Teleportation

wir nun mittels einer Blende ausschließlich diese verschränkten Photonenpaare herausfiltern, so müssten wir im Falle einer Messung mit Polarisationsfiltern jedes Mal feststellen, dass etwaige Photonenpaare A und B stets senkrecht und niemals parallel zueinander polarisiert sind, und dies gleichwohl wir aus der überraschenden Lösung der EPR-Problematik (siehe Kap. 15) wissen, dass die beiden Photonen aufgrund der Unmöglichkeit lokal-realistischer verborgener Parameter vor dem Zeitpunkt der Messung an einem der Photonen gar keine konkret festgelegte Polarisationsrichtung besessen haben können. Diese wird nämlich erst im Falle der Messung selbst spontan und objektiv zufällig festgelegt. Eine kuriose, aber wichtige Tatsache!

Der verschränkte Zustand eines derartig erzeugten Photonenpaars A und B lautet schließlich zunächst

$$|\Psi\rangle = \frac{1}{\sqrt{2}} \left(|\leftrightarrow\rangle_A |\updownarrow\rangle_B - |\updownarrow\rangle_A |\leftrightarrow\rangle_B \right), \qquad (16.1)$$

wobei $|\leftrightarrow\rangle$ den Zustandsvektor des Eigenzustands der horizontalen Polarisation und $|\updownarrow\rangle$ den der vertikalen Polarisation eines jeweiligen Photons widerspiegelt. Ein solches, in Polarisation verschränktes Paar Photonen wird zum Zweck der Teleportation so gehandhabt, dass Photon A zu Alice und Photon B zu Bob geleitet wird. Dies kann beispielsweise auf dem Luftweg oder durch Glasfaserkabel geschehen.

Um nun den Zustand des Photons T an Bob zu teleportieren, muss Alice ihr Photon mit Photon A in eine besondere Beziehung bringen, oder präziser ausgedrückt: Sie muss T und A verschränken. Dies tut sie, indem sie eine so genannte gemeinsame *Bell-Messung* an T und A vornimmt. Auch wenn sich dieser überaus wichtige Teilschritt der Teleportation in theoretischer Hinsicht recht simpel anhört, so stellte er dennoch im wirklichen Experiment lange Zeit ein echtes Hindernis dar. Durch großen Aufwand und sehr geschickte und ausgefeilte Techniken gelang es dennoch, besagte Bell-Messungen mittels halbdurchlässiger Spiegel erfolgreich durchzuführen.

Anhand dieser korrelierend wirkenden Bell-Messung kann Alice nun einen der vier folgenden, möglichen *Bell-Zustände* erzeugen:

$$|\Psi^+\rangle = \frac{1}{\sqrt{2}} (|\leftrightarrow\rangle_T |\updownarrow\rangle_A + |\updownarrow\rangle_T |\leftrightarrow\rangle_A) \qquad (16.2)$$

$$|\Psi^-\rangle = \frac{1}{\sqrt{2}} (|\leftrightarrow\rangle_T |\updownarrow\rangle_A - |\updownarrow\rangle_T |\leftrightarrow\rangle_A) \qquad (16.3)$$

$$|\Phi^+\rangle = \frac{1}{\sqrt{2}} (|\leftrightarrow\rangle_T |\leftrightarrow\rangle_A + |\updownarrow\rangle_T |\updownarrow\rangle_A) \qquad (16.4)$$

$$|\Phi^-\rangle = \frac{1}{\sqrt{2}} (|\leftrightarrow\rangle_T |\leftrightarrow\rangle_A - |\updownarrow\rangle_T |\updownarrow\rangle_A) \qquad (16.5)$$

Der bei dieser Messung hergestellte Bell-Zustand ist wiederum, wie man deutlich sehen kann, ein verschränkter Zustand zwischen Photon T und A. Augenblicklich muss wohlgemerkt Teilchen B seine ursprünglichen Eigenschaften verlieren, denn es wurde (in Abhängigkeit des Ursprungszustands von Photon T und dem Ergebnis der Bell-Messung) in einen anderen, unbestimmten Zustand versetzt.

Alices Messresultat, d.h., welchen der obigen Zustände (16.2) bis (16.5) sie durch die Bell-Messung erhält, muss jetzt über einen *klassischen Informationskanal* (wie z.B. das Telefon, Fax oder Internet) zu Bob gesandt werden. Mit Hilfe dieses Messresultats kann Bob dann über die Durchführung einer durch Alices Messresultat festgelegten Manipulation an Photon B, auch *unitäre Transformation* genannt, den ursprünglichen Zustand des Alice'schen Photons T erhalten. Durch diese von Bob durchgeführte Transformation an Photon B nimmt also sein Photon die Quanteneigenschaften von T, nämlich den ursprünglichen Zustand der Polarisationsrichtung, an. Gleichzeitig hat das ursprüngliche T seinen Polarisationszustand unwiderruflich verloren, da es ja nun mit A verschränkt ist. Zusammengefasst hat sich also durch Alices und Bobs Zutun der anfängliche, quantenphysikalische Zustand von T auf B übertragen, oder anders: B ist zu T geworden![38] Hiermit ist die Teleportation erfolgreich und sinngemäß vollendet.

Es sollte aufgefallen sein, dass bei dieser Teleportation des Photons T kein Materietransport im eigentlichen Sinne stattfindet. Vielmehr wird die gesamte Information des zu teleportierenden Photons T auf Teilchen B übertragen, ohne dass jenes selbst auf geisterhaftem Weg zu Bob transportiert würde. Das Resultat ist jedoch erstaunlicherweise dasselbe, als wenn Letzteres geschehen wäre.

Bei der Quanten-Teleportation findet auch keine instantane Informationsübertragung statt, da der Ursprungszustand des Alice'schen Photons T erst nach der Mitteilung von Alices Messresultat der Bell-Messung an Bob erfolgen kann. Da diese Information über Alices Messresultat zwangsläufig auf einem klassischen Kanal erfolgen muss und somit höchstens mit Lichtgeschwindigkeit ablaufen kann, findet auch die Rekonstruktion des Zustandes von T durch Bob erst frühestens nach der Zeit

$$t_{\min} = \frac{s}{c} \qquad (16.6)$$

---

38 Dies gilt natürlich nur für den Fall, dass zu Beginn die Wellenlänge von T gleich der von A und B war.

statt, wobei *s* der Abstand zwischen Alice und Bob ist. Es entsteht folglich kein Widerspruch zum Prinzip der speziellen Relativitätstheorie, weil demnach bei der Quanten-Teleportation Information nicht instantan übertragen werden kann.

Nun könnte man meinen, Quanten-Teleportation sei an sich nichts wirklich Besonderes, da es sich ja nur um einen faulen Trick handle. Es würde gar nicht das Photon T bei Alice verschwinden und bei Bob wiederauftauchen, sondern nur bei Bob eine »billige« Kopie angefertigt werden. Die Experimentatoren betonen aber, dass dem nicht so ist!

Tatsächlich ist es eine interessante Konsequenz, dass durch die Bell-Messung an T ebendieses seine ursprünglichen Eigenschaften verliert, also gar nicht mehr als T anzusehen ist, da es nun einen völlig anderen Zustand besitzt. Durch die unitäre Transformation Bobs wird jedoch T in seinem ursprünglichen Zustand in einer perfekten Kopie wieder rekonstruiert. Ein interessantes Zitat ZEILINGERS bezüglich der Deutung seiner Experimente lautet demgemäß:

> »*Ein Skeptiker mag einwenden, dass hier nur der Polarisationszustand des Photons übertragen wurde, oder allgemeiner, sein Quantenzustand, aber nicht das Photon ›selbst‹. Doch da ein Photon vollständig durch seinen Quantenzustand charakterisiert wird, ist die Teleportation seines Zustands völlig äquivalent zur Teleportation des Teilchens.*«[39]

Es handelt sich seiner Meinung nach beim Teilchen T, welches Bob erhält, eben nicht um eine Art Kopie im üblichen, makroskopisch-klassischen Sinn, sondern es ist eine hundertprozentige Reproduktion des Ausgangsteilchens T und keine fehler-

---

39 A. Zeilinger: Quanten-Teleportation. Spektrum der Wissenschaft **6** (2000); S. 25

behaftete Kopie, wie sie beispielsweise ein klassischer Faxausdruck darstellt. Das von Bob erzeugte Photon T ist das Original selbst!

Des Weiteren muss beachtet werden, dass nach der Bell-Messung bei Alice gar kein »Original« mehr vorhanden ist, da es durch jene unwiderruflich zerstört wurde. Das Faktum, dass unbekannte quantenphysikalische Zustände nicht perfekt vervielfältigt werden können, nennt sich auch das *No-Cloning-Theorem*. Die Quanten-Teleportation mag hierfür ein anschauliches Beispiel geben.

Trotz alledem wird die Auslegung der Quanten-Teleportation als Zustands- oder Informationsübertragung auch stark angezweifelt. Denn genau genommen befindet sich das später als teleportiertes Teilchen angesehene Objekt ja schon vor dem eigentlichen Teleportationsakt am Ort B. Auch liegt der quantenmechanische Zustand schon im Vorhinein *potenziell* am Objekt B vor. Dieser besondere, quantenmechanische Zustand muss schließlich schon vor dem tatsächlichen Experiment als Teil des globalen, verschränkten Zustands akkurat präpariert werden. Daher kann man, so die Kritik einiger namhafter Quantenphysiker, im Fall der Quanten-Teleportation wohl kaum von einer wirklichen »Portation« eines Zustands oder einer Information im eigentlichen Sinne sprechen, sondern vielmehr von einer Vortäuschung falscher Tatsachen.

Wie immer in solchen Fällen werden weitere Untersuchungen die Konflikte zwischen den verschiedenen Ansätzen klären. Bei der Begrifflichkeit steht eine Vereinheitlichung leider noch aus.

Was sind Quanten-Computer?

Basierend auf dieser eben vorgestellten neuen Technologie, dem Konzept der Quanten-Teleportation, lassen sich unter anderem auch komplett neuartige Computer konstruieren. Dabei ist mit »neuartig« allerdings nicht nur einfach eine erheblich höhere Taktfrequenz oder gar eine größere Speicherkapazität gemeint, so wie eine Verbesserung in der Computerindustrie normalerweise charakterisiert ist. Nein, es handelt sich wahrhaftig um die prinzipielle Innovation eines grundlegend und konzeptiv neuen Computers, da dieser auf zuweilen ungeahnten und vor allem bisher ungenutzten physikalischen Gesetzen basiert: der Möglichkeit des Vorliegens von Information in Form einer Superposition und des parallelen Rechnens durch mehrfach verknüpfte Verschränkung bzw. den Austausch von verschränkten EPR-Teilchen in einer Art Netzwerk, auch *entanglement swapping* genannt.

Dabei gilt, genauso wie sich ein Elektron dank seiner quantenphysikalischen Superpositionsfähigkeit in der Hülle eines Atoms gleichzeitig an verschiedenen Orten aufhalten kann, können gleichermaßen in der angewandten Quantenphysik Rechenprozesse auf mehreren verschiedenen Ebenen superponiert ablaufen.

Ein quantenphysikalisches Qubit kann, anders als es in einem klassischen, digitalen Computer der Fall ist, nicht nur in den zwei Zuständen »ein« und »aus« oder üblicher 0 und 1 vorliegen, sondern auch in einer beliebigen Superposition aus diesen beiden Eigenzuständen. Ein Qubit kann gleichzeitig die Werte 0 und 1 annehmen und dies mit unendlich vielen Anteilsabstufungen, so wie es mit den Einzelzuständen $|0\rangle$ und $|1\rangle$ gemäß der üblichen Superposition

$$|\Psi\rangle = a\,|\,0\,\rangle + b\,|\,1\,\rangle \qquad (16.7)$$

mit $|a|^2 + |b|^2 = 1$ möglich ist. Hierdurch kann ein aus einem Qubit bestehender Quanten-Computer faktisch doppelt so schnell rechnen wie ein konventioneller, klassischer Computer, da er mit den Werten 0 und 1 parallel rechnen kann. Die hieraus resultierende Möglichkeit parallel arbeitender Algorithmen wird auch als *Quantenparallelismus* bezeichnet. Er bietet gegenüber dem klassischen Computer augenfällige Vorteile.

Doch damit nicht genug. Je mehr solcher Qubits man verknüpft und zusammen rechnen lässt, desto mehr Werte können gleichzeitig angenommen und desto mehr Rechenwege können parallel bearbeitet werden. Genau genommen steigt die mögliche Anzahl der parallel bearbeitbaren Rechenwege W sogar exponentiell mit der Anzahl der verwendeten Qubits n an, also

$$W = 2^n. \qquad (16.8)$$

Mit zwei herkömmlichen, klassischen Bits müssten nacheinander vier Rechenoperationen durchgeführt werden, wofür zwei quantenphysikalische Qubits nur einen einzigen Rechendurchlauf benötigen. Auf Grundlage von drei Qubits können ferner acht Rechenwerte zugleich repräsentiert werden. Nach einer in der Literatur immer wieder auftauchenden Behauptung hätte man mit ca. 270 Qubits schon mehr Werte, als es Teilchen im gesamten Universum gibt, wobei die auf ca. 10^{80} geschätzte Teilchenanzahl im Universum ersichtlich kleiner als $2^{270} \approx 1{,}9 \cdot 10^{81}$ ist.

Besonders in überaus aufwendigen und zeitintensiven Rechenprozessen, wie z. B. dem Zerlegen großer Zahlen in ihre *Primzahlfaktoren*, bietet deshalb ein auf Qubits basierender, futuristischer Quanten-Computer dem konventionellen, klassischen Computer gegenüber entscheidende Vorteile. Bei konventionellen Computern steigt der zur *Primzahlfaktorzerlegung* benötigte Zeitraum exponentiell mit der Stellenlänge der zu faktorisierenden Zahl an. Dem Quanten-Computer hingegen ist es durch seine Möglichkeit parallel arbeitender Algorithmen (dem Quantenparallelismus) möglich, die hierfür benötigte Berechnungszeit »qualitativ« um ein Unermessliches zu verkürzen. Nach dem *Shor-Algorithmus*, einem 1994 durch den Mathematiker PETER SHOR entwickelten Algorithmus zur Primzahlfaktorzerlegung, steigt nämlich für einen Quanten-Computer der Zeitaufwand zur Primzahlfaktorzerlegung nicht mehr exponentiell, sondern nur noch mit der dritten Potenz der Ziffernlänge der zu faktorisierenden Zahl an. Dies ist tatsächlich ein gravierender Unterschied, welcher die Zerlegung großer Zahlen in ihre Primzahlfaktoren aus dem Reich der Fiktion in den Bereich des wirklich Möglichen überführt.

Allerdings gibt es durchaus noch gewisse Probleme bei der praktischen Verwirklichung von Computern auf »Qubit-Basis«. Eine elementare, wenn auch eher theoretische Frage stellt das Auslesen der erzielten Rechenergebnisse dar. Das Problem, welches an diesem Punkt entsteht, ist das uns recht gut bekannte Messproblem: Durch den Akt der Messung tritt zwangsläufig die *Zustandsreduktion* auf, die als fundamentaler Bestandteil der Quantenphysik niemals umgangen werden kann, so viel ist sicher. Es kann folglich, so fantastisch viele Rechenwege auch parallel berechnet werden mögen, immer nur ein einziges mögliches, dem objektiven Zufall unterliegendes Ergebnis ausgelesen werden. Superpositionswerte können a priori nicht gelesen werden. Daher liegt es mehr oder minder an der Ausgefeiltheit der verwendeten Algorithmen, oder besser gesagt an der Genialität der Quanteninformatiker, den Quanten-Computern ihren Vorteil auch real nutzbar zu entlocken. Teilweise sind schon erfolgversprechende Ansätze in dieser Richtung geschehen, und mittlerweile scheint es zumal so, als sei das Ausleseproblem fast schon wieder obsolet.

Ein noch gravierenderes, praktisches Problem, das sich der Realisierung von Quanten-Computern vehement in den Weg stellt, ist das Phänomen der *Dekohärenz*, das Wechselwirken der Qubits mit ihrer Umgebung, welches wir schon in Kap. 13 behandelt haben. Ja, nicht nur Katzen unterliegen der Dekohärenz, auch die Qubits eines Quanten-Computers sind diesem allgemeinen Prozess des Verlusts ihrer Kohärenz unterworfen. Gestört werden können die kohärenten, reinen Zustände der Qubits z. B. durch magnetische Felder oder LASER-Strahlen, die eigentlich zur gezielten Manipulation benachbarter Qubits gedacht sind, doch lässt sich diese Art der Mitbeeinflussung nur sehr schwer bzw. gar nicht verhindern. Erschwerend kommt hinzu, dass nicht nur die Zustände einzelner Qubits durch Umgebungsfaktoren mit der Zeit dekohärieren, sondern auch die für einen Quanten-Computer so bedeutungsvollen Verschränkungen der Qubits untereinander vermindert oder aufgehoben werden. So ergibt sich die Aufgabe, die Manipulation einzelner Qubits aufs Äußerste zu präzisieren, um die typischen Dekohärenzzeiten so maximal wie nur möglich zu halten. Ganz abgesehen von dieser »selbstverschuldeten« Störung besteht ferner der Zwang, die thermischen Einflüsse der Umgebung zu kompensieren. Vermutlich werden zukünftige Quanten-Computer überhaupt nur bei irrwitzig niedrigen Temperaturen funktionieren können.

Zwar wird es – nicht zuletzt aus den oben genannten Gründen – in absehbarer Zeit sicherlich noch keine marktfähigen Rechner mit »*Qubit-Technologie*« für zu Hause geben, doch in nicht allzu ferner Zukunft werden Quanten-Computer sicherlich einen hohen Stellenwert in den Branchen um die Informationstechnologie einnehmen. Dies allerdings stellt in der Realität nicht nur eine vielversprechende Revolution in den Computerwissenschaften dar, sondern ganz im Gegenteil ergibt sich durch die Möglichkeit der Primfaktorzerlegung großer Zahlen mit vertretbarem Zeitaufwand gleichfalls ein fundamentales Sicherheitsproblem, denn die Verschlüsselung wichtiger und/oder geheimer Daten und Nachrichten geschieht heutzutage fast ausschließlich auf dem Wege der Verschlüsselung über die Schwierigkeit bzw. praktische Undurchführbarkeit der Zerlegung großer Zahlen in ihre Primzahlfaktoren aufgrund der dafür nötigen, selbst für Großrechner immensen Rechenzeit klassischer Computer.

Futuristische Computer jedoch, welche die Gesetzmäßigkeiten der Quantenphysik (wie den Quantenparallelismus) zum Knacken verschlüsselter Nachrichten auszunutzen verständen, stellen eine reale Bedrohung für die zukünftige Kryptographie dar.

Welche Ironie des Schicksals, möchte man angesichts dessen meinen, dass es dieselben bizarren Gesetze der Quantenwelt sind, welche einerseits die klassische Kryptographie zu untergraben in der Lage sind und andererseits eine elegante und um ein Vielfaches sicherere Lösung für die Verschlüsselung von Botschaften ermöglichen: die Quanten-Kryptographie.

Was ist Quanten-Kryptographie?

Unter *Kryptographie* versteht man im Allgemeinen die *Verschlüsselung* wichtiger und/oder heikler Daten und Nachrichten zum Zweck der geheimen Übermittlung. Diese Kunst des verdeckten Datentransfers begann schon weit vor der Zeit der Griechen und Römer. Seit jeher bestand das Bedürfnis, bestimmte Nachrichten so zu verschlüsseln, dass sie ausschließlich von ihrem erwünschten, legitimierten Empfänger gelesen werden können.

Die Möglichkeit, Nachrichten verschlüsseln zu können, provozierte gleichermaßen das Bedürfnis, ebenjene Nachrichten heimlich abzuhören und zu dechiffrieren. Dass besonders in letzter Zeit die heimlichen Lauscher und Spione, speziell auf dem Gebiet finanztechnischer Datentransfers oder militärischer Botschaften, eine prekäre und heikle Angelegenheit darstellen, ist offenkundig. So liegt es denn an der Geschicklichkeit der Verschlüsseler, ihre Chiffre möglichst so zu wählen, dass eine Entschlüsselung durch Dritte entweder schon rein prinzipiell nicht möglich ist, oder zumindest so viel Zeit erfordern würde, dass sie praktisch nicht durchgeführt werden kann. Natürlich wäre die zweite Variante nicht wirklich von dauerhafter Sicherheit, doch ist sie (auch heutzutage noch) für eine Großzahl praktischer Anwendungen völlig ausreichend.

Einleitend sei erwähnt, dass die uns aus der Quanten-Teleportation bekannten Kommunikationsparteien *Alice* und *Bob* in der Kryptographie um die Lauscherin *Eve* (von engl. *eavesdropping* = Lauschen, Abhören) erweitert werden. Die in der Kryptologie generell als *Klartext* bezeichnete, geheim zu haltende Nachricht muss dabei in möglichst geschickt verschlüsselter Form von Alice zu Bob gelangen, sodass Eve ohne Kenntnis des Schlüssels, den schließlich nur Alice und Bob besitzen sollten, den so genannten *Geheimtext* nicht dechiffrieren kann.

Die Qualität des jeweiligen kryptographischen Verfahrens liegt demzufolge offensichtlich an der Art und Weise, wie der Klartext in einen Geheimtext umgewandelt wird und andersherum. Danach lassen sich die vielschichtigen kryptographischen Verfahren einer groben Einteilung entsprechend in *symmetrische* und *asymmetrische Verschlüsselungsverfahren* ord-

262

nen. Wir wollen hier aus Platzgründen nicht die gesamte historische Entwicklung der Kryptographie in extenso abhandeln, sondern werden uns auf die im Rahmen des Prinzips und der Bedeutung der Quanten-Kryptographie wichtigsten Punkte beschränken.

Eines der ersten bekannteren Verschlüsselungsverfahren – die nach ihrem Initiator und römischen Kaiser benannte *Caesar-Chiffre* – verläuft über das sehr simple *Substitutionsverfahren*, das buchstabenweise Ersetzen des Klartexts mittels Schlüssel: Jeder einzelne Buchstabe des Klartexts wird hier einfach durch denjenigen anderen Buchstaben ersetzt, der von Ersterem um n Stellen im Alphabet verschoben liegen.

Der Schlüssel dieses Kryptoverfahrens ist also das um n Stellen verschobene Alphabet selbst. Aus dem fiktiven Klartext

»sancta simplicitas«

wird beispielsweise mit $n = 2$ der Geheimtext

»ucpevc ukornkekvcu«.

Wie man sieht, ist in diesem Fall nicht nur das Chiffrieren überaus einfach, sondern auch die Dechiffrierung des Geheimtextes durch Dritte (wie Eve). Durch schlimmstenfalls 25-maliges Ausprobieren kann der Schlüssel, d. h., n, gefunden werden. Daher ist dieses frühe Verfahren zumal für heutige Belange alles andere als sicher, wirkt es doch gemessen an modernen Chiffrierverfahren geradezu lächerlich.

Durch verschiedene Variationen und Erweiterungen des Substitutionsverfahrens konnte die Entschlüsselung durch Eve jedoch immer weiter verkompliziert werden, sodass man nach einiger Zeit sogar »nahezu« perfekt verschlüsseln konnte, doch blieb das strategische Herausfinden des Schlüssels für Eve letzten Endes stets nur eine Frage der dafür benötigten Zeit. Über eine *Häufigkeitsanalyse* des Auftretens bestimmter Zeichen oder Zeichenkombinationen im Geheimtext, wie beispielsweise dem im Deutschen häufig vorkommenden Buchstaben »e« oder der Wortendung »-en«, konnte man relativ leicht die Substitution rückgängig machen und den Klartext rekonstruieren.

Im Jahr 1918 jedoch ereignete sich in der Kryptologie eine Revolution: GILBERT VERNAM erdachte ein perfektes, zu 100 % knacksicheres Kryptoverfahren, die so genannte *Vernam-Chiffre*. Selbst mit futuristisch schnellen Computern und perfektester Kryptoanalysetechnik ist es hierbei aus Eves Position *vollkommen unmöglich*, aus dem Abhören des Geheimtextes den Schlüssel, geschweige denn den Klartext auf systematische Weise auszumachen. Die unbedingt sichere Vernam-Chiffre erfordert dazu einzig einen aus Zufallszeichen bestehenden Schlüssel, welcher der Länge des Klartexts entspricht. Das kryptographische Prinzip funktioniert dann wie folgt:

1. Es wird ein binärer Zufallsschlüssel (ebenfalls aus Nullen und Einsen) erstellt, den nur Alice und Bob kennen.

2. Der Klartext wird von Alice in einen digitalen Binärcode (bestehend aus Nullen und Einsen) umgeschrieben.

3. Alice addiert den binären Klartext und Zufallsschlüssel modulo 2: Es gelten also $0+0=0, 0+1=1, 1+0=1$ und $1+1=0$, wobei der Übertrag wegfällt. Das Ergebnis der Addition ist der Geheimtext.

4. Der Geheimtext wird von Alice zu Bob übermittelt. Der hierfür verwendete Informationskanal muss dabei nicht geheim sein, sondern es kann ein unsicherer, öffentlicher Nachrichtenweg (z. B. Telefon, Fax, Internet etc.) genutzt werden, da der binäre Geheimtext ohne Kenntnis des binären Schlüssels für Dritte eine reine Zufallsfolge ohne den geringsten Informationsgehalt darstellt.

5. Bob addiert den Zufallsschlüssel ein zweites Mal modulo 2 zum Geheimtext, wandelt die erhaltene Ziffernfolge in Buchstaben um und erhält damit als Ergebnis den primären Klartext von Alice.

Wird dieses Vernam'sche Verfahren exakt ausgeführt, dann existiert für Eve keinerlei Möglichkeit – sei Eve auch noch so intelligent und besäße sie schnellstmögliche Quanten-Computer –, aus dem abgehörten Geheimtext auf den Klartext zu schließen. Dies ganz einfach deshalb, weil es durch den keiner – nicht einmal einer extrem komplizierten – Gesetzmäßigkeit folgenden Zufallsschlüssel unmöglich ist, in dem Geheimtext mehr als eine weitere Zufallsfolge von Nullen und Einsen zu sehen. Ein Knacken des Codes ist aus Eves Position mit absoluter, mathematisch bewiesener Sicherheit ausgeschlossen!

Doch so perfekt dieses Kryptoverfahren in der Theorie auch sein mag, so problembehaftet ist bedauernswerterweise seine praktische Umsetzung. Das Kernproblem bildet hier der 1. Schritt, denn die Bedingung, dass der benötigte, geheime Schlüssel dieselbe Länge haben muss wie die Nachricht an sich, stellt ein immenses logistisches Problem dar. Des Weitern kann jeder Schlüssel nur einmal verwendet werden, da es sich andernfalls nicht um eine *wirkliche* Zufallsfolge handeln würde. Aus diesem Grund, der Tatsache, dass der Schlüssel nach einmaliger Verwendung unbrauchbar wird und vernichtet werden muss, wird die Vernam-Chiffre auch als one-time-pad (etwa »Einmalblock«) bezeichnet. Dieses bei langen Nachrichten hinsichtlich der realen Anwendung auftauchende *Schlüsselverteilungsproblem* führte dazu, dass sich in der Praxis schließlich unsichere Verschlüsselungsverfahren mit wesentlich kürzeren Schlüssellängen durchsetzten.

War es bisher ein allgemeiner Nachteil symmetrischer Verschlüsselungsverfahren, dass Chiffrierung und Dechiffrierung denselben Komplexitätsgrad besitzen, so wurde durch die Entwicklung der ein asymmetrisches Verschlüsselungsverfahren darstellenden public-key-cryptography in den 1970er Jahren ein erneuter kryptographischer Durchbruch erreicht. In diesem Fall, der Kryptographie mittels öffentlicher Schlüssel, fällt das unangenehme Schlüsselverteilungsproblem vollständig weg, sodass selbst Kommunikationspartner, die niemals zuvor Kontakt hatten, um einen geheimen Schlüssel zu verabreden, verschlüsselte Botschaften austauschen können.

Die Asymmetrie dieses Kryptoverfahrens basiert auf dem Faktum der nicht gegebenen Symmetrie der Komplexität bestimmter mathematischer Operationen. So ist, wie schon weiter oben erwähnt, die Multiplikation großer Primzahlen relativ unkompliziert zu bewerkstelligen, doch die Rückoperation, das Zerlegen einer sehr großen Zahl in ihre Primzahlfaktoren, ist überaus rechen- und somit zeitaufwendig. Im Fall der *Primzahlfaktorzerlegung* steigt die Komplexität der Rechenoperation sogar exponentiell mit der Ziffernlänge der Zahl an.

Dadurch ist die public-key-cryptography bei der Verwendung hinreichend komplexer, asymmetrischer Verschlüsselungsoperationen in der Tat (relativ) sicher, doch ist diese Sicherheit durch die stetig stattfindenden Verbesserungen in der Computerindustrie massiv gefährdet, nicht zuletzt durch die, wenn auch momentan noch relativ weit entfernte Verwirklichung von Quanten-Computern.

Für diese Problemsituation bietet nun die neuartige *Quanten-Kryptographie* glücklicherweise eine wundervolle Lösung: Sie beseitigt auf elegante Art und Weise das Schlüsselverteilungsproblem der Vernam-Chiffre. Um Missverständnisse zu vermeiden, sei allerdings gleich betont, dass die Quanten-Kryptographie eigentlich kein wirklich neues kryptographisches Verfahren ist, sondern sich vielmehr darauf beschränkt, die ohnehin schon perfekte Vernam-Chiffre praktisch überhaupt durchführbar zu machen. Sie ermöglicht es nämlich, den im Rahmen der Vernam-Chiffre nötigen, geheimen Schlüssel vollkommen abhörsicher zu verteilen.

Dabei lassen sich die quantenkryptographischen Verfahren zur Schlüsselverteilung grob in zwei Arten einteilen. Die erste verwendet Einteilchensysteme wie z. B. einzelne Photonen, die zweite und historisch gesehen jüngere nutzt Zweiteilchensysteme, die sich in einer nicht lokalen EPR-Korrelation befinden, wie sie z. B. bei in Polarisation verschränkten Photonenpaaren vorliegt. Der Einfachheit halber wollen wir uns hier ausschließlich mit der ersteren Variante auseinandersetzen.

Im Jahre 1984 veröffentlichten CHARLES BENNETT und GILLES BRASSARD von IBM in dem nach den beiden Autoren und dem Entstehungsjahr *BB84-Protokoll* genannten Papier ein innovatives Konzept, nach dem die ungewöhnlichen Prinzipien der Quantenphysik auf geniale Weise in Form einer absolut sicheren Schlüsselverteilungstechnik Anwendung finden. Dazu wird ironischerweise gerade jenes typisch quantenphysikalische Phänomen genutzt, welches doch einst den undankbaren Namen *Mess-»Problem«* erhielt: Die objektiv zufällige Zustandsreduktion, verursacht durch den Prozess der Messung. Dabei ist in diesem Fall unter dem quantenphysikalischen Zustand wieder die Polarisationsrichtung einzelner Photonen zu verstehen, gleichwohl auch andere Quantenzustände wie Aufenthaltsort, Impuls oder Spinkomponente. Ihrer experimentellen Vorzüge wegen hat sich jedoch in der modernen Quantenkommunikation vornehmlich die Messung der Polarisationsrichtung von Photonen durchgesetzt.

Zum Zweck der quantenkryptographischen Schlüsselübermittlung ist es notwendig, bestimmten, ausgezeichneten Polarisationsrichtungen Bitwerte zuzuweisen. In unserem Falle sollen Alice und Bob beschlossen haben, den in 0°- und 45°-Richtung polarisierten Photonen per definitionem den Wert 0 zuzuordnen, sodass ferner die in 90°- und 135°-Richtung polarisierten Photonen den Wert 1 repräsentieren.

Das revolutionäre Verfahren der perfekten, quantengestützten *Schlüsselverteilung* läuft nun wie folgt ab. Ein beispielhafter Ausschnitt eines solchen BB84-Protokolls ist der besseren Nachvollziehbarkeit wegen in Abb. 16.2 dargestellt:

1. Zunächst verschickt Alice einzelne Photonen an Bob, deren Polarisationsrichtung völlig zufällig und in ungeordneter Reihenfolge 0°, 45°, 90° oder 135° zu einer zuvor vereinbarten Bezugsrichtung (im Beispiel aus Abb. 16.2 ist dies die vertikale Ausrichtung) beträgt.

2. Bob misst daraufhin in einer ebenfalls absolut zufälligen, von Alice unabhängigen Richtung, d. h., entweder der 0°/90°- oder der 45°/135°-Basis, ob die ankommenden Photonen seinen Polarisationsfilter passieren oder nicht.

3. Im Anschluss seiner Messung teilt Bob Alice über einen offenen Kanal mit, welche der zwei Messrichtungen (0°/90° oder 45°/135°) er für jedes Photon verwendet hat, jedoch ohne sein dabei erhaltenes Messergebnis (»vom Polarisationsfilter durchgelassen oder nicht«) preiszugeben. Alice wiederum gibt an, in welchen Fällen ihre versandten Photonen in derselben Basis polarisiert waren, wie Bobs messender Polarisationsfilter. Alle anderen Fälle, in denen Bob in einer anderen Basis gemessen hat, als die von Alice gesendeten Photonen polarisiert waren (was in ungefähr 50 % der Gesamtfälle aufgetreten sein sollte), werden sofort verworfen.

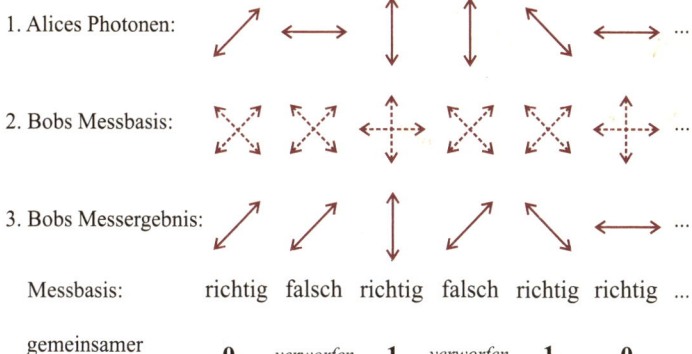

Abb. 16.2 Beispielhafter Auszug des Verlaufs einer quantenkryptogra-phischen Schlüsselverteilung

Nach erfolgreichem Abschluss dieser Prozedur besitzen Alice und Bob einen identischen, binären Zufallsschlüssel, beste-hend aus einer absolut und objektiv zufälligen Zufallsfolge aus Nullen und Einsen. Doch woher sollten die beiden sicher sein, dass sie nicht die Einzigen sind, die von dem wunderbaren Schlüssel wissen? Gibt es eine Möglichkeit, die Anwesenheit einer lauschenden Eve mit Sicherheit zu bestätigen oder auszu-schließen? Die Quantenphysik sagt: Ja!

Um zu überprüfen, ob ihr Quantenkanal von etwaigen Eves zu dem Zweck, den Schlüssel oder auch nur Teile davon abzu-fangen, belauscht wurde, können Alice und Bob nach Belieben Teile des durch die vorherigen Schritte erzeugten Zufallsschlüs-sels vergleichen. Denn wenn Eve sich in den Quantenkanal ein-geklinkt haben sollte, um Polarisationsmessungen an den von Alice versandten Photonen anzustellen, zerstört sie zwangsläu-fig den ursprünglichen Polarisationszustand des belauschten Photons irreparabel, da er durch die Messung eine Zustandsreduktion an ihm erfährt. Sie kann nun nur noch mit einer 50%igen Wahrscheinlichkeit ein identisches Photon wie das, dessen Zustand sie reduzierte, an Bob weiterschicken. In der anderen Hälfte der Fälle wird sie allerdings die falsche Polarisationsrichtung des Photons wählen und an Bob weiterschicken.

Es existiert durch das Wesen der quantenphysikalischen Naturgesetze für Eve schließlich keine Möglichkeit, den unbekannten Quantenzustand des von Alice versandten Photons zu kopieren. Hier zeigt sich erneut die Gültigkeit des freilich so zentralen *No-Cloning-Theorems*. Als Resultat folgt, dass zwangsläufig ein Viertel der von Eve losgesandten Photonen eine falsche Polarisationsrichtung besitzen werden. Fatal für Eve bzw. brillant für Alice und Bob ist nun, dass durch ein weiter oben schon angesprochenes, stichprobenartiges Vergleichen von beliebigen Teilen des erstellten Zufallsschlüssels derjenige Anteil Photonen, welcher von Eve mit falscher Polarisationsrichtung an Bob weitergeschickt wurde, als fehlerhaft identifiziert werden kann. Somit ist Eves Lauschangriff aufgeflogen, und Alice und Bob wissen, dass sie ihre Nachricht nicht sicher mit dem Schlüssel verschicken können.

Im Fall, dass keine (oder nur sehr, sehr wenige) fehlerhafte Folgenelemente gefunden werden, können sich Alice und Bob absolut sicher sein, einen wirklich völlig geheimen Zufallsschlüssel erzeugt zu haben. Dabei ist natürlich selbstverständlich, dass die über den unsicheren, öffentlichen Informationskanal verglichenen Schlüsselelemente aus dem Schlüssel gestrichen werden und nur der übrige, geheime Rest als Schlüssel genutzt werden kann.

Auf diese Weise ermöglicht die Quanten-Kryptographie ein Maximum an Sicherheit, die man von einer perfekten Chiffre erwarten kann: eine Verschlüsselung durch die Vernam-Chiffre und eine absolut sichere Kontrolle nach außen.

Bemerkenswerterweise ist die Quanten-Kryptographie in der Tat die am weitesten fortgeschrittene Technologie in der Quanteninformation überhaupt. So konnte im Jahr 2002 von der frischgegründeten Schweizer Firma *id Quantique* der erste kommerziell nutzbare Apparat zur angewandten Quanten-Kryptographie präsentiert werden. Auch eine US-amerikanische Firma namens *MagiQ* hat mittlerweile sehr funktionelle, marktreife Serienmodelle zur quantenkryptographischen Schlüsselverteilung entwickelt. Das Zeitalter der Nutzung jener bizarren Skurrilität quantenphysikalischer Objekte hat also – wenn auch noch vielfach unbemerkt – schon längst begonnen.

17 Quantengravitation

Wozu brauchen wir eine Quantengravitation?

Angesichts dieser durchaus positiv ausfallenden Bilanz über die sowohl theoretisch extrem erfolgreiche als auch hinsichtlich der praktischen Anwendung zukunftsträchtigen Quantenphysik kann man mit Recht behaupten, dem letzten Geheimnis der Natur durch die Erkenntnisse der Quantenphysik schon sehr nahe gekommen zu sein. Vielfache Bestätigung durch ausgeklügelte und überaus subtile Experimente haben bis zum heutigen Tag stets nur *für* die bravouröse Quantenphysik gesprochen, niemals konnte sie auch nur teilweise durch Versuche ernsthaft angezweifelt oder widerlegt werden. Und wer weiß, welch wundervolle Innovationen auf Grundlage der Quantenphysik in Anschluss an Quanten-Teleportation, Quanten-Computer und Quanten-Kryptographie darauf warten, entdeckt zu werden. Die Zukunft mag noch so einige Möglichkeiten bereithalten.

Doch so sehr es einen Quantenphysiker auch schmerzen mag, die Quantenphysik kann nicht der Natur letzte Wahrheit sein! Warum, fragen Sie sich? Bei allen noch so unglaublich faszinierenden und phantastisch anwendbaren Erkenntnissen, die uns die Quantenphysik bis jetzt erbringen konnte und uns in naher und fernerer Zukunft noch erbringen wird, und trotz ihrer vielfachen Bestätigung durch ausgeklügelte, experimentelle Prüfungen sollte doch zuletzt nicht unerwähnt bleiben, dass sich die Grenzen der Quantenphysik schon jetzt abzeichnen. So elegant ihre Formulierung auch wirken und so perfekt sie im *Mikrokosmos* auch funktionieren mag, so offenkundig ist doch ihr Scheitern in Bereichen des »wirklichen Makrokosmos«. Dazu muss gesagt sein, dass die jetzige künstliche Einführung des Begriffs »wirklicher Makrokosmos« bedauerlich ist, denn der Kosmos teilt sich auf in Mikro-, Meso- und Makrokosmos, doch war und ist es im quantenphysikalischen Sprachgebrauch Sitte, ausschließlich von Mikro- und Makrokosmos zu sprechen, sodass der Mesokosmos, also unsere gewöhnliche Größenordnung, zu kurz kommen muss. Es gilt also eigentlich: Das, was quantenphysikalisch als Makrokosmos bezeichnet wird, ist im allgemeinen Sprachgebrauch der Mesokosmos.

Im *Makrokosmos*, der Größenordnung von Sternen, Planetensystemen und Galaxien, gelten die Gesetze der *allgemeinen Relativitätstheorie*. Quanteneffekte spielen hier in der Regel keine Rolle, denn im großen Maßstab ist die herrschende Kraft die Gravitation, von der die allgemeine Relativitätstheorie eine überaus präzise und erfolgreiche Beschreibung liefert. Das Verhalten von Himmelskörpern, die durch den Gravitationslinseneffekt hervorgerufenen optischen Verzerrungen, die Abhängigkeit der Zeit und des Raums vom jeweiligen Inertialsystem sowie viele andere relativistische Effekte werden durch die Relativitätstheorie perfekt vorhergesagt. Astronomische Beobachtungen und irdische bzw. erdnahe Experimente wurden bislang ausnahmslos mit beeindruckender Genauigkeit durch die brillante allgemeine Relativitätstheorie vorausgesagt. Und nur als eine der vielen Anwendungen dieser Theorie sei das *Global Positioning System (GPS)* genannt, welches seine Präzision maßgeblich erst durch unsere Kenntnis und Einbeziehung der allgemeinen Relativitätstheorie besitzt.

Solange man noch, wie etwa bei der Berechnung von Atomorbitalen oder bei der Bestimmung der Bahnen von gewöhnlichen Himmelskörpern, eine augenfällige Einteilung in Mikro- und Makrokosmos vornehmen kann, um die jeweilig geltenden Naturgesetze zu berücksichtigen, sollte man mit dieser zweigeteilten Physik in keine größeren Beschreibungskonflikte geraten.

Doch in gewissen Bereichen der Natur müssen wir feststellen, dass eine Einteilung in den Gültigkeitsbereich der Quantenphysik und den der allgemeinen Relativitätstheorie einfach nicht mehr vorgenommen werden kann. Ein berühmtes Beispiel für solch problematische Objekte sind jene Gebilde, welche aufgrund ihrer so unermesslich gewaltigen Gravitationswirkung, der nicht einmal das Licht zu entkommen vermag, *schwarze Löcher* genannt werden. Ein weiteres noch um einiges subtilere Beispiel wäre der alles erschaffende, so geheimnisvolle *Urknall* höchstpersönlich. Hier kann eine Entscheidung für eine physikalische Beschreibung durch *entweder* allgemeine Relativitätstheorie *oder* Quantenphysik nicht mehr vorgenommen werden, denn die Anwesenheit von schier unermesslichen Massen zwingt zu einer allgemein-relativistischen Betrachtungsweise, doch deren extreme Konzentration auf kleinste Raumbereiche verlangt die Einbeziehung quantenphysikalischer Effekte, also die Beschreibung durch die Quantenphysik. Im Falle der schwarzen Löcher beispielsweise wird durch die allgemeine Relativitätstheorie die Existenz von *Singularitäten*, Orten unendlicher Raum-Zeit-Krümmung, vorausgesagt, was aber aus quantenphysikalischer Sicht vollkommen unmöglich ist.

In solchen physikalischen Extremfällen, wie schwarzen Löchern oder dem Urknall, in denen sich gigantische Massen auf mikroskopischen Größenskalen konzentrieren, müssen zwangsläufig quantenphysikalische und allgemein-relativistische Effekte zusammenspielen. Doch in dem Augenblick der Vereinigung dieser beiden unterschiedlichen Teilbeschreibungen der Natur zu einer einzigen allumfassenden brechen die beiden Theoriengebäude haltlos in sich zusammen, indem sie sich in Inkonsistenzen verwickeln. Durch das einfache Kombinieren der Theorien entsteht zwangsläufig ein inkonsistentes Theoriengebäude, das durch seine absurden und offenkundig falschen Voraussagen die eigene Brauchbarkeit untergräbt. So stellt sich denn die unvermeidliche Frage, ob überhaupt eine Universaltheorie existiert bzw. existieren kann.

Gibt es eine Lösung für den Theorien-Konflikt?

Eine Lösung für dieses eklatante Problem der Physik, das Fehlen der letztendlichen Universaltheorie, zu finden, ist nun schon seit mehr als 100 Jahren Forschungsgegenstand der berühmtesten, fähigsten Physiker und Mathematiker. Doch bis jetzt haben wir sie nicht ergründen können, die *Theorie für Alles*, *TOE* (von engl. *theory of everything*) oder die *Weltformel*, wie sie auch oft genannt wird.

Allerdings gibt es durchaus schon einige, teilweise sogar recht vielversprechende Ansätze. Diese als *Quantengravitation* bezeichneten Theorien haben eine Vereinigung von *Quantenfeldtheorie* und *allgemeiner Relativitätstheorie* zum Ziel. Dabei versteht man unter der Quantenfeldtheorie eine Art moderne, speziell-relativistische Quantenphysik, eine Theorie also, welche die klassischen Feldtheorien um die Quantisierung der Felder erweitert.

Die Quantenfeldtheorie beinhaltet tatsächlich drei verschiedene Quantenfeldtheorien, deren jede jeweils eine fundamentale Wechselwirkung beschreibt: Die *Quantenchromodynamik* (QCD) ist die Theorie der starken Wechselwirkung, welche zwischen den Quarks herrscht (vgl. Kap. 1). Die *Quantenelektrodynamik* (QED) beschreibt die elektromagnetische Wechselwirkung, und in ihrer um die dritte, nämlich die schwache Wechselwirkung erweiterten Formulierung, der *Quantenflavourdynamik* (QFD), die der elektroschwachen Wechselwirkung. Die Quantenfeldtheorie besteht demgemäß aus dem Zusammenschluss von Quantenchromodynamik und Quantenflavourdynamik.

Die vierte fundamentale Wechselwirkung hingegen, die *Gravitation*, wird bekanntlich beschrieben durch die klassische, *allgemeine Relativitätstheorie*, eine Feldtheorie, deren Quantisierung bislang noch nicht erfolgreich war.

So lautet die Aufgabe der Quantengravitationsphysiker, eine quantisierte Feldtheorie der Gravitation mit den Quantenfeldtheorien in Einklang zu bringen. Dass dieses Vorhaben nicht selten in Sackgassen endete, wurde bereits erwähnt, doch wollen wir uns nun mit den vielversprechenderen der existierenden Ansätzen verschiedener Quantengravitationen auseinandersetzen.

Die zwei »Hauptverdächtigen« und anhängerreichsten Physikergruppierungen erfolgversprechender Quantengravitationen sind einerseits die *Stringtheorie* und andererseits die *Loop-Quantengravitation*. Neben diesen beiden Theoriengruppen öffnet sich ein weites und überaus inhomogenes Feld von großenteils (noch) abschreckender und obskurer wirkenden Ansätzen, die meist von einzelnen Individualisten entwickelt werden. Doch können sich solche »Ein-Mann-Theorien« recht selten in höheren Fachkreisen behaupten und erlangen daher kaum größeren Bekanntheitsgrad.

Eine Unterscheidung dieser beiden Haupttheorien der Quantengravitation basiert primär auf ihren voneinander differierenden Ausgangspunkten:

Die Stringtheorie wurde auf der Basis der Quantenfeldtheorien mit dem Vorsatz konzipiert, die entscheidenden Prinzipien der allgemeinen Relativitätstheorie mit hineinzuweben, d. h., die Wechselwirkung der Gravitation in die Quantenfeldtheorie zu integrieren. Man begann im Fall der Stringtheorie also im kleinen Maßstab und arbeitete sich dann konzeptionell vom Kleinen zum Großen vor.

Der Ausgangspunkt der Loop-Quantengravitation hingegen war das exakte Gegenteil, nämlich nicht der Mikro-, sondern der Makrokosmos. Die allgemeine Relativitätstheorie, welche im großen Maßstab vorherrscht, sollte durch Quantisierung zu einer Quantenfeldtheorie der Gravitation überführt werden, um gemeinsam mit der Quantenchromodynamik und Quantenflavourdynamik die *Theorie für Alles* zu bilden.

Auch wenn sich diese Einteilung bzw. Differenzierung in der Hinsicht ein wenig an den Haaren herbeigezogen anhört, als dass die beiden Theorien – sich nur in der Reihenfolge von Start- und Endpunkt unterscheidend – in ein und derselben Quantengravitationstheorie münden müssten. Ganz so einfach ist dies aber wahrlich nicht! Vielmehr bestehen zwischen diesen beiden Theorien in physikalischer, konzeptioneller Hinsicht gravierende Unterschiede.

Was besagt die Stringtheorie?

Die Basis der Stringtheorie geht von der Annahme aus, die Materie bestehe aus fundamentalen, eindimensionalen Fäden aus Energie, die *Strings* (von engl. *string* = Saite) genannt wer-

den. Diese entweder in offener oder geschlossener Form vorliegenden Strings, welche der Theorie entsprechend nur
äußerst winzige Ausmaße besitzen, können wie die Saiten
einer Geige oder Harfe in verschiedenen Modi schwingen. Jedes einzelne der existierenden Elementarteilchen (wie z. B. up-
Quark, down-Quark, Elektron etc.) wird durch einen sich in
einem bestimmten Schwingungsmuster befindlichen String repräsentiert.

Das Besondere und Hoffnungbringende dieser Theorie ist
nun, dass sie die nulldimensionalen *Punktteilchen* des Stan-
dardmodells der Elementarteilchenphysik durch die zwar winzigen, doch ein endliches Volumen einnehmenden, eindimensionalen Strings ersetzt. Eine wenn auch zunächst etwas abstrakte, doch in diesem Rahmen notwendige Voraussetzung
der Stringtheorie ist, dass der Raum ihr zufolge nicht nur die
uns bekannten, üblichen drei Dimensionen, sondern bis zu 26
räumliche Dimensionen aufweisen muss, in denen die Strings
schwingen. So seltsam und obskur sich dies anhören mag, so
wird doch beeindruckenderweise durch jene Annahmen der
Stringtheorie eine Vereinigung von allgemeiner Relativitätstheorie und Quantenfeldtheorie urplötzlich möglich.

Trotz dieses ersten, zweifelsfrei grandiosen Erfolgs der
Stringtheorie besitzt sie durch einige ihrer weiteren, doch leider unhaltbaren Voraussagen noch kleine Schönheitsfehler, die
es im Folgenden zu beheben gilt. In ihrer um das Prinzip der
Supersymmetrie (SUSY) erweiterten Form können, so stellte
sich um die 1980er Jahre heraus, diese Ungereimtheiten indes
bereinigt werden. Dies geschieht durch die Betrachtung einer
Symmetrie zwischen den *Fermionen* (Teilchen mit halbzahligem Spin) und *Bosonen* (Teilchen mit ganzzahligem Spin) der
Elementarteilchen, wobei die Theorie der Supersymmetrie neben den bekannten Teilchen neue, supersymmetrische Part-

nerteilchen, die *SUSY-Partner* (z. B. den Quarks die Squarks und dem Elektron das Selektron), voraussagt. Die aus dieser Modifikation resultierende *Superstringtheorie*, die erfreulicherweise nur noch 9 statt den ursprünglich 26 Raumdimensionen voraussetzt, bildet eine erste, ernsthaft auf die Realität anwendbare physikalische Theorie.

Es zeigt sich des Weiteren, dass es sogar ganze 5 unterschiedliche Typen von Superstringtheorien gibt, die – so vermutet man zumindest aus der Analyse komplexerer Zusammenhänge heraus – Teil einer übergeordneten *M-Theorie* sind. Die Formulierung dieser M-Theorie allerdings blieb bis jetzt noch ein großes Rätsel und stellt eine der größten Herausforderungen der gegenwärtigen Superstringtheoretiker dar.

Je nach dem persönlichen »Optimismusgrad« eines jeweiligen Superstringtheoretikers werden diesbezüglich die Erfolgswahrscheinlichkeiten, in absehbarer Zeit eine M-Theorie zu entdecken, sehr hoch oder sehr niedrig bemessen. Das bislang größte Problem der sonst so erfolgreichen Superstringtheorie scheint ihre Eigenschaft, hintergrundabhängig, d. h., nicht unabhängig vom Raumzeithintergrund zu sein. Doch dieser eine Schwachpunkt wird von ihrer Konkurrenz-Theorie, der Loop-Quantengravitation, in eleganter Art und Weise beseitigt.

Was besagt die Loop-Quantengravitation?

Der Loop-Quantengravitation, welche die jüngere der beiden hier betrachteten Quantengravitationen ist, liegen zwei Hauptprinzipien der allgemeinen Relativitätstheorie zugrunde, die Hintergrund-Unabhängigkeit und die hiermit eng zusammenhängende Diffeomorphismus-Invarianz.

Unter der *Hintergrund-Unabhängigkeit* einer physikalischen

Theorie versteht man ihre Eigenschaft, Raum und Zeit dynamisch zu beinhalten, anstatt sie als statischen Hintergrund der vor ihr ablaufenden physikalischen Vorgänge »künstlich« einzuführen. Demnach ist die Geometrie der Raumzeit auf mikroskopischer Größenskala nicht statisch festgelegt, sondern dynamisch. Dies wird jedoch von der hintergrundabhängigen Superstringtheorie nicht berücksichtigt.

Die *Diffeomorphismus-Invarianz* besagt ferner, dass jedes beliebige Koordinatensystem zur Beschreibung der Raumzeit gleich gut geeignet ist. Es gibt keine übergeordneten oder bevorzugten Koordinatensysteme, um die Raumzeit zu beschreiben.

Aus diesen beiden Grundprinzipien lässt sich über hochkomplexe Berechnungen die Struktur der Raumzeit herleiten, welche der Theorie zufolge quantisiert, in diskreten Einheiten vorliegt. Der Name dieser Theorie, Loop-Quantengravitation (engl. *loop* = Schleife), oder auf Deutsch auch *Schleifenquantengravitation* genannt, leitet sich übrigens her von der Annahme der Existenz kleinster Schleifen der Raumzeit.

In der Loop-Quantengravitation werden die *Quantenzustände des Raumes* durch ein als *Spin-Netzwerk* bezeichnetes Gebilde beschrieben, das aus Knoten und Linien zusammengesetzt ist. Die elementaren Volumina, aus denen diese Spin-Netzwerke gebildet werden, sind stets festgelegt durch die Größe eines bestimmten minimalen Längenwertes, der *Planck-Länge* (siehe (17.8)). Die Anzahl der möglichen, elementaren Volumina wird folglich durch die Größe der Planck-Länge bestimmt und somit eingeschränkt, wobei das kleinstmögliche Volumen durch eine *Kubik-Planck-Länge* gegeben ist.

Doch nicht nur der Raum ist laut Loop-Quantengravitation körnig, auch die Zeit besteht aus minimalsten, diskreten Abschnitten, die analog der Planck-Länge als *Planck-Zeit* (siehe (17.9)) bezeichnet wird. Eine Planck-Zeit stellt somit den kleinsten, physikalisch sinnvollen Zeitraum dar.

Die zeitliche Entwicklung der räumlichen Geometrie wird nun durch die *Quantenzustände der Raumzeit* bestimmt. Indem die eben besprochenen Quantenzustände des Raums durch die Dimension der Zeit erweitert werden, ergibt sich aus dem Spin-Netzwerk ein so genannter *Spin-Schaum*. Hierbei werden aus den Linien und Knoten des Spin-Netzwerks Flächen und Linien des Spin-Schaums.

Die großartigen Leistungen dieser Quantengravitationstheorie sind neben der obligatorischen Vereinigung von allgemeiner Relativitätstheorie und Quantenfeldtheorie – vor allem ihre Hintergrundunabhängigkeit und die Tatsache, dass diese Theorie wiederum im Gegensatz zur Superstringtheorie völlig ohne die Annahme zusätzlicher Raumdimensionen auskommt.

Eine kleine, doch unbestreitbar bedeutende Nebenaussage der Loop-Quantengravitation ist weiter, dass sie, die Kernaussage der speziellen Relativitätstheorie modifizierend, die absolute Konstanz der Vakuumlichtgeschwindigkeit aufgibt und stattdessen für extrem hochenergetische Photonen eine geringfügig höhere Lichtgeschwindigkeit postuliert. Eine kühne Hypothese, möchte man meinen.

Bestehen zwischen den Quantengravitationstheorien auch Gemeinsamkeiten?

Obgleich sich die beiden soeben besprochenen Theorien in konzeptioneller Hinsicht gewaltig unterscheiden, so lässt sich dennoch feststellen, dass sie in manchen Kernpunkten erfreulicherweise auch übereinstimmen. Bemerkenswert ist zunächst einmal, dass sie trotz ihrer unterschiedlichen Startpunkte und physikalischen Beschreibung auf die meisten Fragestellungen identische Antworten geben.

Zudem verwenden beide Theorien Schleifen, auch wenn diese detaillierter betrachtet sehr unterschiedlicher Art sind, nämlich im einen Fall schwingende »Energie-Fäden« und im anderen Fall höchst unanschauliche, mathematisch komplizierte Raumschleifen.

Des Weiteren wird die Prognose einer gewissen Größenordnung, in der quantengravitative Effekte die Oberhand gewinnen, von Superstringtheorie und Loop-Quantengravitation gleichermaßen gestützt. Überraschenderweise lässt sich die Idee einer solchen, bestimmten Größenordnung auf Überlegungen MAX PLANCKS aus dem Jahre 1899 (!) zurückführen, weshalb sie auch als die so genannte *Planck-Skala* bezeichnet wird. Wie wir sehen werden, grenzt diese Leistung fast an ein Wunder, denn das relativ leicht zu ihrer Herleitung führende Planck'sche Wirkungsquantum war zu diesem Zeitpunkt weder in den Kanon der Physik aufgenommen, noch konnte sein Wert genau bestimmt gewesen sein. Umso beeindruckender ist die hohe Genauigkeit, mit der PLANCK noch vor der eigentlichen Geburtsstunde der Quantentheorie die Größenordnung der Planck-Skala voraussagen konnte.

Die hier auftretenden fundamentalen *Planck-Einheiten* spiegeln Resultate aus dem Zusammenspiel von Quanteneffekten und relativistischen Effekten wider. Die bereits erwähnte Planck-Einheit der Planck-Länge stellt dabei diejenige kleinste Längengröße dar, welcher physikalische Relevanz zugesprochen werden kann. Sie ergibt sich aus der fundamentalen Überlegung, wie klein ein schwarzes Loch (das ja aus streng relativistischer Sicht eine Singularität der Ausdehnung null ist) sein kann, ohne dass die Gewissheit bzw. Konkretheit seines Aufenthaltsorts der Heisenberg'schen Unschärferelation widerspricht. Derjenige Grenzradius, den ein Objekt der Masse m erreichen muss, damit an seiner Oberfläche die nötige Entweichgeschwindigkeit gleich der Lichtgeschwindigkeit ist, es also ein schwarzes Loch wird, wurde durch KARL SCHWARZSCHILD (1873–1916) mit

$$r = \frac{2\,\gamma\,m}{c^2} \qquad (17.1)$$

bestimmt, wobei γ die Gravitationskonstante $\gamma = 6673 \cdot 10^{-11}$ m$^3/(\mathrm{kg\,s}^2)$ ist. Sie wird ihrem Entdecker zu Ehren als *Schwarzschildradius* bezeichnet.

Die zur Planck-Länge führende Frage lautet jetzt, welche Größe ein Objekt der Masse m minimal einnehmen kann, sodass sein Schwarzschild-Radius r nicht größer als seine Ortsunschärfe ist, denn dies würde der *Heisenberg'schen Unschärferelation* widersprechen. Denken wir uns hierzu die Unschärferelation bis an die Grenzen ausgereizt: Stellen wir uns ein winziges, physikalisches Objekt vor, welches (nahezu) ruhen bzw. eine vernachlässigbar geringe Geschwindigkeit v besitzen soll und das gleichzeitig so lokalisiert wie möglich sei, so ergibt sich sein Impuls p mit der minimalen Ortsunschärfe $x_{\min}$ als

$$p_{\min} = \frac{\hbar}{2\,x_{\min}}. \qquad (17.2)$$

Die Ruhemasse dieses Teilchens ist nach der relativistischen *Energie-Masse-Äquivalenz*

$$E = mc^2 = p \cdot c. \qquad (17.3)$$

Durch Einsetzen von (17.2) in (17.3) erhalten wir

$$mc^2 = \frac{\hbar}{2\,x_{\min}} \cdot c \qquad (17.4)$$

und durch Auflösen nach m folgt

$$m = \frac{\hbar}{2\,x_{\min}\,c}\,. \qquad (17.5)$$

Über das Einsetzen von (17.5) in die Formel des *Schwarzschild-Radius* (17.1) resultiert

$$r = \frac{2\gamma}{c^2}\,\frac{\hbar}{2\,x_{\min}\,c} = \frac{\hbar\,\gamma}{x_{\min}\,c^3} \qquad (17.6)$$

und mit $x_{\min} = r$ erhalten wir schließlich für die kleinstmögliche Ausdehnung eines physikalischen Objekts die Relation

$$x_{\min}^2 = \frac{\gamma \cdot \hbar}{c^3}\,. \qquad (17.7)$$

Als *Planck-Länge* erhalten wir demgemäß

$$l_{\text{Planck}} = \sqrt{\frac{\gamma \cdot \hbar}{c^3}} \approx 1{,}616 \cdot 10^{-35}\,\text{m}\,, \qquad (17.8)$$

eine Länge, die zugegebenermaßen so unvorstellbar klein ist, dass jegliche menschliche Vorstellungskraft versagt. Doch laut Quantengravitation versagt hier nicht die Vorstellungskraft, sondern die Natur selbst, indem sie keine physikalischen Strukturen zulässt, die kleiner sind als ebendiese Planck-Länge.

Doch wie schon erwähnt, ist der Quantengravitation zufolge nicht nur der Raum körnig, sondern auch die Zeit. Aus der Dauer nämlich, die das Licht benötigt, um die Strecke einer Planck-Länge zu durchqueren, lässt sich eine kleinstmögliche Zeit, die *Planck-Zeit*

$$t_{\text{Planck}} = \sqrt{\frac{\gamma \cdot \hbar}{c^5}} \approx 5{,}392 \cdot 10^{-44} \text{ s} \qquad (17.9)$$

herleiten.

Ist Quantengravitation noch Physik oder schon Philosophie?

Zugegeben, die recht kreativen Annahmen der Superstring-theorie, Loop-Quantengravitation und Co. hören sich nicht gerade sehr realitätsnah, der menschlichen Intuition entsprechend oder auch nur im Entferntesten mit dem gesunden Menschenverstand nachvollziebar an. Soll die Materie tatsächlich aus »Energie-Fäden« bestehen, die in einer 10-dimensionalen Raumzeit schwingen? Oder ist das Universum etwa wirklich aus Spin-Schäumen, die aus winzigen Raumschleifen bestehen, aufgebaut? Selbst als Stoff für Science-Fiction-Sagen könnten diese Theorien reichlich übertrieben wirken. Welch kühne, naive und törichte Annahme, meinen Sie?

Das Problem, das diese Theorien in ein etwas zwiespältiges und fragwürdiges Licht rückt, ist ganz einfach die Tatsache, dass es sich um Theorien handelt, die Annahmen und Voraussagen machen, die sich zumindest im Moment noch keinesfalls direkt überprüfen lassen. Aussagen über die Körnigkeit der Raumzeit in einer Größenordnung wie 10^{-35} m bringen dem kritischen Experimentalphysiker wenig, denn wie soll er derartige Winzigkeiten jemals überprüfen können, wo doch die ohnehin schon kaum mehr auflösbaren Größenordnungen der Atome um den sagenhaften Faktor 10^{20} (!) weiter oben auf der Größenskala liegen als die »mythische« Planck-Länge. Schätzungen zufolge könnte man Voraussagen der Superstringtheorie erst mittels Teilchenbeschleunigern der Größe unseres Sonnensystems oder gar der Milchstraße überprüfen. Diese Möglichkeit der Prüfung wird uns wohl in absehbarer Zeit eher nicht zur Verfügung stehen.

Nicht verwunderlich, dass ein sehr großer Teil der physikalischen Fachschaft aus diesen und ähnlichen Gründen den Quantengravitationstheorien eher abgeneigt ist und sie für ausgemachten Blödsinn hält, mehr für Metaphysik oder Philosophie denn echte Naturwissenschaft.

Natürlich ist diese harte Kritik aus ersichtlichen Gründen nicht völlig unberechtigt, doch möchte ich an dieser Stelle ganz deutlich auf eine Analogie hinsichtlich der ehemaligen Frage nach der Existenz bzw. Nicht-Existenz ebenfalls nicht direkt messbarer, verborgener Variablen hinweisen. Wenn uns die verblüffende Geschichte um den eindeutigen Nachweis der Unmöglichkeit der Existenz lokal-realistischer verborgener Variablen eines gelehrt hat, so war es doch, dass man im Vorhinein einfach nicht wissen kann, was der *Empirie* zugänglich ist und was nicht. Lokal-realistische verborgene Variable entziehen sich schon rein prinzipiell jeder direkten Nachweisbarkeit, dies ist ein unumstößliches Faktum, doch bedeutet das nicht, dass sie der empirischen Wissenschaft nicht zugänglich wären, d. h. ihre Existenz nicht experimentell verifiziert oder falsifiziert werden könnte.

Äquivalent, so meine ich, sind die Aussagen der Quantengravitationstheorien zu betrachten, denn man kann keine Aussage darüber treffen, was empirisch erfassbar ist, solange man es nicht gemessen hat. Da der Empirie nicht zugängliche Sachverhalte nicht erfasst werden können, *kann* man ergo die Grenze der Empirie selbst freilich ebenfalls niemals erkennen.

Umso erfreulicher ist es da, dass zumindest die Loop-Quantengravitation doch einige, eventuell sogar in näherer Zukunft überprüfbare Voraussagen macht. Ihre Annahme nämlich, dass sich aufgrund der Diskontinuität der Raumzeit sehr energiereiche Gammaquanten schneller im Spin-Netzwerk ausbreiten als niedriger energetische, könnte schon bald mit hinreichender Präzision durch Messungen von Erdsatelliten überprüft werden. Das *GLAST* (Gamma-ray Large Area Space Telescope) wird ab 2007 diesbezügliche Messungen vornehmen und vielleicht entweder eine Bestätigung oder eine Widerlegung der Loop-Quantengravitation liefern können. Denn ob es sich bei all diesen noch so vielversprechenden und eleganten physikalischen Theorien nun um eine präzise Beschreibung der Natur oder um reine Phantasie ihrer Erdenker handelt, darüber kann schließlich einzig und allein das Experiment als Prüfstein entscheiden.

Angesichts dieses großen physikalischen Ziels, den »heiligen Gral der Physik«, die *Theorie für Alles* zu finden, und den sich bei seiner Verfolgung immer wieder auftuenden Sackgassen möchte ich mit einem Zitat ALBERT EINSTEINS, das einem Brief an seinen Kollegen DAVID BOHM entstammt, schließen:

> *»Falls Gott die Welt geschaffen hat, war seine Hauptsorge sicherlich nicht, sie so zu machen, dass wir sie verstehen können.«* [40]

Dies scheint mir eine Feststellung zu sein, die wohl jeder Physiker dann und wann empfinden mag. So wundervoll und vielschichtig unser modernes Wissen über die Natur des Kosmos bis zum heutigen Tag auch sei, umso mehr ist uns vielleicht gerade deshalb mehr denn je bewusst, dass wir noch nicht am Ziel angelangt sind. Das größte Rätsel liegt noch unentdeckt vor

40 A. Calaprice: *Einstein sagt – Zitate, Einfälle, Gedanken* (Piper, 2004); S. 184

uns und wartet darauf, erforscht zu werden. Die *Theorie für Alles* liegt noch tief im Verborgenen, versteckt durch das Wesen der Natur selbst.

Es gibt wahrscheinlich nur eines, das man wohl mit unzweifelhafter Sicherheit sagen kann: Die Zukunft der Quantengravitation ist ***relativ unscharf***!

Nachwort

Nachdem ich Sie nun während unserer kleinen Reise durch Mikro- und Makrokosmos ein wenig in die Welt der Quanten einführen durfte, möchte ich zum Abschluss noch zwei Punkte ansprechen.

Zunächst wäre da die Form und Methodik dieses Buches: Wie Sie erkannt haben, werden die einzelnen Abschnitte der Kapitel dieses Buches stets mit speziellen Fragestellungen eingeleitet. Auch wenn ich mit dieser Methode zunächst einmal das unvermeidliche Risiko einging, in Übereinstimmung mit der altbekannten Schulweisheit den Eindruck zu erwecken, »es gäbe in der Welt nur eine endliche Anzahl von Fragen, auf deren jede es genau eine richtige Antwort gibt – und die könne man alle lernen«.

Trotz dieser Gefahr hoffe ich inständig, es war zu erkennen, dass genau dies eben nicht der Fall ist, besonders nicht in der Quantenphysik! Natürlich ist es ein unbestreitbares Faktum, dass zum heutigen Datum – in einer Zeit, in der ein Großteil des Bruttoinlandprodukts der modernen Industriestaaten auf unserem weit fortgeschrittenen Wissen im Bereich des Mikrokosmos beruht (Halbleiterelektronik, Mikroprozessoren, LASER, Nanotechnologie etc.) – schon ein erhebliches Pensum an gesichertem Wissen bezüglich der Quantenmechanismen besteht.

Und dennoch existiert, vielleicht gerade deshalb, unter den modernen Quantenphysikern eine ungeahnte Diskordanz im Hinblick auf die physikalische Interpretation des in der Regel unumstrittenen mathematischen quantenphysikalischen Formalismus. Eben diese Uneinigkeit und Vielschichtigkeit der reflektierten fachlichen Meinungen und die Tatsache, dass wir bis heute, wenn auch die Anwendung jener abstrakten quantenphysikalischen Phänomene momentan besonders groß im Kommen ist, immer noch keine einheitlichen Antworten auf die Interpretation des zugrunde liegenden mathematischen Quantenformalismus besitzen, stellt gerade den Kern des liebreizenden, alle Zeiten während Paradoxons der Quantenphysik dar.

Des Weiteren möchte ich erwähnt haben, dass ich meinerseits vielleicht auch nicht als die geeignete Persönlichkeit angesehen werden kann, um die aktuellen Rätsel der Quantenphysik zu lösen. Selbst deren Darstellung ist aus meiner zugegebenermaßen bescheidenen Position im Alter von 17–19 Jahren, kurz vor dem Abitur stehend und noch ohne Physikstudium, recht herausfordernd. Schließlich erlangte ich meine Kenntnisse über die Quantenwelt ausschließlich auf autodidaktische Art und Weise.

Danken möchte ich deshalb auch allen Autoren, die mir durch das Verfassen ihrer Bücher und Artikel ermöglichten, in das wundervolle Gebiet der Quantenphysik eintauchen zu können, das mir sonst wohl verschlossen geblieben wäre. Diverse Herleitungen und Erklärungsstrukturen entsprangen meinen eigenen, wenn auch im Vorfeld teilweise in Sackgassen auflaufenden, Ideen. Jedoch empfand ich diese Herausforderung immer wieder als faszinierende und ergreifende Tätigkeit, und ich hoffe ein wenig von dieser Faszination mit aufs Papier gebracht zu haben. Daher bitte ich aber auch gleichfalls um

Nachsicht, wenn an der ein oder anderen Stelle eine Missverständlichkeit auftaucht.

So möchte ich an dieser Stelle meinen herzlichsten Dank denjenigen wenigen Personen aussprechen, die befähigt und willens waren, mir nach knapp zwei Jahren Schreibens in der Endphase unterstützend zur Seite zu stehen, als das Skript an sich schon fertig war.

Dies waren von physikalisch-fachlicher Seite der erfahrene und überwältigend kenntnisreiche Quantenphysiker Prof. Aris Chatzidimitriou-Dreismann (Technische Universität Berlin) sowie der herausragende und überaus versierte Quantenphysiker Dr. Erich Joos, der durch zahlreiche, sehr wertvolle Kommentare der Endform des Skripts den letzten Schliff verlieh.

Auch möchte ich meinem Gymnasiallehrer, dem allzeit hilfsbereiten Dr. Herbert Voß (Canisius-Kolleg) für seine Unterstützung bezüglich des professionellen Textsatzprogramms $\LaTeX\,2_\epsilon$ danken, die ich besonders zu Beginn in der »$\LaTeX$nischen Eingewöhnungsphase« sehr zu schätzen wusste.

Aber vor allem gilt mein Dank natürlich meiner lieben und mich immer in jeglicher Hinsicht unterstützenden Familie – meiner Mutter, meinem Vater, meiner Schwester und meinem Hund – die mich immer (wenn auch manchmal mit leicht verlegenem Kopfschütteln) durch ihre Liebe unterstützt hat und mir zudem die finanziellen Mittel nie versagte, welche nötig waren, um die Berge von Büchern zu beschaffen, deren Inhalt ich fortwährend gierig verschlang.

Und nicht zuletzt möchte ich mich hiermit bei Ihnen, sehr geehrter Leser, dafür bedanken, dass Sie durchgehalten haben und bis zum Schluss vorgedrungen sind. Ich hoffe, dies war eine halbwegs gelungene Lektüre zur Einführung in das spannende Thema der Quantenphysik, die ihr Ziel – sowohl unterhaltsam als auch anspruchsvoll und lehrreich zugleich zu sein – nicht allzu weit verfehlt hat.

Darüber hinaus hoffe ich ganz persönlich, die Lektüre hat den Leser ein wenig von jener Faszination und Begeisterung spüren lassen, die ich seit meinem ersten Kontakt mit dieser schier unbeschreiblich geheimnisvollen und den gesunden Menschenverstand immer wieder an den Abgrund führenden Quantenphysik empfinde. *Herzlichen Dank!*

Glossar

Dekohärenz: Das irreversible Verschwinden der Superpositionen quantenphysikalischer Quantenzustände durch die unvermeidbare Wechselwirkung mit ihrer Umgebung.

Determinismus: Klassisches Weltbild, nachdem die Vergangenheit und zukünftige Entwicklung eines abgeschlossenen physikalischen Systems und sogar des gesamten Kosmos eindeutig festgelegt sind (»Laplace'scher Dämon«).

Doppler-Effekt: Aus der Wellen- und Schwingungslehre bekanntes Phänomen, dass bei der Annäherung von Wellensender und Empfänger die Frequenz der Welle größer und bei deren Entfernung kleiner wird.

Inertialsystem: Ein Bezugssystem, in dem jeder Körper, auf welchen keine Kräfte wirken, seine gleichförmig geradlinige Bewegung beibehält (≠ beschleunigtes Bezugssystem).

Inkonsistenz: Eine Theorie ist dann inkonsistent, wenn sie in sich widersprüchlich ist.

instantan: sofort, ohne Zeitverzögerung

isotrop: in alle Richtungen gleich(förmig)

Kausalität: Nach dem Prinzip der Kausalität besteht ein zwingender Zusammenhang von Ursache und Wirkung.

klassische Physik: Die auf den Gesetzen der klassischen Mechanik, des Elektromagnetismus, der Thermodynamik, der Optik usw. basierende Physik, die sich bis Anfang des 19. Jahrhunderts behaupten konnte (≠ moderne Physik).

kohärente Wellen: Wellen mit fester Phasenbeziehung

Konfigurationsraum: Der Raum aller möglichen (klassisch interpretierbaren) Eigenzustände eines Quantenobjekts, wobei die Dimension durch die Anzahl der Freiheitsgrade bestimmt wird. Die quantenmechanische Wellenfunktion ist auf dem Konfigurationsraum definiert, nur in wichtigen Ausnahmefällen (einzelner Massenpunkt) ist dieser mit dem alltäglichen, dreidimensionalen Raum identisch.

Konsistenz: Eine physikalische Theorie ist konsistent, wenn sie keinerlei innere Widersprüche enthält.

Lichtquant (= Photon): Die kleinsten Einheiten des Lichts, d. h. des sichtbaren Bereichs des elektromagnetischen Strahlungsspektrums (wird oft auch verallgemeinernd für alle Frequenzen verwendet).

Lokalität: Von der Lokalität zweier Teilchen A und B spricht man dann, wenn ein beliebiges Ereignis bei Teilchen A keine Möglichkeit der Beeinflussung des Teilchens B haben kann. A und B sind dann lokal voneinander getrennt.

makroskopisch: In der Quantenphysik das Gegenteil zu mikroskopisch, d. h. sich auf Größenordnungen beziehend, in denen Quanteneffekte vernachlässigbar sind. Im allgemeinen Sprachgebrauch sich auf Größenordnungen beziehend, in welchen relativistische Effekte ausschlaggebend werden.

mikroskopisch: Sich auf Größenordnungen beziehend, in denen Quanteneffekte von Belang sind.

moderne Physik: Die Anfang des 20. Jahrhunderts entwickelte, um die Erkenntnisse der Quantentheorie und Relativitätstheorie erweiterte Physik.

monochromatische Strahlung: »einfarbiges Licht«; Strahlung, die nur eine einzige Frequenz, also auch nur eine Wellenlänge enthält.

No-Cloning-Theorem: Ein unbekannter Quantenzustand kann nicht perfekt, also fehlerfrei vervielfältigt werden.

Planck'sches Wirkungsquantum: Die fundamentale Konstante der Quantenmechanik, deren Wert bei ca. $h = 6,626 \cdot 10^{-34}$ Js liegt. Auch die hiervon abgeleitete Größe $\hbar = h/(2\pi) \approx 1,055 \cdot 10^{-34}$ Js wird als Planck'sches Wirkungsquantum bezeichnet.

Photomultiplier: Ein verstärkender Detektor zur präzisen Registrierung von elektromagnetischer Strahlung (besonders bei sehr geringen Intensitäten).

Quant: Ein Quant ist die kleinste Einheit einer physikalischen Größe. Die kleinste Einheit der elektromagnetischen Strahlung ist beispielsweise ein Photon oder Lichtquant.

Quantenfeldtheorie: Die quantisierte Form der Feldtheorien, welche aus

Quantenchromodynamik (QCD), Quantenelektrodynamik (QED) und der Theorie der schwachen Wechselwirkung besteht.

Quantengravitation: Theorien, welche Quantenfeldtheorie und allgemeine Relativitätstheorie vereinigen. Die zwei bedeutendsten Ansätze einer solchen Theorie liefern die Superstringtheorie und die Loop-Quantengravitation.

Quantenobjekt: Als Quantenobjekt bezeichnet man ein Objekt, welches mit Hilfe der Quantenphysik beschrieben werden muss, da es sich weder nur als Welle, noch nur als Teilchen beschreiben lässt.

Qubit: Ein quantenphysikalisches System, welches zwei senkrecht zueinanderstehende Quantenzustände einnehmen kann (z. B. den Spin eines Teilchens oder die Polarisation eines Photons).

Realitätskriterium: Jede physikalische Größe ist genau dann ein Element der physikalischen Realität, wenn sie objektiv von einer Beobachtung existiert und ohne Störung derselbigen gemessen werden kann (Definition Einsteins).

Relativitätstheorie, allgemeine: Die um die Gravitation und beschleunigte Bewegungen erweiterte Form der speziellen Relativitätstheorie, welche die Gravitationskräfte auf die Krümmung der vierdimensionalen Raum-Zeit zurückführt.

Relativitätstheorie, spezielle: Die auf der Konstanz der Lichtgeschwindigkeit basierende Theorie von Raum und Zeit, welche die Widersprüche zwischen klassischer Mechanik und dem Elektromagnetismus beseitigt.

schwarzer Körper: Ein idealisiertes Objekt, welches jedwede elektromagnetische Strahlung absorbiert, die auf ihn trifft. Praktisch werden schwarze Körper durch Hohlkörper mit einem kleinen Loch angenähert, sodass reflektierte Strahlung nicht austreten kann, sondern im inneren Hohlraum »absorbiert« wird.

Schrödinger-Gleichung: Die Grundgleichung der nichtrelativistischen Quantenmechanik, welche die zeitliche Entwicklung des durch die Wellenfunktion Ψ repräsentierten Zustands eines Quantensystems beschreibt.

Spin: Eine Art quantenphysikalisches Analogon zum klassisch-makroskopischen Drehimpuls, das stets in Vielfachen von $\hbar$ auftritt. Teilchen mit halbzahligem Spin nennen sich Fermionen und verhalten sich nach anderen charakteristischen Gesetzmäßigkeiten als Teilchen mit ganzzahligem Spin, die als Bosonen bezeichnet werden.

Standardmodell der Elementarteilchenphysik: Die etablierte Theorie der Elementarteilchenphysik, welche drei der fundamentalen Wechselwirkungen bzw. Kräfte vereint (alle außer der Gravitation), und somit die Vereinigung von Quantenchromodynamik und elektroschwacher Theorie darstellt.

Superpositionsprinzip: In der Quantenphysik ist es das Prinzip, nach dem auch jede beliebige Linearkombination zweier möglicher Zustände Ψ_1 und Ψ_2 einen neuen möglichen Zustand Ψ ergibt: $\Psi = a\,\Psi_1 + b\,\Psi_2$ (Grund: Linearität der Schrödinger-Gleichung).

theory of everything (TOE): Theorie, welche die vier fundamentalen Wechselwirkungen in einer Theorie umfassen und demgemäß Quantenfeldtheorie und allgemeine Relativitätstheorie in einer Theorie vereinen.

Unschärferelation: Ein quantenphysikalisches Grundprinzip, nach dem niemals sowohl der Aufenthaltsort als auch der Impuls eines Quantenobjekts gleichzeitig beliebig genau bestimmt werden können bzw. überhaupt konkret festliegen.

verborgene Parameter/Variable: Diejenigen hypothetischen, physikalischen Parameter bzw. Variablen, denen zwar physikalische Realität zugesprochen wird, die allerdings aus prinzipiellen Gründen nicht messbar sind. Auf der Annahme ihrer Existenz basieren deterministische Theorien. Die Existenz lokal-realistischer verborgener Variablen wurde jedoch experimentell widerlegt.

Verschränkung: Ein rein quantenphysikalischer Zustand, in welchem sich zwei oder mehr Quantenobjekte miteinander in Korrelation befinden. Mit EPR-Quellen beispielsweise können verschränkte Quantensysteme erzeugt werden.

Vollständigkeit: Eine physikalische Theorie gilt dann als vollständig, wenn jedem Element der physikalischen Realität genau ein Gegenstück in jener Theorie zugeordnet werden kann.

Wechselwirkungen, fundamentale: Die vier fundamentalen Wechselwirkungen bzw. Kräfte sind die starke, die schwache und die elektromagnetische Wechselwirkung sowie die Gravitation. Die ersten drei werden durch das Standardmodell der Elementarteilchenphysik erfasst, die Einbeziehung der vierten steht noch aus.

Wellenfunktion: Die quantenmechanische Wellenfunktion hat die Form einer (aus der klassischen Schwingungslehre bekannten) Wellenfunktion, die sich als Lösungsfunktion der Schrödinger-Gleichung ergibt und welche den Zustand Ψ einer Materiewelle in Abhängigkeit von Ort und Zeit angibt. Sie ist auf dem Konfigurationsraum definiert.

Welle-Teilchen-Dualismus: Ein Grundprinzip der Quantenphysik, nach dem Quantenobjekten je nach Art des experimentellen Aufbaus sowohl Wellen- als auch Teilchencharakter nachgewiesen werden können.

Weltformel: siehe **theory of everything**

Zufall, objektiver: Quantenmechanischer Zufall, der durch die Nichtexistenz verborgener Parameter / Variablen zustande kommt.

Zufall, subjektiver: Zufall, der nur aufgrund von Informationsmangel zufällig wirkt (Beispiel: Würfel, Lotto etc.).

Weiterführende Literatur

Monographien und Lehrbücher

J. Audretsch, K. Mainzer: *Wie viele Leben hat Schrödingers Katze?* (Spektrum, 1996)

J. Audretsch: *Verschränkte Welt* (Wiley-VCH, 2002)

J. Audretsch: *Verschränkte Systeme* (Wiley-VCH, 2005)

J. Baggott: *Beyond Measure* (Oxford University Press, 2004)

J. Bell: *Speakable and Unspeakable in Quantum Mechanics* (Cambridge University Press, 2004)

R. Bertlmann, A. Zeilinger: *Quantum (Un)speakables* (Springer Berlin Heidelberg New York, 2002)

P. Blanchard, A. Jadczyk: *Quantum Future* (Springer Berlin Heidelberg New York, 1998)

D. Blochinzew: *Grundlagen der Quantenmechanik* (Deutscher Verlag der Wissenschaften, 1953)

D. Bohm: *Quantum Theory* (Dover, 1951)

K. Bräuer: *Die fundamentalen Phänomene der Quantenmechanik und ihre Bedeutung für unser Weltbild* ($\lambda o\gamma o\varsigma$-Verlag, 2000)

J. Brown, P. Davis: *Der Geist im Atom* (Birkhäuser, 1988)

J. Brown, P. Davis: *Superstrings – A Theory of Everything?* (Cambridge University Press, 2000)

D. Bruß: *Quanteninformation* (Fischer, 2003)

A. Calaprice: *Einstein sagt – Zitate, Einfälle, Gedanken* (Piper, 2004)

W. Demtröder: *Experimentalphysik 4: Kern-, Teilchen- und Astrophysik* (Springer Berlin Heidelberg New York, 1998)

P. Dirac: *The Principles of Quantum Mechanics* (Oxford University Press, 1948)

H. Dorsch: *Teilchen, Felder, Symmetrien* (Spektrum, 1995)

K. Dransfeld: *Physik II: Elektrodynamik und spezielle Relativitätstheorie* (Oldenbourg, 2002)

A. Einstein: *Die Evolution der Physik* (rororo, 2002)

F. Ehlotzky: *Quantenmechanik und ihre Anwendung* (Springer Berlin Heidelberg New York, 2005)

R. Feynman, R. Leighton, M. Sands: *Feynman Vorlesungen über Physik I–III* (Oldenbourg, 1999)

R. Feynman: *QED* (Piper, 2002)

S. Gasiorowicz: *Quantenphysik* (Oldenbourg, 2001)

H. Genz: *Gedankenexperimente* (Wiley-VCH, 1999)

H. Genz: *Nichts als das Nichts* (Wiley-VCH, 2004)

B. Greene: *Das elegante Universum* (Siedler, 2000)

B. Greene: *Der Stoff aus dem der Kosmos ist* (Siedler, 2004)

J. Grehn, J. Krause: *Physik* (Schroedel, 2000)

J. Gribbin: *Auf der Suche nach Schrödingers Katze* (Piper, 2001)

J. Gribbin: *Schrödingers Kätzchen* (Fischer, 2001)

A. Guth: *Die Geburt des Kosmos aus dem Nichts* (Knaur, 1999)

D. Halliday: *Physik* (Wiley-VCH, 2003)

W. Heisenberg: *Das Naturbild der heutigen Physik* (Rowohlt, 1955)

W. Heisenberg: *Physikalische Prinzipien der Quantentheorie* (B. I. Hochschultaschenbücher, 1958)

W. Heisenberg: *Physik und Philosophie* (Hirzel, 2000)

W. Heisenberg: *Der Teil und das Ganze* (Piper, 2003)

W. Heisenberg: *Quantentheorie und Philosophie* (Reclam, 2003)

C. Held: *Die Bohr-Einstein-Debatte* (Schöningh, 1998)

T. Hey, P. Walters: Das *Quantenuniversum* (Spektrum, 1998)

G.-L. Ingold: *Quantentheorie* (Beck, 2002)

E. Joos, H. D. Zeh et al.: *Decoherence and the Appearance of a Classical World in Quantum Theory* (Springer Berlin Heidelberg New York, 2003)

K. Jupe, M. Ludwig: *Spezielle Relativitätstheorie – Atomphysik* (Diesterweg, 1995)

M. Kaku: *Im Hyperraum* (rororo, 2002)

C. Kiefer: *Quantentheorie* (Fischer, 2002)

F. Krafft: *Lexikon großer Naturwissenschaftler* (Fourier Verlag, 2004)

W. Kuhn: *Physik Band III E: Quantenphysik* (Westermann, 1976)

W. Kuhn: *Handbuch der experimentellen Physik Band 8: Atome und Quanten* (Aulis, 1996)

W. Kuhn: *Die Struktur wissenschaftlicher Revolutionen* (Suhrkamp, 2003)

H. Leisi: *Quantenphysik* (Springer Berlin Heidelberg New York, 2004)

J. Lindesay, L. Susskind: *Black Holes, Information and the String Theory Revolution* (World Scientific, 2005)

G. Lindström, R. Langkau, R. Scobel: *Physik kompakt 3: Quantenphysik und Statistische Physik, 2.* Aufl. (Springer Berlin Heidelberg New York, 2002)

J. Magueijo: *Schneller als die Lichtgeschwindigkeit* (Goldmann, 2003)

S. Malin: *Wie die Quantenmechanik unser Weltbild verändert* (Reclam, 2003)

D. Meschede (Hrsg.): *Gerthsen Physik* (Springer Berlin Heidelberg New York, 2004)

O. Morsch: *Licht und Materie* (Wiley-VCH, 2003)

J. von Neumann: *Mathematische Grundlagen der Quantenmechanik* (Springer Berlin Heidelberg New York, 1996)

G. Nimtz, A. Haibel: *Tunneleffekt* (Wiley-VCH, 2003)

R. Omnès: *Quantum Philosophy* (Wiley-VCH, 2003)

H. Pagels: *Cosmic Code* (Ullstein, 1984)

A. Pais: *Raffiniert ist der Herrgott…* (Spektrum, 2000)

O. Passon: *Bohmsche Mechanik* (Harri Deutsch, 2004)

H. Paul: *Photonen: Eine Einführung in die Quantenoptik* (Teubner, 1999)

R. Penrose: Das *Große, das Kleine und der menschliche Geist* (Spektrum, 2002)

M. Planck: *Die Ableitung der Strahlungsgesetze* (Harri Deutsch, 1997)

H. Pietschmann: *Quantenmechanik verstehen* (Springer Berlin Heidelberg New York, 2003)

L. Ponomarjow: *Jenseits des* Quants (Aluis, 1977)

A. Rea: *Quantenphysik: Illusion oder Realität?* (Reclam, 1996)

B. Röthlein: *Die Quantenrevolution* (dtv, 2004)

J. Sakurai: *Modern Quantum Mechanics* (Addison-Wesley, 1994)

J. Schreiner: *Anschauliche Quantenmechanik* (Diesterweg, 1978)

E. Schrödinger: *Gesammelte Abhandlungen, Band 3: Beiträge zur Quantenmechanik* (Vieweg, 1984)

S. Singh: *Codes* (dtv, 2004)

L. Smolin: *Three* Roads *to Quantum Gravity* (Phoenix, 2000)

G. Süssmann: *Einführung in die Quantenmechanik I* (B. I. Hochschultaschenbücher, 1963)

P. Tipler: *Physik* (Spektrum, 2000)

P. Tipler, R. Llewellyn: *Moderne Physik* (Oldenbourg, 2002)

T. Walther: *Was ist Licht?* (C. H. Beck, 1999)

P. Waloschek: *Wörterbuch Physik* (dtv, 1998)

A. Watson: *The Quantum Quark* (Cambridge University Press, 2004)

V. Weberruß: *Quantenphysik im Überblick* (Oldenbourg, 1998)

J. Wheeler, W. Zurek: *Quantum Theory and Measurement* (Princeton University Press, 1983)

E. Wichmann: *Berkeley Physik Kurs 4: Quantenphysik* (Vieweg, 1989)

A. Zee: *Quantum Field Theory in a Nutshell* (Princeton University Press, 2003)

A. Zeilinger: *Einsteins Schleier* (C. H. Beck, 2003)

W. Zinth: *Physik III: Optik, Quantenphänomene und Aufbau der Atome* (Oldenbourg, 1998)

Artikel und Beiträge

G. Alber, F. Haake, W. Strunz: Dekohärenz in offenen Quantensystemen. Physik Journal **1**, Nr. 11 (2002)

G. Alber, M. Freyberger: Quantenkorrelationen und die Bell'schen Ungleichungen. Phys. Bl. **55**, 10 (1999)

J. Anglin, W. Zurek: A Precision Test of Decoherence.
http://arxiv.org/abs/quant-ph/9611049 (1996)

M. Arndt, A. Zeilinger: Wo ist die Grenze der Quantenwelt? Phys. Bl. **56**, 3 (2000)

M. Arndt, B. Brezger, L. Hackermüller, K. Hornberger, E. Reiger, A. Zeilinger: The wave nature of biomolecules and fluorofullerenes. Phys. Rev. Lett. **91** (2003);
http://arxiv.org/abs/quant-ph/0309016 (2003)

M. Arndt, L. Hackermüller, K. Hornberger, B. Brezger, A. Zeilinger: Decoherence of matter waves by thermal emission of radiation. Nature **427** (2004)

M. Arndt, K. Hornberger, A. Zeilinger: Probing the limits of the quantum world. Physics World **18**, 3 (2005)

A. Aspect: Bell's inequality test: more ideal than ever. Nature **398** (1999)

G. Bacciagaluppi: The Role of Decoherence in Quantum Theory. The Stanford Encyclopedia of Philosophy.
http://plato.stanford.edu/entries/qm-decoherence (2004)

J. Barrett: Everett's Relative-State Formulation of Quantum Mechanics. The Stanford Encyclopedia of Philosophy.
http://plato.stanford.edu/entries/qm-everett (2003)

C. Bennett, G. Brassard: Quantum Cryptography: Public key distribution and coin tossing. Proceedings of IEEE International Conference on Computers, Systems and Signal Processing (Bangalore, 1984)

C. Bennett, G. Brassard, A. Ekert: Quantenkryptographie. Spektrum der Wissenschaft **12** (1992)

C. Bennett, G. Brassard, C. Crepeau, R. Jozsa, A. Peres, W. Wootters: Teleporting an unknown quantum state via dual classical and EPR channels. Phys. Rev. Lett. **70**, 13 (1993)

J. Brendel, N. Gisin, G. Ribordy, W. Tittel, H. Zbinden: Quantenkryptographie. Phys. Bl. **55**, 6 (1999)

H.-J. Briegel, I. Cirac, P. Zoller: Quantencomputer. Phys. Bl. **55**, 9 (1999)

D. Bouwmeester, J.-W. Pan, K. Mattle, M. Eibl, H. Weinfurter, A. Zeilinger: Experimental quantum teleportation. Nature **390** (1997)

D. Cassidy: Werner Heisenberg und das Unbestimmtheitsprinzip. Spektrum der Wissenschaft **7** (1992)

D. Cassidy: Sehr revolutionär, wie Sie sehen werden. Physik Journal **4**, Nr. 3 (2005)

M. Dickson: The Modal Interpretations of Quantum Theory. The Stanford Encyclopedia of Philosophy
http://plato.stanford.edu/entries/qm-modal (2002)

S. Dürr, T. Nonn, G. Rempe: Origin of quantum-mechanical complementarity probed by a ›which-way‹ experiment in an atom interferometer. Nature **395** (1998)

S. Dürr, G. Rempe: Can wave-particle duality be based on the uncertainty relation? Am. J. Phys. **68**, 11 (2000)

A. Einstein, B. Podolsky, N. Rosen: Can quantum-mechanical description of physical reality be considered complete? Phys. Rev. **47**, 777–80 (1935)

F. Embacher: Grundidee der Dekohärenz: Wieso sieht die Welt so klassisch aus?
http://www.ap.univie.ac.at/users/fe/Quantentheorie/Dekohaerenz

B.-G. Englert, M. Scully, H. Walther: Komplementarität und Welle-Teilchen-Dualismus. Spektrum der Wissenschaft **2** (1995)

B. D'Espagnat: Quantentheorie und Realität. Spektrum der Wissenschaft **1** (1980)

H. Everett: Relative state formulation of quantum mechanics. Rev. Mod. Phys. **29**, 454–62 (1957)

J. Faye: Copenhagen Interpretation of Quantum Mechanics. The Stanford Encyclopedia of Philosophy
http://plato.stanford.edu/entries/qm-copenhagen (2002)

A. Fine: The Einstein-Podolsky-Rosen Argument in Quantum Theory. The Stanford Encyclopedia of Philosophy
http://plato.stanford.edu/entries/qt-epr (2004)

N. Gershenfeld, I. Chuang: Flüssige Quantencomputer. Spektrum der Wissenschaft **8** (1998)

D. Giulini, N. Straumann: … ich dachte mir nicht viel dabei … Phys. Bl. **56**, 12 (2000)

G. Ghirardi: Collapse Theories. The Stanford Encyclopedia of Philosophy
http://plato.stanford.edu/entries/qm-collapse (2002)

S. Goldstein: Bohmian Mechanics. The Stanford Encyclopedia of Philosophy
http://plato.stanford.edu/entries/qm-bohm (2001)

S. Haroche: Entanglement, decoherence and the quantum/classical boundary. Phys. Today, Juli (1998)

K. Hicks: Experimental Search for Pentaquarks. Prog. Part. Nucl. Phys. **55** (2005);
http://arxiv.org/abs/hep-ex/0504027(2005)

E. Joos: Elements of environmental decoherence.
http://arxiv.org/abs/quant-ph/9908008 (1999)

C. Kiefer, E. Joos: Decoherence: Concepts and Examples. In: P. Blanchard, Arkadiusz Jadczyk *Quantum Future: From Como to the Present and Beyond* (Springer Berlin Heidelberg New York 1999);
http://arxiv.org/abs/quant-ph/9803052 (1998)

C. Kiefer: Einstein und die Folgen – Teil II. Phys Unserer Zeit **2** (2005)

E. Klarreich: Can you keep a secret? Nature **418** (2002)

H. Krips: Measurement in Quantum Theory. The Stanford Encyclopedia of Philosophy
http://plato.stanford.edu/entries/qt-measurement (1999)

P. Kwiat, H. Weinfurter, A. Zeilinger: Wechselwirkungsfreie Quantenmessung. Spektrum der Wissenschaft **1** (1997)

F. Laudisa, C. Rovelli: Relational Quantum Mechanics. The Stanford Encyclopedia of Philosophy
http://plato.stanford.edu/entries/qm-relational (2005)

303

L. Marchildon: Why should we interpret Quantum Mechanics? Found. Phys. **34**, 11 (2004)

D. Mermin: Is the moon there when nobody looks? Reality and the quantum theory. Phys. Today **4** (1985)

P. Mittelstaedt: Universell und inkonsistent? Phys. Bl. **56**, 12 (2000)

P. Ramond: Strings – Urbausteine der Natur? Spektrum der Wissenschaft **2** (2003)

H. Rauch: Interferometrie mit Neutronen. Physik Journal **3**, Nr. 7 (2004)

C. Rovelli: Loop Quantum Gravity. Living Reviews in Relativity **1** (1998); http://arxiv.org/abs/gr-qc/9710008 (1997)

M. Schlosshauer: Decoherence, the measurement problem, and interpretations of quantum mechanics. Rev. Mod. Phys. **76**, 10 (2004); http://arxiv.org/abs/quant-ph/0312059 (2005)

E. Schrödinger: Die gegenwärtige Situation in der Quantenmechanik. Naturwissenschaften **23**, 48 (1935)

A. Shimony: Bell's Theorem. The Stanford Encyclopedia of Philosophy http://plato.stanford.edu/entries/bell-theorem (2004)

L. Smolin: Quanten der Raumzeit. Spektrum der Wissenschaft **3** (2004)

L. Smolin: An invitation to Loop Quantum Gravity. http://arxiv.org/abs/hep-th/0408048 (2004)

L. Susskind, J. Uglum: String physics and black holes. Nucl. Phys. B Proc. Suppl. **45BC** (1996); http:/arxiv.org/abs/hep-th/9511227 (1995)

M. Tegmark: Apparent wave function collapse caused by scattering. Found. Phys. Lett. **6**, 6 (1993); http://arxiv.org/abs/gr-qc/9310032 (1993)

M. Tegmark, J. Wheeler: 100 Jahre Quantentheorie. Spektrum der Wissenschaft **4** (2001)

M. Tegmark: Paralleluniversen. Spektrum der Wissenschaft **8** (2003)

L. Vaidman: Many-Worlds Interpretation of Quantum Mechanics. The Stanford Encyclopedia of Philosophy. http://plato.stanford.edu/entries/qm-manyworlds (2002)

G. Veneziano: Die Zeit vor dem Urknall. Spektrum der Wissenschaft **8** (2004)

H. Walther: Quantenphysik zwischen Theorie und Anwendung. Phys. Bl. **56**, 12 (2000)

S. Weinberg: Eine Theorie für alles? Spektrum der Wissenschaft **6** (2000)

H. Weinfurter: The Power of entanglement. Physics World **1** (2005)

304

P. Yam: Das zähe Leben von Schrödingers Katze. Spektrum der Wissenschaft **11** (1997)

H. D. Zeh: What is achieved by Decoherence.
http://arxiv.org/abs/quant-ph/9610014 (1996)

H. D. Zeh: Why Bohm's Theory? Found. Phys. Lett. **12**, 2 (1999);
http://arxiv.org/abs/quant-ph/9812059 (1999)

H. D. Zeh: The Wave Function: It or Bit? In: J. Barrow, P. Davies et al. *Science and Ultimate Reality* (Cambridge University Press, 2002);
http://arxiv.org/abs/quant-ph/0204088 (2002)

A. Zeilinger: Experiment and the foundation of quantum physics. Rev. Mod. Phys. **71**, 2 (1999)

A. Zeilinger: Physik der Quanteninformation. Spektrum der Wissenschaft **2** (1999)

A. Zeilinger: Quanten-Teleportation. Spektrum der Wissenschaft **6** (2000)

W. Zurek: Decoherence and the Transition from Quantum to Classical – Revisted. Los Alamos Science **27** (2002)

W. Zurek: Decoherence, Einselection, and the Quantum Origin of the Classical. Rev. Phys. **75**, 715 (2003)

Websites

Physik allgemein:
Pro-Physik.de (Portal und Suchmaschine):
   http://www.pro-physik.de
Welt der Physik:
   http://www.weltderphysik.de
Physikportale.net:
   http://www.physikportale.net
The American Institute of Physics (AIP)
   http://www.aip.org/index.html

Quantenphysik:
Decoherence Homepage (Erich Joos, H. Dieter Zeh):
   http://www.decoherence.de
Rempe Group Homepage Quantum Dynamics Division (Gerhard Rempe):
   http://www.mpq.mpg.de/qdynamics/index.html

Cavity Quantum Electrodynamics (Serge Haroche, Jean-Michel Raimond):

http://www.lkb.ens.fr/recherche/qedcav/english/englishframes.html

Quantum experiments and the foundations of quantum physics (Anton Zeilinger):

http://www.quantum.univie.ac.at

Institut der Theoretischen Physik (Universität Innsbruck):

http://th-physics.uibk.ac.at

IBM Research – Physics:

http://www.research.ibm.com/disciplines/physics.shtml

The Centre for Quantum Computation (Universities of Oxford and Cambridge):

http://www.qubit.org/

Institute for Quantum information (CalTech):

http://www.iqi.caltech.edu/index.html

Elementarteilchen:

CERN – The world's largest particle physics laboratory:

http://www.cern.ch

DESY – Deutsches Elektronen-Synchrotron:

http://www.desy.de

DESY's Kwork Quark: Teilchenphysik für alle!

http://kworkquark.net/start/wissensdurst3.html

Das Teilchenabenteuer:

http://particleadventure.org/particleadventure/german/index.html

Fermilab:

http://www.fnal.gov/pub/inquiring/matter/index.html

SLAC – Stanford Linear Accelerator Center:

http://www.slac.stanford.edu

Quantengravitation:

Qgravity.org – quantum gravity, physics and philosophy

http://www.qgravity.org

The Official String Theory Web Site:

http://www.superstringtheory.com

The Elegant Universe Homepage (Brian Greene):

http://www.pbs.org/wgbh/nova/elegant

Cambridge Quantum Gravity:

http://www.damtp.cam.ac.uk/user/gr/public/qg_home.html

Publikationen:

E-print service (»arXiv«) of the Cornell University Library:
  http://arxiv.org/find
APS Journals:
  http://publish.aps.org
IoP electronic Journals:
  http://journals.iop.org

Sach- und Personenverzeichnis

311

Lisa Randall
Verborgene Universen
eine Reise in den extradimensionalen Raum
550 Seiten. Gebunden

Eine Harvard-Physikerin sorgt mit ihrem Buch über verborgene Dimensionen des Universums für Furore. Die beobachtbare Welt, so ihre Hypothese, ist nur eine von vielen Inseln inmitten eines höherdimensionalen Raums. Nur ein paar Zentimeter weiter könnte es ein anderes Universum geben, das für uns unerreichbar bleibt, da wir in unseren drei Dimensionen gefangen sind. Ausgehend von den Theorien der Stringphysiker kommt sie zu einer völlig neuartigen Theorie, in der erstmals Quantenphysik und Gravitation zusammengebracht werden.

Lisa Randall gehört zu einer neuen Generation von Wissenschaftlern, die mit ihren spannenden und höchst lesbaren Arbeiten drastisch unsere Vorstellungen von der Welt verändern werden. Eine spannende Reise durch die Grenzregionen der heutigen Teilchenphysik und eine Begegnung mit einer erstklassigen Denkerin.

»Lisa Randall zählt zu den führenden
Theoretikern der Kosmologie.«
Sir Martin Rees, Präsident der Royal Society

S. Fischer

fi 1-062805 / 1

Stefan Klein
Zeit
Der Stoff aus dem das Leben ist.
Eine Gebrauchsanleitung
Band 16955

Erfüllte Augenblicke der Liebe und des Glücks – warum nur erscheinen sie uns immer so kurz und flüchtig? Und warum will die Zeit, wenn wir ungeduldig warten, so gar nicht vergehen? Wie können wir in unserem hektischen Alltag bewusster mit unserer Zeit umgehen? Der Bestsellerautor Stefan Klein zeigt uns, wie wir lernen können, die Momente, aus denen das Leben besteht, nicht nur wahrzunehmen, sondern auch zu genießen.

»Kleins Buch ist faszinierend wie ein Kriminalroman. Kein betulicher Ratgeber, sondern ein Sachbuch im allerbesten Sinne: Hier hat der studierte Physiker und ehemalige Spiegel-Redakteur eine Unmenge komplizierter Fachliteratur in so anschaulicher und lesbarer Weise zusammengetragen, daß man ihm nur höchste Komplimente machen kann.«
Saarländischer Rundfunk

»Stefan Klein fasst unterhaltsam zusammen, warum die Zeit manchmal überhaupt nicht zu vergehen scheint, im nächsten Moment aber davonläuft. Beim Lesen des Buches vergeht die Zeit deshalb wie im Flug.«
Zeit Wissen

»Lesen Sie Kleins Buch. Es ist Zeit!«
Stern

Fischer Taschenbuch Verlag

Fischer Kompakt
Der direkte Weg zum Wissen
Physik und Technik

Fischer Taschenbuch Verlag

fi 666012 / 1

Einstein on the Beach
Der Physiker als Phänomen
Herausgegeben von Michael Hagner
Band 16515

1905 ist das annus mirabilis, in dem Einstein mit drei epochalen Arbeiten die Bühne der Physik betritt. 1919 aber, mit der Bestätigung eines Effekts der Allgmeinen Relativitätstheorie, beginnt der jähe und unaufhaltsame Aufstieg zum internationalen Star. Ein Aufstieg, der nie geendet hat: Nie wieder erreichte ein Wissenschaftler einen vergleichbaren Grad medialer Aufmerksamkeit. Dieser Ruhm, den Einstein selbst auch einzusetzen wußte, hat viele Folgen hervorgebracht, mitunter recht merkwürdige. Einigen von ihnen gehen die Beiträge dieses Bandes nach: Einstein & DADA & die Psychoanalyse & sein Haarschnitt & Aby Warburg & das Kino & Marilyn & Erinnerungsräume & sein Gehirn & die Architektur & die Kindlichkeit & die Politik & die Philosophie & die Nachwelt ... Beiträge von Horst Bredekamp, William Clark, John Forrester, Peter Geimer, Michael Hagner, Michael Hampe, Anke te Heesen, Wolfgang Kemp, Carsten Könneker, Michaela Krützen, Barbara Orland, Philip Ursprung und Harry Walter.

Fischer Taschenbuch Verlag

Donal O'Shea
Poincarés Vermutung
Die Geschichte eines mathematischen Abenteuers
320 Seiten. Gebunden

Die Poincarésche Vermutung ist eines der sieben größten mathematischen Probleme aller Zeiten. Donal O'Shea erklärt in seinem spannenden Buch die mathematischen Hintergründe und erzählt von den vielen Genies, die mit ihren bahnbrechenden Arbeiten die Vermutung vorbereitet haben. 1904 formuliert, verzweifelten ein Jahrhundert lang die brillantesten Mathematiker an ihrer Lösung – bis der Russe Gregorij Perelman kam, der bei seiner Mutter lebt, Opern liebt und das Preisgeld von einer Million Dollar ablehnte.

Packend wie ein Roman ist »Poincarés Vermutung« eine Reise in die abenteuerliche Geschichte der Mathematik und ein faszinierendes Porträt der Menschen, die sie betreiben.

»Fast ohne Formeln erschließt O'Shea fesselnd,
ja bisweilen unterhaltsam Geschichte und Denkwelt
seiner Zunft – und lässt seine Leser darüber
manch alberne Aktualität vergessen.«
KulturSpiegel

S. Fischer

fi 1-054020 / 1